Kraftstoffaufbereitung und Verbrennung bei Dieselmotoren

W0260079

Ingenieurwissenschaftliche Bibliothek

Herausgegeben von István Szabó, Berlin

Kraftstoffaufbereitung und Verbrennung bei Dieselmotoren

Von **György Sitkei**

Dipl.-Ing. Dr. techn.
Technische Universität Budapest

Mit 188 Abbildungen

Springer-Verlag Berlin Heidelberg GmbH

1964

Deutsche neubearbeitete Ausgabe des Buches
Sitkei György: A keverékképzés és égés
lefolyása Diesel-motorokban
(Akadémiai Kiadó, Budapest: 1960)

Alle Reehte, insbesondere das der Übersetzung in fremde Sprachen, vorbehalten
Ohne ausdrückliche Genehmigung des Verlages ist es auch nicht gestattet,
dieses Buch oder Teile daraus auf photomechanischem Wege
(Photokopie, Mikrokopie) oder auf andere Art zu vervielfältigen
© by Springer-Verlag Berlin Heidelberg 1964
Ursprünglich erschienen bei Springer-Verlag OHG., Berlin/Göttingen/Heidelberg 1964

Library of Congress Catalog Card Number: 64–14616

ISBN 978-3-662-12199-3   ISBN 978-3-662-12198-6 (eBook)
DOI 10.1007/978-3-662-12198-6

Die Wiedergabe von Gebrauchsnamen, Handelsnamen, Warenbezeichnungen usw.
in diesem Buche berechtigt auch ohne besondere Kennzeichnung nicht zu der Annahme, daß solche Namen im Sinne der Warenzeichen- und Markenschutz-Gesetz-
gebung als frei zu betrachten wären und daher von jedermann benutzt werden dürften

Vorwort des Herausgebers

Mit dem vorliegenden Werk eines jungen Wissenschaftlers und auf diesem Gebiet erfolgreichen Forschers, legen Verlag und Herausgeber den ersten Band einer neuen Serie vor, die unter dem Titel: „Ingenieurwissenschaftliche Bibliothek" steht.

In einer Zeit, in der die Technik mehr als bisher auf Methoden und Ergebnisse der Wissenschaft angewiesen ist, nimmt die Zahl der Veröffentlichungen ins fast uferlose zu, nicht zuletzt dadurch, daß wenigstens auf wissenschaftlichem Gebiet die nationalen Grenzen entfallen. Leider führt die größere Quantität dazu, daß selbst der wissenschaftliche Spezialist kaum noch einen wirklichen Überblick über sein Gebiet erreicht. Um wieviel schwerer ist es demnach für den tätigen Ingenieur als *einen Teil* seiner Aufgaben die Fülle des anfallenden wissenschaftlichen Materials zu sichten und das für ihn qualitativ Wertvolle zu erkennen und herauszufinden.

Ziel und Zweck der neuen Buchreihe sieht der Herausgeber darin, dem Ingenieur jeweils kritisch gesichtetes und wissenschaftlich fundiertes Rüstzeug aus möglichst internationaler Sicht in die Hand zu geben und ihm damit seine Aufgaben zu erleichtern.

Berlin, im Dezember 1963

István Szabó

Vorwort

Das Anwendungsgebiet der Dieselmotoren breitet sich infolge ihres wirtschaftlichen Betriebes immer weiter aus. Im Eisenbahn-, Schlepper- und Lastfahrzeugverkehr werden heute vielfach Dieselmotoren eingesetzt, außerdem stehen auch für Personenkraftwagen Dieselausführungen speziell hoher Drehzahl zur Verfügung, die sich gut bewährt haben.

Die Entwicklung von Dieselmotoren ist überall in der Welt mit ausgedehnten Versuchsarbeiten verknüpft. Ein bedeutender Teil dieser Versuche zielt auf die Entwicklung eines bestimmten Typs, wobei die Grundlagenforschung, d. h. die weitgehende Untersuchung der einzelnen physikalisch-chemischen Vorgänge, zweitrangig ist. Die Ergebnisse solcher Entwicklungen können nur sehr beschränkt verallgemeinert werden.

Ein kleiner Teil der Untersuchungen setzt sich die systematische Aufklärung der Einzelheiten der Gemischbildungs- und Verbrennungsvorgänge zum Ziel. Diese erfordern im allgemeinen besondere Versuchseinrichtungen, große Investitionen und geduldige Arbeit, liefern dann aber auch allgemeingültige funktionelle Zusammenhänge. Wegen der unterschiedlichen Versuchsbedingungen können jedoch die so gewonnenen Ergebnisse nicht ohne weiteres auf den wirklichen Motor angewandt werden.

Beim Entwurf von Dieselmotoren ist die Gewährleistung einer guten Gemischbildung und Verbrennung das Hauptproblem, um den Betrieb möglichst wirtschaftlich zu gestalten. Dazu sind allgemeingültige Zusammenhänge — neben den Erfahrungsdaten — eine wichtige Hilfe, da sie zumindest für ähnliche, oft sogar für alle Motoren herangezogen werden können. Die Kenntnis der physikalisch-chemischen Vorgänge schafft eine Übersicht über die Komponenten, die den wirtschaftlichen Betrieb des Motors beeinflussen, und ermöglicht damit auch eine zweckmäßige Wahl der Versuchseinrichtung.

Der Verfasser war bestrebt, die sich in den Dieselmotoren abspielenden Vorgänge ausführlich zu behandeln, und — wo dies möglich war — allgemeingültige Zusammenhänge anzugeben.

Bei der Behandlung der einzelnen Erscheinungen wurde dieselbe Reihenfolge eingehalten, in der sie sich im Motor abspielen: Einspritzen des Kraftstoffes, Strahlzerstäubung, Verdampfung des Kraftstoffes,

Selbstentzündung und Verbrennung. Abschließend wird eine Übersicht zu Gemischbildungsfragen sowie zur Wirtschaftlichkeit der Gemischbildung gegeben.

An dieser Stelle möchte ich Herrn cand. ing. PETER ZIMMERMANN meinen herzlichsten Dank aussprechen, der sich der Mühe unterzog, das Manuskript durchzulesen und sprachlich richtigzustellen. Dem Herausgeber des Gesamtwerkes, Herrn Professor Dr.-Ing. ISTVÁN SZABÓ, verdanke ich die ehrenvolle Aufforderung zur Abfassung des Buches; er unterzog sich auch der Mühe, Korrekturen zu lesen. Für beides danke ich ihm herzlich.

Dem Springer-Verlag danke ich für die ausgezeichnete Ausstattung des Bandes.

Budapest, im Dezember 1963 **György Sitkei**

Inhaltsverzeichnis

Häufig verwendete Bezeichnungen

a die Schallgeschwindigkeit

c die Flüssigkeitsgeschwindigkeit, die Konzentration

c_0 die Geschwindigkeit in den Saug- und Rückströmbohrungen

c_d die Geschwindigkeit in der Düsenbohrung

c_k die Geschwindigkeit des Pumpenkolbens

c_r die Geschwindigkeit im Druckrohr

c_s die Konzentration des gesättigten Dampfes

c_v die Geschwindigkeit des Druckventils

d_c der Düsenbohrungsdurchmesser

d_m der mittlere Tropfendurchmesser

d_s der Durchmesser des Strahles

d_T der Tropfendurchmesser

D der Diffusionskoeffizient

E die Aktivierungsenergie

f_0 der Querschnitt der Saug- und Rückströmbohrungen

f_d der Querschnitt der Düsenbohrung

f_k der Querschnitt des Pumpenkolbens

f_r der Querschnitt der Druckleitung

f_v der Querschnitt des Druckventils

F_k der Kolbenquerschnitt

F_m der Muldenquerschnitt im Kolben

h die Verrückung des Pumpenkolbens

h_v die Verrückung des Druckventils

k der hydraulische Widerstandsbeiwert, die Geschwindigkeitskonstante

l_i die Verdampfungswärme

L die Länge der Druckleitung

L_0 der theoretische Luftbedarf

n die Drehzahl, die Verteilungskennziffer

p der Druck

p_d der Druck in der Düse

p_e der mittlere effektive Druck

p_k der Druck im Pumpenraum, der Druck in der Vor- bzw. Wirbelkammer

p'_k der Druck im Druckventilraum

p_s der Druck im Saugraum der Pumpe, der gesättigte Dampfdruck

p_z der Zylinderdruck

S die Eindringtiefe des Strahles

t die Zeit

V_c der Verdichtungsraum

V_d der Rauminhalt der Düse

V_h das Hubvolumen

V_k der Rauminhalt des Pumpenraumes

V'_k der Rauminhalt des Druckventilraumes

V_r der Rauminhalt der Druckleitung

w die Ausflußgeschwindigkeit

x der verbrannte Teil des Brennstoffes, die Längenkoordinate

α der Zusammendrückbarkeitsfaktor, die Oberflächenspannung, die Wärmeübergangszahl, die Luftüberschußzahl

β die Verdampfungszahl

γ_b das spez. Gewicht des Brennstoffes

γ_k das spez. Gewicht des Mediums

δ_v die Federkonstante der Druckventilfeder

ε das Verdichtungsverhältnis

φ_k der Widerstandsbeiwert der Tropfen

v_k die kinematische Viskosität des Mediums

λ die Wärmeleitfähigkeit

λ_r der Reibungsfaktor

ϱ_b die Dichte des Brennstoffes

ϱ_k die Dichte des Mediums

μ_0 die Durchflußzahl der Saug- und Rückströmbohrungen

μ_d die Durchflußzahl der Düsenbohrung

μ_n die Durchflußzahl des Querschnittes unter der Nadel

μ die Viskosität

ϑ_k die Temperatur des Mediums

ϑ_T die Temperatur der Tropfen

τ_i der Zündverzug

ω_k die Wirbelzahl

Ω die relative Wirbelzahl

I. Berechnung des Einspritzvorganges schnellaufender Dieselmotoren

§ 1. Grundsätzliche Betrachtungen

Der Gemischbildungsvorgang in Dieselmotoren ist ein verwickeltes, räumliches und zeitliches Problem. Die Fragen der Gemischbildung betreffen einerseits die räumliche Ausbreitung und Aufteilung des Kraftstoffes nach dem Austritt aus der Düse, andererseits die zeitliche und mengenmäßige Steuerung der Einspritzung.

Die Gemischbildung in Dieselmotoren beginnt mit dem Einspritzen des Kraftstoffes in den Brennraum. Leider ist es noch nicht möglich, die günstigsten Bedingungen für den kurz als Einspritzgesetz bezeichneten, zeitlichen und mengenmäßigen Verlauf der Einspritzung allgemein für die verschiedenen Gemischbildungsverfahren genau anzugeben. Um einen wirtschaftlichen und zuverlässigen Motorbetrieb zu erreichen, soll das Einspritzsystem jedoch folgenden Anforderungen entsprechen:

a) die Pumpe soll eine genau bestimmte Einspritzmenge je Zyklus liefern und diese entsprechend der Belastung ändern,

b) das Einspritzen des Kraftstoffes erfolgt zur geeigneten Zeit nach gegebener Gesetzmäßigkeit,

c) der Kraftstoff wird in einer für den Verbrennungsraum geeigneten Weise zerstäubt,

d) die Verteilung des Kraftstoffes soll im Verbrennungsraum die günstigste Ausnutzung der Frischluft sichern,

e) sich entsprechende Elemente des Einspritzsystems sollen hydrodynamisch ähnlich sein, damit bei Mehrzylindermotoren der Gemischbildungs- und Verbrennungsvorgang einheitlich abläuft,

f) die Pumpe soll bei der maximalen Drehzahl auch ohne Nachspritzen arbeiten,

g) bei der minimalen (Leerlauf-) Drehzahl kann das Abreißen der Flüssigkeitssäule einen instabilen Betrieb verursachen, was unbedingt vermieden werden muß.

Die Dauer des Einspritzvorganges und dessen zeitlicher Verlauf wird von der Gemischbildungsmethode und der Art des Motors bestimmt.

Das Einspritzen des Kraftstoffes ist ein sehr verwickelter instationärer Vorgang, der von zahlreichen Konstruktions- und Betriebsfaktoren abhängt.

Die genaue Berücksichtigung der Wirkung sämtlicher Faktoren ist mit den heutigen Berechnungsmethoden unmöglich, deshalb haben diese immer einen Näherungscharakter.

Auf Grund eigener Untersuchungen gibt L'ORANGE [4] folgende elf Faktoren an, die die Arbeit der Einspritzdüse beeinflussen:

a) Bewegungsgesetz des Pumpenkolbens,

b) das Brennstoffvolumen zwischen dem Pumpenkolben und der Einspritzöffnung,

c) Zusammendrückbarkeit des Brennstoffes und Elastizität der ihn einschließenden Wandungen,

d) Form und Größe der Einspritzöffnungen,

e) Öffnungsdruck der Nadel,

f) Volumenvergrößerung beim Öffnen der Nadel,

g) Volumenverringerung beim Schließen der Nadel,

h) Schließdruck der Nadel,

i) die Art der Beendigung des Druckhubes,

j) eventuelle Druckverminderung in der Druckleitung nach beendetem Einspritzen,

k) mangelhafte Abdichtung der Nadel.

In der vorstehenden Aufzählung fehlen jedoch noch so wichtige Faktoren, wie elastische Schwingungen der Druckleitung, Länge und Durchmesser der Druckleitung, Trägheitskraft der beweglichen Teile usw.

SASS [18] zieht in seinen Berechnungsmethoden die elastischen Schwingungen der Flüssigkeitssäule schon in Betracht, jedoch vernachlässigt er die Zusammendrückbarkeit des Brennstoffes und die Massenkräfte der beweglichen Teile.

Die zur gleichen Zeit veröffentlichten Arbeiten von PISCHINGER [5] und NATANSON [13] bedeuten einen wesentlichen Fortschritt in der Entwicklung der Berechnungsmethoden. Während NATANSON die Menge des aus der Rohrleitung bis zum Schließen des Druckventils zurückströmenden Brennstoffes berücksichtigt, setzt PISCHINGER ein sofort schließendes Druckventil voraus. Zur Lösung der Differentialgleichungen erwies sich eine von PISCHINGER entwickelte graphische Methode als sehr bequem und fand daher auch die größte Verbreitung.

Zur selben Zeit wurde von DE JUHÁSZ [7] eine graphische Methode ausgearbeitet, mit der man die im Einspritzsystem auftretenden instationären Vorgänge sehr gut erfassen kann. Die Methode ist verhältnismäßig einfach, jedoch ist die Berücksichtigung aller Konstruktionsfaktoren in bestimmten Fällen recht verwickelt.

Später wurde PISCHINGERS Methode von GORBOVICKIJ [*12*] ergänzt, indem er die Verschiedenheit der Drücke vor und hinter der Düsennadel in Betracht zog, wodurch er eine Möglichkeit zur Untersuchung der instabilen Betriebsverhältnisse der Düse schuf.

Die meisten Faktoren wurden seinerzeit in den Arbeiten von ASTAHOW [*10, 11*] berücksichtigt. Seine Berechnungsmethode beruht im wesentlichen auf der Unterteilung des Arbeitsprozesses der Pumpe in Phasen, während derer die Randbedingungen konstant bleiben. Die Differentialgleichung liefert mit Hilfe des Differenzenverfahrens die Druckwerte innerhalb kleiner Intervalle.

Vor einigen Jahren wurde von FOMIN [*14*] eine derartige Methode veröffentlicht, mit welcher man auch lange Druckleitungen mit Berücksichtigung der Reibung berechnen kann.

Neuerdings wies KLÜSENER [*6*] wieder auf die Verwendbarkeit der graphischen Methoden hin, die die BERGERONsche Methode der Charakteristiken auf Brennstoffpumpen erweitert.

Die Einspritzdauer ändert sich in schnellaufenden Dieselmotoren zwischen 0,0014 bis 0,003 s bei einem Einspritzdruck von 150 bis 600 kp/cm². Infolge der großen Querschnittunterschiede des Pumpenkolbens, der Druckleitung und der Düsenbohrungen, erfolgt eine schnelle Kompression des im Druckraum befindlichen Brennstoffes. Die Kompression wird von einer Druckerhöhung begleitet, die sich in der Form einer Druckwelle mit der Schallgeschwindigkeit entlang der Druckleitung fortpflanzt. Infolgedessen kann der Einspritzvorgang als eine Folge von einzelnen Impulsen aufgefaßt werden, die im Eintrittsquerschnitt der Druckleitung infolge der Kompression der Flüssigkeit entstehen.

Die Verteilung des Druckes entlang der Rohrleitung

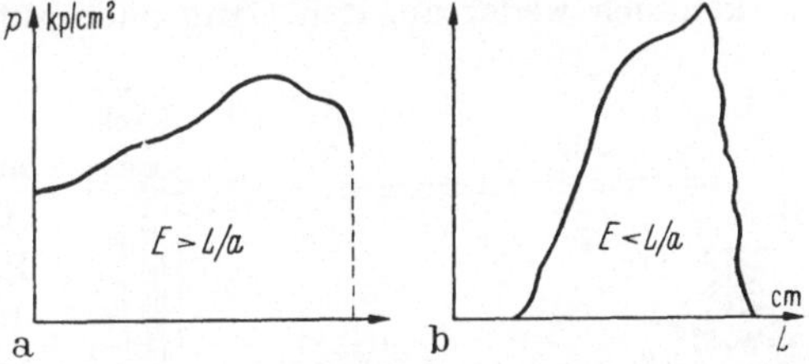

Abb. 1a u. b. Fortpflanzung einzelner Impulse in kurzer und langer Leitung.

hängt in erster Linie von deren Länge ab. Ist die Rohrleitung so kurz, daß die Dauer einer Störung (eines Impulses) um einige Male länger ist, als die Laufzeit der Welle im Rohr, dann hat der Impuls infolge der Überlagerung der Wellen eine Form, die Abb. 1a zeigt. Im Falle einer langen Rohrleitung schreitet die Welle wie ein einzelner Impuls fort (Abb. 1b).

Versuche bewiesen, daß die Wirkung der Flüssigkeitsviskosität außer acht gelassen werden kann, wenn die Länge der Druckleitung kleiner als 1 m ist, und die Strömungsgeschwindigkeit den Wert von 100 m/s nicht überschreitet. Im Falle langer Druckleitungen und bei Verwendung von schweren Gasölen muß die Rohrreibung berücksichtigt werden.

§ 2. Verschiedene Einspritzsysteme

Die Pumpe bildet den Hauptteil des Einspritzsystems der Dieselmotoren. Die Brennstoffpumpen können hinsichtlich ihrer Betriebsweise in zwei Gruppen geteilt werden: unmittelbar arbeitende Pumpen und mittelbar arbeitende Pumpen, oder — mit anderen Worten — Speicherpumpen.

Bei unmittelbar arbeitenden Pumpen saugt der Kolben den Brennstoff in den Druckraum ein, drückt ihn zusammen und fördert eine bestimmte Menge durch die Düse in den Zylinder. Die Gesetzmäßigkeit des Einspritzens wird bis zu einem gewissen Grad von den Bewegungsgesetzen des Kolbens bestimmt, der seinen Antrieb direkt vom Motor über eine mechanische Transmission, durch eine starke Feder (GANZ-JENDRASSIK) oder vom im Motorzylinder befindlichen Hochdruckgas erhält.

In den Akkumulatorensystemen hat die Pumpe hauptsächlich die Aufgabe, einen konstanten Druck im Akkumulator zu erzeugen. Die Anpassung der zyklischen Einspritzung an die Betriebsbedingungen kann entweder mit Hilfe des Kolbens oder der Düse erfolgen. Im letzteren Fall hat die Düsennadel eine mechanische Steuerung.

Die Konstruktionseigenschaften der Brennstoffpumpen verschiedener Systeme sowie die Koppelung der Düse mit der Pumpe beeinflussen den Verlauf der Berechnungen und deren Schwierigkeitsgrad in hohem Maße.

Die Methoden der Regelung zur Änderung der Einspritzmenge wirken sich weder auf den Gang noch auf den Schwierigkeitsgrad der Berechnung wesentlich aus.

Das am häufigsten benutzte Einspritzsystem besteht aus einer separaten Pumpe und Einspritzdüse, die durch eine kürzere oder längere Druckleitung verbunden sind.

Nach der Funktion der konstruktiven Gestaltung des Einspritzsystems und der Koppelung der Einspritzdüse unterscheiden wir die folgenden Grundsysteme.

a) Mechanisch angetriebene Einspritzsysteme mit Druckrohr. Bei diesem System ist die mechanisch angetriebene

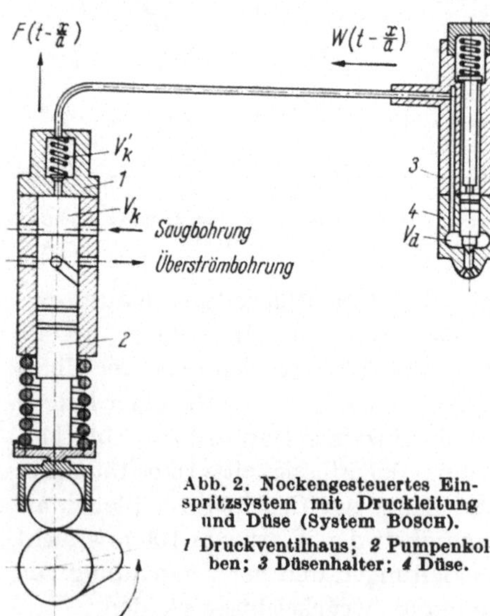

Abb. 2. Nockengesteuertes Einspritzsystem mit Druckleitung und Düse (System BOSCH).
1 Druckventilhaus; 2 Pumpenkolben; 3 Düsenhalter; 4 Düse.

Pumpe (mit nockenbetätigtem Kolben) mit der Düse durch eine Druckleitung von verhältnismäßig kleinem Querschnitt (Dmr. 1,5 bis 2,5 mm) gekoppelt (Abb. 2).

Die mit einem kompressiblen Medium gefüllten Hohlräume der Pumpe, der Düse und der sie verbindenden Druckleitung bilden ein schwingungsfähiges System, dessen Auswirkung auf die Gesetzmäßigkeiten der Einspritzung nicht außer acht gelassen werden darf.

Wegen des mechanischen Antriebes hängt der Einspritzdruck in hohem Maße von der Motordrehzahl ab. Deshalb ändern sich die Bedingungen der Gemischbildung bei Verwendung von Pumpen dieses Systems ebenfalls sehr stark.

Die an die Pumpe gekoppelte Einspritzdüse ist im allgemeinen von geschlossenem Typ (Zapfendüse, Flachsitzdüse usw.), deren verschiedene Varianten wahlweise verwendet werden können.

b) Pumpendüse mit mechanischem Antrieb. In den Vereinigten Staaten (Firma GMC) und später auch in anderen Ländern wurde die sog. Pumpendüse entwickelt, die die Pumpe und Düse in einem gemeinsamen Gehäuse vereinigt. Infolge des Fortfalls der Druckleitung verringert sich die Wirkung der elastischen Schwingungen wesentlich, und das Einspritzgesetz weicht weniger von dem Fördergesetz des Kolbens ab, als bei Systemen mit Druckleitung.

Bei der Berechnung dieses Systems kann die Wirkung der Wellenerscheinungen meist vernachlässigt werden, wodurch sich die Berechnungen wesentlich vereinfachen.

Der Typ der mit der Pumpe gekoppelten Düse kann offen oder geschlossen ausgeführt sein (Abb. 3).

c) Einspritzsystem mit Gasantrieb. Dieses System weicht von den zuvor behandelten insofern ab, als daß die Rolle des Nockenantriebes von einem mit dem Motorzylinder verbundenen Zylinderkolben übernommen wird. Die Einspritzung findet statt, wenn zu gegebener Zeit ein Ventil den Druck im Motorzylinder auf den Pumpenzylinder ein-

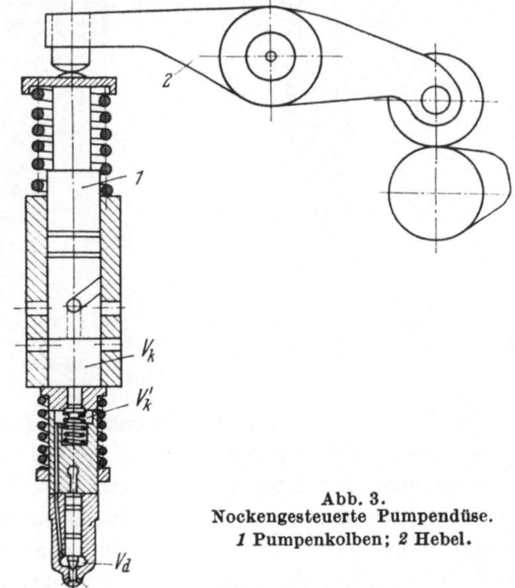

Abb. 3.
Nockengesteuerte Pumpendüse.
1 Pumpenkolben; *2* Hebel.

wirken läßt und ihn dadurch herabdrückt (Abb. 4). In diesem System findet die Pumpendüse am häufigsten Anwendung.

Das System hat den Vorteil, daß die Zerstäubungsqualität weniger von der Drehzahl des Motors abhängt, als beim mechanischen Antrieb.

Prinzipiell stimmt die Berechnungsmethode mit jener der anderen Typen überein, ist jedoch etwas verwickelter. Das Bewegungsgesetz des Kolbens ist nicht von vornherein gegeben, sondern muß erst im Laufe der Rechnungen bestimmt werden.

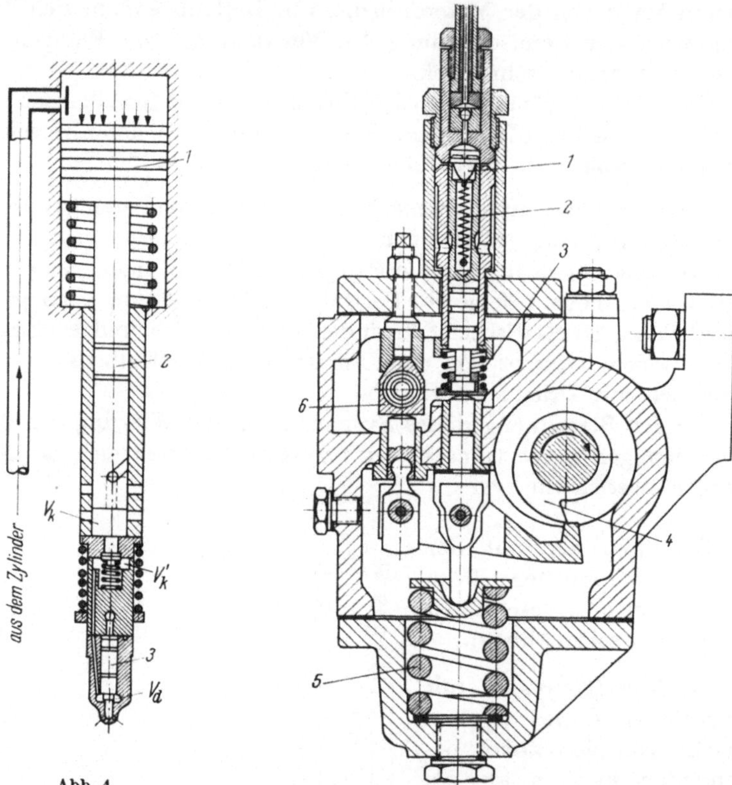

Abb. 4
Pumpendüse mit Gasantrieb.
1 Gaskolben; *2* Pumpenkolben; *3* Düse.

Abb. 5. Nockengesteuerte Pumpe mit Federantrieb
(System JENDRASSIK).
1 Saugventil;   *2* Ventilfeder;   *3* Kolbenfeder;
4 Nockenwelle;   *5* Speicherfeder;   *6* Gleitstein.

d) Einspritzsysteme mit Federantrieb (System Ganz-Jendrassik). Die Arbeitsweise der Pumpe ist aus Abb. 5 ersichtlich. In dem Zylinder bewegt sich der Kolben, auf dem ein Saugventil aufliegt. Geht der Kolben nach unten, so öffnet sich das Saugventil und es wird aus dem Saugraum Kraftstoff in den Druckraum angesaugt. Beim Hochgehen des Kolbens schließt das Saugventil, und der Kraftstoff gelangt, nachdem sich das Druckventil geöffnet hat, in die Einspritzleitung zum Motor. Der Kolben bewegt sich durch die Wirkung der Speicherfeder nach oben, wobei die Einspritzung vor sich geht. Die Speicherfeder wird über den Hebel durch den Stufennocken vorgespannt.

Die Fördermenge verändert man durch Verschieben des Drehpunktes des Hebels nach oben oder unten, wodurch ein unterschiedlicher Hub des Kolbens erreicht wird.

Ein Hauptvorteil dieses Systems liegt darin, daß gegenüber den Pumpen mit nockenbetätigtem Kolben bei jeder, also auch bei kleiner Drehzahl, die gleiche Fördergeschwindigkeit erreicht werden kann. Dadurch ist die Verwendung offener Einspritzdüsen, oder solcher mit Rückschlagventil und kleinem Düsenöffnungsdruck möglich, da auch bei kleinen Drehzahlen eine gute Zerstäubung des Kraftstoffes gewährleistet ist.

Der Nachteil des Systems ist, daß — aus konstruktiven Gründen — nur ein Einspritzdruck von höchstens 200 bis 300 at erreicht werden kann. Das System arbeitet meist mit offener Düse, kann aber unter bestimmten Voraussetzungen auch mit geschlossenen Düsen verwandt werden.

Das Bewegungsgesetz des Kolbens ist auch hier im voraus unbekannt und muß im Laufe der Berechnungen bestimmt werden.

Speichereinspritzsysteme werden heute kaum noch benutzt, deshalb werden wir sie im folgenden nicht berücksichtigen.

§ 3. Grundgleichungen der Einspritzung

Die Form der Ausgangsdifferentialgleichungen hängt davon ab, ob der in der Rohrleitung auftretende Reibungseffekt berücksichtigt oder vernachlässigt wird.

Die Strömung einer kompressiblen Flüssigkeit in einer Rohrleitung — unter Berücksichtigung der Reibung — wird von den beiden Differentialgleichungen

$$\frac{\partial p}{\partial x} + \varrho \frac{\partial c}{\partial t} + 2\varrho\, k\, c = 0,$$

$$\frac{\partial c}{\partial x} + \frac{1}{a^2 \varrho} \frac{\partial p}{\partial t} = 0 \tag{1}$$

beschrieben, wo

p der Flüssigkeitsdruck,

c die Flüssigkeitsgeschwindigkeit,

ϱ die Flüssigkeitsdichte,

x die Längenkoordinate entlang der Rohrleitung,

t die Zeit,

a die Schallgeschwindigkeit,

k der hydraulische Widerstandsbeiwert ist.

Der Widerstandsbeiwert k in laminarer Strömung ergibt sich aus der Beziehung

$$k = \frac{16\,\nu}{d^2},$$

während in turbulenter Strömung

$$k = \frac{\lambda\,c_m}{4\,d}$$

ist, wo

ν die kinematische Viskosität des Mediums,
d der innere Durchmesser der Rohrleitung,
c_m die mittlere Geschwindigkeit des Mediums,
λ der Reibungsfaktor ist.

Die den laminaren vom turbulenten Bereich der Strömung abgrenzende kritische Geschwindigkeit beträgt, unter Berücksichtigung der kritischen REYNOLDSschen Zahl von $Re_{kr} = 2320$,

$$c_{kr} = \frac{2320\,\nu}{d}.$$

Den Faktor der Rohrreibung liefert die Formel von BLASIUS

$$\lambda = \frac{1}{\sqrt[4]{100\,Re}}.$$

Auf Grund der obigen Gleichungen kann der Wert von k im turbulenten Bereich auch durch die mittlere Strömungsgeschwindigkeit ausgedrückt werden:

$$k = \frac{\lambda\,c_m}{4\,d} = 0.079 \cdot \frac{\sqrt[4]{\nu}}{d^{1.25}}\,c_m^{0,75}. \tag{2}$$

Die Änderung des Faktors k als Funktion der mittleren Strömungsgeschwindigkeit bei verschiedenen Rohrdurchmesser- und Viskositätswerten ist in Abb. 6 dargestellt. Wie ersichtlich, wächst k stark bei Verringerung des Durchmessers und bei Zunahme der Viskosität.

Die beiden Gln. (1) können zusammengefaßt werden. Nach partieller Differentiation der ersten nach t und der zweiten nach x, liefert die Gleichsetzung der gemischten Ableitungen die sog. Telegraphengleichung

$$\frac{\partial^2 c}{\partial x^2} - \frac{1}{a^2}\,\frac{\partial^2 c}{\partial t^2} - \frac{2\,k}{a^2}\,\frac{\partial c}{\partial t} = 0. \tag{3}$$

Zur Bestimmung der Konstanten in der allgemeinen Lösung dieser Differentialgleichung benötigt man noch die Anfangs- und Grenzbedingungen, die sich aus den Betriebsbedingungen und den Konstruktionsmerkmalen des Einspritzsystems ergeben.

Die Anfangsbedingungen lauten in allgemeiner Form

$$c\,(x,\,t)_{t=0} = f\,(x)\,; \qquad \left(\frac{\partial c}{\partial t}\right)_{t=0} = \varphi\,(x)\,,$$

wobei die Funktionen $f(x)$ und $\varphi(x)$ im Intervall $0 \leq x \leq L$ gelten. Die Grenzbedingungen lassen sich folgendermaßen schreiben:

$$c\,(x,\,t)_{x=0} = c_0\,(t)\,; \qquad c\,(x,\,t)_{x=L} = c_L\,(t)\,,$$

wobei die Funktionen $c_0(t)$ und $c_L(t)$ in den verschiedenen Berechnungsphasen für Anfang und Ende der Druckleitung bestimmt werden müssen.

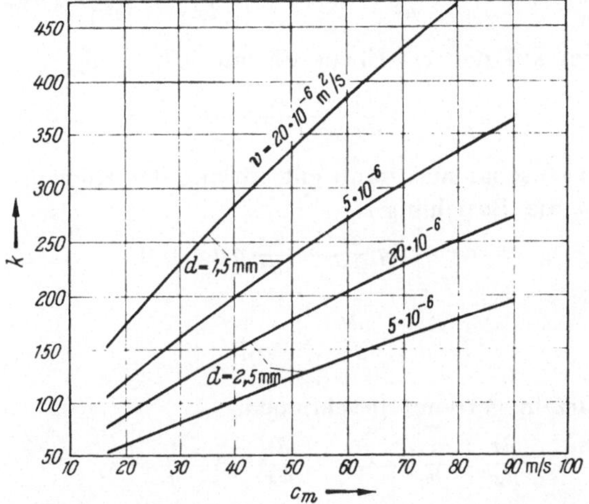

Abb. 6. Widerstandsbeiwert k in Abhängigkeit von der mittleren Strömungsgeschwindigkeit für verschiedene Leitungsdurchmesser und Brennstoffviskositäten.

Die Telegraphengleichung (3), eine lineare, partielle Differentialgleichung zweiter Ordnung, kann gelöst werden, indem man sie durch ein System von vollständigen Differentialen ersetzt. Mit den Bezeichnungen

$$\frac{\partial c}{\partial x} = v\,; \qquad \frac{\partial c}{\partial t} = q\,; \qquad \frac{\partial^2 c}{\partial x^2} = r\,; \qquad \frac{\partial^2 c}{\partial x\,\partial t} = s\,; \qquad \frac{\partial^2 c}{\partial t^2} = m$$

nimmt sie die Form

$$r - \frac{1}{a^2}\,m - \frac{2k}{a^2}\,q = 0 \tag{4}$$

an. Da die Größen v, q, und c Funktionen von x und t sind, lauten ihre vollständigen Differentiale

$$dv = \frac{\partial v}{\partial x}\,dx + \frac{\partial v}{\partial t}\,dt,$$

$$dq = \frac{\partial q}{\partial x}\,dx + \frac{\partial q}{\partial t}\,dt,$$

$$dc = \frac{\partial c}{\partial x}\,dx + \frac{\partial c}{\partial t}\,dt,$$

und mit den oben eingeführten Abkürzungen

$$\left.\begin{aligned}
dv &= r\,dx + s\,dt, \\
dq &= s\,dx + m\,dt, \\
dc &= v\,dx + q\,dt.
\end{aligned}\right\} \tag{5}$$

Aus der ersten Gleichung des Systems (5) erhält man r und kann darin mit Hilfe der zweiten Gleichung s eliminieren. Dies eingesetzt in die Gl. (4) liefert

$$\left(dv - dq\,\frac{dt}{dx} - \frac{2k}{a^2}\,q\,dx\right) + m\left[\left(\frac{dt}{dx}\right)^2 - \frac{1}{a^2}\right]dx = 0. \tag{6}$$

Wählen wir auf der $x,\,t$-Ebene die mit Gleichung

$$\left(\frac{dt}{dx}\right)^2 - \frac{1}{a^2} = 0 \tag{7}$$

gegebene Kurvenschar aus, dann gilt entlang der Kurven für beliebige Werte von m die Beziehung

$$dv - dq\,\frac{dt}{dx} - \frac{2k}{a^2}\,q\,dx = 0. \tag{8}$$

Gl. (7) ergibt

$$\frac{dt}{dx} = \pm\,\frac{1}{a}$$

oder, die Wurzeln getrennt geschrieben,

$$\frac{dt}{dx} = \frac{1}{a} = \lambda_1; \qquad \frac{dt}{dx} = -\,\frac{1}{a} = \lambda_2. \tag{9}$$

Die Integration der Gln. (9) liefert Geraden, die die Charakteristiken der Gl. (3) sind

$$t = \lambda_1\,x + C_1;$$
$$t = \lambda_2\,x + C_2,$$

mit C_1 und C_2 als Integrationskonstanten.

Unter Berücksichtigung der beiden Vorzeichen von dt/dx erhält man aus den Gln. (5), (8) und (9) zwei Gleichungssysteme, deren jedes der Gl. (3) äquivalent ist

$$\left.\begin{aligned}
dt - \lambda_1\,dx &= 0, \\
dc - v\,dx - q\,dt &= 0, \\
dv + \lambda_2\,dq - \frac{2k}{a^2}\,q\,dx &= 0,
\end{aligned}\right\} \tag{10}$$

$$\left.\begin{aligned}
dt - \lambda_2\,dx &= 0, \\
dc - v\,dx - q\,dt &= 0, \\
dv + \lambda_1\,dq - \frac{2k}{a^2}\,q\,dx &= 0.
\end{aligned}\right\} \tag{11}$$

Wird der Maßstab der Koordinaten in der t, x-Ebene entsprechend der ersten Gleichung des obigen Gleichungssystems gewählt, so stellen die ersten Gleichungen eine unter 45° bzw. eine darauf senkrecht verlaufende Kurvenschar dar. Diese Geraden sind die Charakteristiken der Gl. (3) (Abb. 7).

Die beiden Kurvenscharen bilden ein Netz, in dessen Knotenpunkten die Geschwindigkeit zu bestimmen ist, d. h. man sucht

$$c_{x,t} + \Delta c = c_{x+1,\,t+1}.$$

Die in den Gln. (10) und (11) enthaltenen Differentiale dc, dv und dq werden durch die endlichen Differenzen Δc, Δv und Δq ersetzt; diese stellen

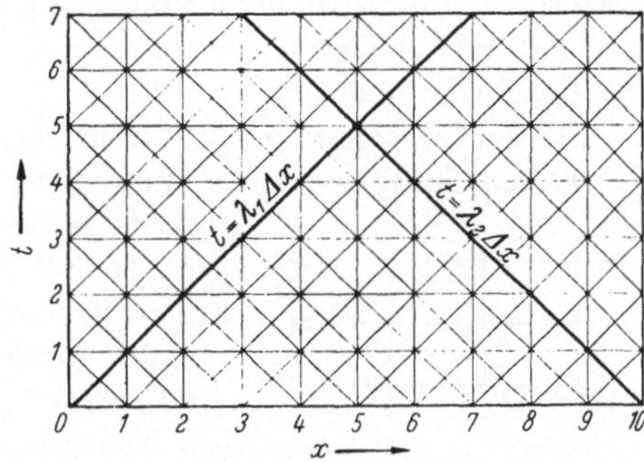

Abb. 7. Zur Darstellung der x, t-Charakteristiken.

dann die Änderung von c, v und q entlang der Charakteristiken dar.

Zur genaueren Berechnung ist es zweckmäßig, die Werte von v und q in die Mitte des Intervalls zu legen, d. h.

$$v_m = v + \frac{\Delta v}{2}; \quad q_m = q + \frac{\Delta q}{2}.$$

Nehmen wir als Ausgangspunkt den Wert von $c_{x,t}$, dann können die Vergrößerungen von q und v folgendermaßen ausgedrückt werden

$$\Delta q = \frac{c_{x+1,\,t+2} - c_{x+1,\,t+1}}{\Delta t} - \frac{c_{x,\,t+1} - c_{x,t}}{\Delta t},$$

$$\Delta v = \frac{c_{x+2,\,t+1} - c_{x+1,\,t+1}}{\Delta x} - \frac{c_{x+1,\,t} - c_{x,t}}{\Delta x},$$

und q ist

$$q_{x,t} = \frac{c_{x,\,t+1} - c_{x,t}}{\Delta t}.$$

Wird noch berücksichtigt, daß

$$\frac{2k\,\Delta x}{a^2\,\lambda^2} = -2k\,\Delta t$$

ist, so erhalten wir zur Bestimmung der Geschwindigkeit aus Gl. (10) die Grundgleichung

$$c_{x+1,\,t+2} = b_1 c_{x,t} + b_1 c_{x+1,\,t+1} - b_2 c_{x+1,\,t} + b_2 c_{x+2,\,t+1} + b_3 c_{x,\,t+1}, \tag{12}$$

worin

$$b_1 = \frac{k\,\Delta t}{1 + k\,\Delta t},$$

$$b_2 = \frac{1}{1 + k\,\Delta t},$$

$$b_3 = \frac{1 - k\,\Delta t}{1 + k\,\Delta t}$$

ist. Demgemäß kann die Geschwindigkeit, wenn sie in fünf Punkten bekannt ist, im nächstfolgenden Zeitintervall bestimmt werden.

Das in Abb. 8 dargestellte quadratische Netz veranschaulicht die Aussage der Gl. (12). Die in den einzelnen Intervallen eingetragenen b-Werte sind mit der im zugehörigen Knoten herrschenden Geschwindigkeit zu multiplizieren; die Summe dieser Ausdrücke liefert gemäß (12) die Geschwindigkeit in c.

Bei der Berechnung muß berücksichtigt werden, daß eine Änderung der Geschwindigkeit auch eine solche von b zur Folge hat. Diese ist jedoch, insbesondere bei b_2 und b_3, nicht sehr groß, so daß in den einzelnen Geschwindigkeitsintervallen mit einem konstanten b-Wert gerechnet werden kann.

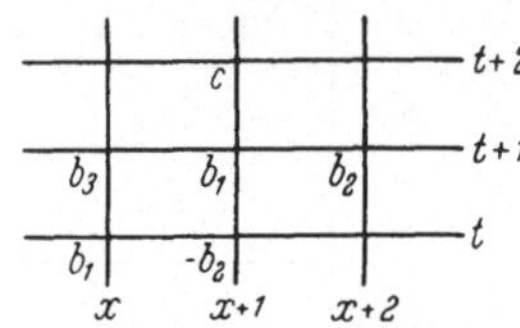

Abb. 8. Zur Berechnung der Strömungsgeschwindigkeit mit Berücksichtigung der Reibung.

Die Anwendung dieser Berechnungsmethode auf Einspritzsysteme wird ausführlich in § 5 behandelt.

In schnellaufenden Dieselmotoren werden im allgemeinen kurze Druckleitungen ($L < 1\,\mathrm{m}$) vorgesehen und Gasöle geringer Viskosität ($\nu < 10 \cdot 10^{-6}\,\mathrm{m^2/s}$) verwandt. In diesen Fällen kann die in der Druckleitung auftretende Reibung vernachlässigt werden, wodurch sich die Berechnung wesentlich vereinfacht.

Das Gleichungssystem (1) reduziert sich ohne Berücksichtigung der Reibung auf

$$\frac{\partial c}{\partial t} + \frac{1}{\varrho}\,\frac{\partial p}{\partial x} = 0,$$
$$\frac{\partial c}{\partial x} + \frac{1}{a^2\,\varrho}\,\frac{\partial p}{\partial t} = 0. \tag{13}$$

Bei der Integration des Gleichungssystems (13) pflegt man von der D'ALEMBERTschen Lösung auszugehen (SASS, PISCHINGER, ASTAHOW usw.). Sie lautet hier

$$p - p_0 = F\left(t - \frac{x}{a}\right) - W\left(t + \frac{x}{a}\right),$$
$$c - c_0 = \frac{1}{a\,\varrho}\left[F\left(t - \frac{x}{a}\right) + W\left(t + \frac{x}{a}\right)\right], \tag{14}$$

wobei

$p_0,\ p$	der Druck zu Beginn des Vorganges bzw. zu einem beliebigen Zeitpunkt,
$c_0,\ c$	Geschwindigkeit zu Beginn des Vorganges bzw. zu einem beliebigen Zeitpunkt,
a	die Schallgeschwindigkeit,
ϱ	die Brennstoffdichte,
x	die Längenkoordinate,

$F\left(t - \dfrac{x}{a}\right)$ der Amplitudenwert der Förderwelle,

$W\left(t + \dfrac{x}{a}\right)$ der Amplitudenwert der reflektierten Welle ist.

Zu Beginn des Vorganges ist $c_0 = 0$; daher nehmen die Gln. (14) am Anfang der Druckleitung folgende Form an:

$$p'_k = p_0 + F(t) - W(t),$$
$$c_r = \frac{1}{a\,\varrho}\left[F(t) + W(t)\right]. \tag{15}$$

Am Ende der Rohrleitung hingegen ist

$$p_d = p_0 + F\left(t - \frac{L}{a}\right) - W\left(t + \frac{L}{a}\right),$$
$$c'_r = \frac{1}{a\,\varrho}\left[F\left(t - \frac{L}{a}\right) + W\left(t + \frac{L}{a}\right)\right]. \tag{16}$$

Der Verlauf des Druckes und der Geschwindigkeit und infolgedessen auch der Druckwelle hängt von den am Ende der Leitung bestehenden Grenzbedingungen ab.

Um die Menge des in die Leitung eintretenden und aus ihr austretenden Brennstoffes zu bestimmen, muß für die erwähnten Querschnitte die Kontinuitätsgleichung aufgestellt werden. Ferner müssen die Gleichungen ermittelt werden, die die konstruktiven Eigenschaften der einzelnen Querschnitte charakterisieren. Die Gesamtheit beider Aussagen geht als Grenzbedingungen in die Lösungen der Gleichungssysteme (15) und (16) ein.

Im folgenden wird das am meisten verbreitete Drehkolben-Einspritzsystem mit Schrägschlitz-Überströmregelung (Bosch) behandelt. Auf das JENDRASSIK-System wird nur insoweit eingegangen, als es vom erstgenannten System abweicht, d. h., wir beschränken uns auf den Pumpenteil.

Wie bekannt, sind die einzelnen Elemente des Einspritzsystems (Kolben, Druckventil, Düsennadel) während der Einspritzzeit in Bewegung; dies hat zur Folge, daß sich die Grenzbedingungen im System ändern. Daher muß die Berechnung in Abschnitte unterteilt werden, innerhalb derer sie konstant bleiben.

Am Anfang der Druckleitung kann als allgemeinster Fall die Lage betrachtet werden, in der die Ansaug- oder Rückströmkanäle offen und das Druckventil in Bewegung sind. Dann lautet die Kontinuitätsgleichung für den Austrittsquerschnitt des Pumpenraumes ($I-I$) und den Eintrittsquerschnitt des Druckrohres ($II-II$)

$$f_k c_k = \alpha V_k \frac{d p_k}{dt} + \mu_0 f_0 c_0 + \mu_v f'_v c'_v, \tag{17}$$

d. h., die gelieferte Flüssigkeitsmenge wird einerseits zusammengedrückt, andererseits fließt sie z. T. zurück und geht zum anderen Teil in den Druckventilraum über.

Im Querschnitt $II-II$ hingegen gilt

$$\mu_v\, f_v'\, c_v' = \alpha\, V_k'\, \frac{dp_k'}{dt} + f_r\, c_r, \tag{18}$$

d. h., die in den Druckventilraum gelangte Flüssigkeit wird ebenfalls teilweise zusammengedrückt und strömt teilweise in das Druckrohr weiter.

Aus Gln. (17) und (18) folgt, daß

$$f_k\, c_k = \alpha\, V_k\, \frac{dp_k}{dt} + \alpha\, V_k'\, \frac{dp_k'}{dt} + \mu_0\, f_0\, c_0 + f_r\, c_r. \tag{19}$$

wobei

$p_k,\ p_k'$ der Druck im Pumpenraum bzw. im Druckventilraum,

$f_k\, c_k$ der Rauminhalt des vom Kolben gelieferten Brennstoffes,

$\mu_0\, f_0\, c_0$ der Inhalt des durch die Ansaug- oder Überströmkanäle fließenden Brennstoffes,

$f_r\, c_r$ der Inhalt des in das Druckrohr gelangten Brennstoffes,

α der Zusammendrückbarkeitsfaktor des Brennstoffes,

$\alpha\, V_k\, \dfrac{dp_k}{dt}$ und $\alpha\, V_k'\, \dfrac{dp_k'}{dt}$ die Volumenänderung infolge der Zusammendrückbarkeit des Brennstoffes im Pumpen- und Druckventilraum ist.

Wenn die Düsennadel in Bewegung ist, lautet die Kontinuitätsgleichung für den Austrittsquerschnitt der Düsennadel (Querschnitt $III-III$)

$$f_r\, c_r' = \alpha\, V_d\, \frac{dp}{dt} + \mu_d\, f_d\, c_d + f_n\, c_n, \tag{20}$$

d. h., ein Teil der in die Einspritzdüse gelangten Flüssigkeit wird ebenfalls zusammengedrückt, ein anderer Teil strömt durch die Düsenöffnung und ein weiterer Teil hingegen füllt das durch die Verrückung der Nadel frei werdende Volumen aus. Es ist

$f_r\, c_r'$ das Volumen des in den Raum V_d tretenden Brennstoffes,

$\mu_d\, f_d\, c_d$ das durch die Düsenbohrung austretende Volumen,

$f_n\, c_n$ das Volumen des den bei der Bewegung der Nadel frei werdenden Raum ausfüllenden Brennstoffes.

In Gl. (20) wird c_r' nach Gl. (16) eingesetzt. Mit den Gln. (15) und (16) ergibt sich nach Elimination der Amplitude der Förderwelle $[F(t-L/a)]$

$$[f_k\, c_k]_{\left(t-\frac{L}{a}\right)} - \frac{f_r}{a\, \varrho}\left[W\left(t-\frac{L}{a}\right) - W\left(t+\frac{L}{a}\right)\right] - [\mu_0\, f_0\, c_0]_{\left(t-\frac{L}{a}\right)} -$$
$$- \left[\alpha\, V_k\, \frac{dp_k}{dt} + \alpha\, V_k'\, \frac{dp_k'}{dt}\right]_{\left(t-\frac{L}{a}\right)} - f_n\, c_n = \mu_d\, f_d\, c_d. \tag{21}$$

Der Index $(t - L/a)$ der Glieder, die die sich bei der Pumpe abspielenden Erscheinungen beschreiben, berücksichtigt die endliche Fortpflanzungsgeschwindigkeit der Welle und besagt, daß in diese Glieder die Werte eingesetzt werden müssen, die zu der Zeit $(t - L/a)$ und nicht zum untersuchten Moment t gehören.

Der Zusammenhang zwischen den Drücken p_k und p_k' ist durch die Bewegungsgleichung des Druckventils

$$M \frac{d^2 h_v}{dt^2} + \delta_v h_v + P_0 = f_v (p_k - p_k') \tag{22}$$

gegeben, wo

h_v die Verrückung des Druckventils,

δ_v die Federkonstante der Druckventilfeder,

P_0 die Federspannung im geschlossenen Zustand,

f_v der Querschnitt des Druckventils,

M die Masse des Druckventils ist.

Gl. (22) nach der Zeit differenziert, ergibt

$$\frac{dp_k}{dt} = \frac{dp_k'}{dt} + \frac{M}{f_v} \frac{d^3 h_v}{dt^3} + \frac{\delta_v}{f_v} c_v.$$

Dies eingesetzt in Gl. (21) liefert die für alle Einspritzsysteme gültige Beziehung

$$[f_k c_k]_{\left(t - \frac{L}{a}\right)} - \frac{f_r}{a\varrho} \left[W\left(t - \frac{L}{a}\right) - W\left(t + \frac{L}{a}\right)\right] - [\mu_0 f_0 c_0]_{\left(t - \frac{L}{a}\right)} -$$

$$- \alpha V_k \left[\frac{M}{f_v} \frac{d^3 h_v}{dt^3} + \frac{\delta_v}{f_v} c_v\right]_{\left(t - \frac{L}{a}\right)} - \left[\alpha (V_k + V_k') \frac{dp_k'}{dt}\right]_{\left(t - \frac{L}{a}\right)} -$$

$$- \alpha V_d \frac{dp}{dt} - f_n c_n = \mu_d f_d c_d. \tag{23}$$

Bei den Einspritzpumpen gewisser Systeme kann die Wirkung der einzelnen Erscheinungen vernachlässigt werden, und in diesen Fällen vereinfacht sich die Gl. (23). Im Falle einer zusammengebauten Pumpendüse (s. z. B. die Pumpen der GMC-, JAZ- usw. -Motoren) können die Wellenerscheinungen vernachlässigt werden und so fehlen in Gl. (23) das Glied

$$\frac{f_r}{a\varrho} \left[W\left(t - \frac{L}{a}\right) - W\left(t + \frac{L}{a}\right)\right]$$

und der Index $(t - L/a)$. Bei offener Düse kommt das Glied $(f_n c_n)$ nicht vor, und auch die einzelnen Berechnungsetappen ändern sich dementsprechend.

§ 4. Herleitung
des Einspritzgesetzes ohne Berücksichtigung der Reibung

Im folgenden zeigen wir die Berechnungsmethoden von ASTAHOW, mit denen das Einspritzgesetz für verschiedene Systeme bestimmt werden kann. Die Berechnung wird für die gebräuchlichsten, d. h. für mechanisch angetriebene Einspritzsysteme mit Druckrohr und mit geschlossener Düse (Typ Bosch) durchgeführt. Außerdem wird die Anwendung dieser Methode auf die JENDRASSIK-Pumpe beschrieben.

Die Berechnung erfolgt, indem erst der Druck im Pumpenzylinder und dann mit dessen Hilfe der Druck an der Düse berechnet wird. Bei seiner Kenntnis kann dann die Menge des aus der Düsenbohrung strömenden Brennstoffes leicht ermittelt werden.

Die für den Einspritzvorgang aufgestellten Gleichungen werden nach der Methode der endlichen Differenzen gelöst. Bei dieser Methode muß man die Rechnungen für kleine Zeitintervalle schrittweise durchführen. Der Übersichtlichkeit halber werden die sich im Eintritts- und Austritts-querschnitt der Druckleitung abspielenden Erscheinungen getrennt behandelt, jedoch hat man im konkreten Fall die Berechnung parallel durchzuführen.

Die Berechnung muß in solche Etappen unterteilt werden, innerhalb derer die Grenzbedingungen konstant bleiben. Im allgemeinen unterscheiden wir für den Eintrittsquerschnitt der Druckleitung folgende Berechnungsetappen:

1. Vom Anfang der Bewegung des Pumpenkolbens bis zum Beginn der Bewegung des Druckventils.

2. Vom Beginn der Bewegung des Druckventils bis zum Abschließen der Saugbohrungen.

3. Vom Abschließen der Saugbohrungen bis zum Moment, in dem der Entlastungskolben aus der Ventilführung heraustritt.

4. Vom Austreten des Entlastungskolbens aus der Ventilführung bis zum Beginn der Öffnung der Rückströmkanäle.

5. Vom Öffnen der Rückströmkanäle bis zum Moment, in dem der Entlastungskolben in seine Führung zurückzugehen beginnt.

6. Vom Eintreten des Entlastungskolbens in die Ventilführung bis zum Aufsitzen des Druckventils.

Für den Austrittsquerschnitt der Druckleitung hingegen erhalten wir folgende Berechnungsetappen:

1. Von der Ankunft der Welle $F(t - L/a)$ bis zum Beginn der Nadelbewegung.

2. Vom Beginn der Nadelbewegung bis zum Aufstoßen der Nadel.

3. Vom Aufstoßen der Nadel bis zu Beginn des Rückganges der Nadel.

4. Vom Verlassen des Haltepunktes bis zum Wiederaufsetzen der Nadel.

Im Falle einer offenen Düse ändern sich die Grenzbedingungen im Laufe der Einspritzung nicht, also fällt die Aufteilung in Berechnungs-etappen fort.

Stellen wir die Kontinuitätsgleichung, die die Grenzbedingung der einzelnen Berechnungsetappen erfaßt, für die einzelnen Etappen auf, so bietet sich die Möglichkeit, die jeweiligen Konstruktionseigenschaften des Systems bzw. die Wirkung der einzelnen Faktoren dadurch zu berücksichtigen.

a) Vorgänge an der Pumpenseite. Zur Durchführung der Berechnungen werden die Weg-, Geschwindigkeits- und Beschleunigungskurven des Pumpenkolbens sowie die Kurven des Druckraumes (V_k) und der Saug- und Rückströmöffnungen in Abhängigkeit vom Pumpenwinkel benötigt. Der freie Querschnitt der Saugbohrung kann zu beliebiger Zeit durch folgenden Ausdruck dargestellt werden (Abb. 9)

$$f_0 = \frac{r^2}{2} \left(2\pi - 2\nu + \sin 2\nu\right),$$

wo

   r der Radius der Saugbohrung ist.

Der Winkel ν ergibt sich aus der Beziehung

$$\cos \nu = 1 - \frac{h - h_0}{r} \sin\beta,$$

wo

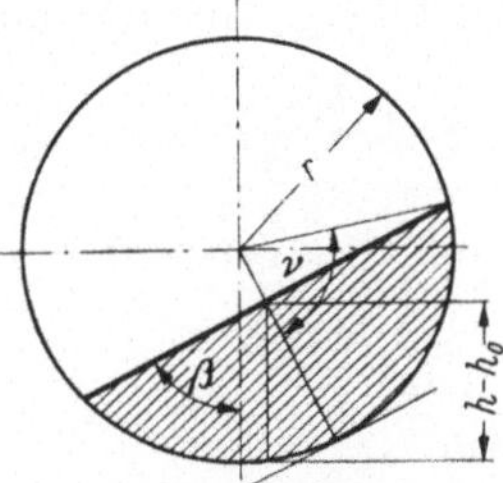

Abb. 9. Zur Berechnung des Öffnungsquerschnittes mit Schrägschlitzüberströmregelung.

   h_0 der vom Kolben zurückgelegte Weg in der Stellung $\nu = 0$ ist.

Die Berechnung des Vorganges erfolgt in Abhängigkeit von der Änderung der Grenzbedingungen. Die Gleichungen der Grenzbedingungen werden ähnlich den Gln. (17), (18) und (22) für jeden einzelnen Abschnitt aufgestellt, und zusammen mit Gl. (15) gelöst. Nach der Methode der endlichen Differenzen unterteilen wir die einzelnen Berechnungsetappen in kleine Intervalle (0,5 bis 2°), und ermitteln die Lösung in diesen Intervallen.

Die Lösung der Bewegungsgleichung des Druckventils vereinfacht sich, wenn angenommen wird, daß innerhalb des kleinen Intervalls Δt die Bewegung gleichmäßig beschleunigt ist. Diese Näherung führt, da die Zeitintervalle klein sind, zu keinem wesentlichen Fehler.

Den Augenblickswert der Ausflußgeschwindigkeit bestimmen wir auf Grund der für die stationäre Bewegung gültigen Strömungsgleichung. Die zeitveränderliche Geschwindigkeit des beispielsweise durch die Saugbohrungen strömenden Brennstoffes ist

$$c_0 = \sqrt{\frac{2g}{\gamma_b}} \sqrt{p_k - p_s}. \tag{24}$$

Versuche haben bestätigt, daß die Berechnung des Einspritzvorganges auf diese Weise, trotz der angeführten Näherungen, mit genügender Genauigkeit möglich ist.

Erste Berechnungsetappe. In der ersten Etappe wird die Druckleitung vom Pumpenraum durch das Druckventil getrennt. Ein Teil des Betriebsstoffes strömt durch den Saugkanal zurück, der Rest wird im Pumpenraum zusammengedrückt. Das Druckventil beginnt sich zu bewegen, wenn der Druck im Pumpenraum die Summe des Restdruckes im Druckventilraum und des von der Federkraft herrührenden Druckes überschreitet.

Die Kontinuitätsgleichung lautet, unter Berücksichtigung der oben beschriebenen Verhältnisse

$$f_k c_k = \alpha V_k \frac{dp_k}{dt} + \mu_0 f_0 c_0$$

und nach Integration über kleine Intervalle Δt

$$f_k \frac{h - h_1}{\Delta t} = \alpha V_{km} \frac{p_k - p_{k1}}{\Delta t} + \mu_0 f_{0m} \sqrt{\frac{2g}{\gamma_b}} \frac{\sqrt{p_{k1} - p_s} + \sqrt{p_k - p_s}}{2} .$$

Aus dieser Gleichung kann der Druck p_k ermittelt werden, es ist

$$\sqrt{p_k - p_s} = -\frac{\varkappa}{2} + \sqrt{\frac{\varkappa^2}{4} + D}, \qquad (25)$$

wo

$$D = p_{k1} + \frac{f_k(h - h_1)}{\alpha V_{km}} - \frac{\mu_0 f_{0m} \Delta t}{2 \alpha V_{km}} \sqrt{\frac{2g}{\gamma_b}} \sqrt{p_{k1} - p_s} - p_s,$$

$$\varkappa = \frac{\mu_0 f_0 \Delta t}{2 \alpha V_{km}} \sqrt{\frac{2g}{\gamma_b}} ; \qquad V_{km} = \frac{V_k + V_{k1}}{2} ; \qquad f_{0m} = \frac{f_0 + f_{01}}{2}$$

und

p_{k1} der Druck am Anfang des Intervalls im Pumpenraum bedeutet.

Da das Ende des vorherigen und der Beginn des folgenden Intervalls zusammenfallen, ist der Wert des Druckes p_{k1} bekannt. Die am Anfang des Intervalls auftretenden Werte von V_{k1}, h_1 und f_{01} werden aus den konstruierten Kurven entnommen.

Die Durchflußzahl des Saugkanals μ_0 ist eine Funktion des Druckes und des Querschnittes. Ihr Wert kann mit hinreichender Genauigkeit der Abb. 10 entnommen werden, wobei zuvor der Druck p_k in der Mitte des Intervalls zu schätzen ist.

Die exakte Bestimmung des Zusammen

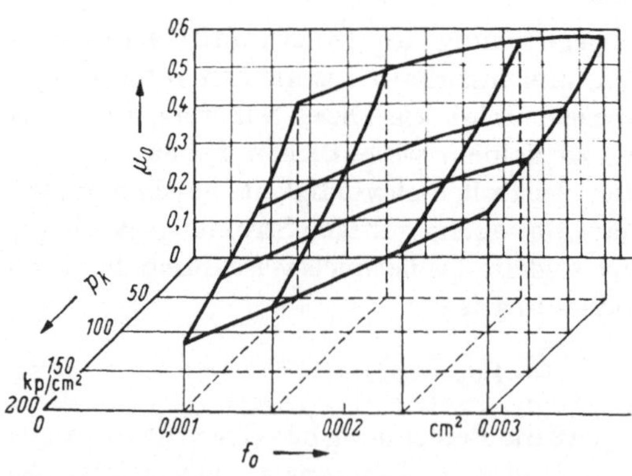

Abb. 10. Ausflußzahl in Abhängigkeit vom Druck und Öffnungsquerschnitt [*11*].

drückbarkeitsfaktors des Brennstoffes α wirkt sich stark auf die Genauigkeit der Berechnung aus. Nach den experimentell gefundenen Angaben [*10*] variiert sein Wert für Gasöle in Abhängigkeit vom Druck im Bereich 6,0 bis $8,0 \cdot 10^{-5} \, cm^2/kg$, wobei er mit zunehmendem Druck abnimmt.

Zweite Etappe. In der zweiten Berechnungsetappe ist das Druckventil in Bewegung; noch sind die Saugkanäle nicht vollkommen geschlossen, der Entlastungskolben nicht aus seiner Führung herausgetreten, und daher die Räume V_k und V_k' voneinander getrennt. Die Lieferung in die Druckleitung beginnt schon, da das Druckventil bei seiner Bewegung eine gewisse Brennstoffmenge aus dem Raum V_k' herausdrückt, d. h., das Druckventil spielt in der zweiten Etappe für das Volumen V_k' dieselbe Rolle, wie der Pumpenkolben im Raum V_k. Zwischen dem Entlastungskolben und der Ventilführung existiert immer ein Spalt, jedoch ist dessen Wert bei den üblichen Druckventilen klein, und die Menge des hier durchströmenden Brennstoffes kann vernachlässigt werden. Wenn allerdings zur Entlastungskorrektur ein größerer Spalt vorgesehen wird, muß die hier durchströmende Menge auch berücksichtigt werden. In dieser Etappe lauten die Grenzbedingungen für die Querschnitte $I-I$ und $II-II$

$$f_k \, c_k = \alpha \, V_k \frac{d p_k}{d t} + \mu_0 \, f_0 \, c_0 = f_v \, c_r$$

und

$$f_v \, c_v = \alpha \, V_k' \frac{d p_k'}{d t} + f_r \, c_r,$$

wozu noch die Bewegungsgleichung des Druckventils

$$M \frac{d^2 h_v}{d t^2} + \delta_v \, h_v + P_0 = f_v (p_k - p_k')$$

kommt. Im Sinne unserer vorherigen Annahme wird die Bewegung des Druckventils als gleichmäßig beschleunigt angenommen; dann ist

$$\frac{d^2 h_v}{d t^2} = \frac{c_v - c_{v1}}{\Delta t} = \frac{2 (h_v - h_{v1})}{\Delta t^2} - \frac{2 c_{v1}}{\Delta t},$$

und die Geschwindigkeit

$$c_v = \frac{2 (h_v - h_{v1})}{\Delta t} - c_{v1}.$$

Durch Einsetzen des obigen Wertes der Beschleunigung in die Bewegungsgleichung, erhalten wir

$$p_k - p_k' = A \, h_v + B$$

oder

$$p_k' = p_k - (A \, h_v + B), \tag{26}$$

wo

$$A = \frac{2 M}{f_r \, \Delta t^2} + \frac{\delta_v}{f_v}; \qquad B = \frac{P_0}{f_v} - \frac{2 M}{f_v \, \Delta t^2} h_{v1} - \frac{2 M}{f_v \, \Delta t} c_{v1}$$

ist. Wenn die Förderung in die Druckleitung beginnt, müssen die Gleichungen der Grenzbedingung in Verbindung mit dem Gleichungssystem (15) gelöst werden. Aus dem Gleichungssystem folgt, daß

$$c_r = \frac{p'_k}{a\,\varrho} + \frac{2\,W(t)}{a\,\varrho} - \frac{p_0}{a\,\varrho}$$

ist. Unter Verwendung dieses Ausdruckes c_r erhält man p_k durch Integration in der Form

$$\sqrt{p_k - p_s} = -\frac{\varkappa}{2\,\psi} + \sqrt{\frac{\varkappa^2}{4\,\psi^2} + \frac{D'}{\psi}}, \tag{27}$$

wo

$$D' = D + \frac{f_v\,B}{\alpha\,V_{km}(A + \xi)} + \frac{f_v\,N}{\alpha\,V_{km}(A + \xi)} + \psi\,p_s.$$

$$N = \frac{1}{2a\,\varrho\,\alpha\,V'_k + f_r\,\varDelta t} \times$$

$$\times\,[2a\,\varrho\,\alpha\,V'_k\,p'_{k1} + f_r\,p_0\,\varDelta t - 2a\,\varrho\,f_v\,h_{v1} - a\,\varrho\,\varDelta t\,f_r\,c_{r1} - 2\,\varDelta t\,f_r\,W(t)].$$

$$\xi = \frac{2a\,\varrho\,f_v}{2a\,\varrho\,\alpha\,V'_k + f_r\,\varDelta t}\,; \qquad \psi = 1 + \frac{f_r}{\alpha\,V_{km}(A + \xi)}.$$

$$D = p_{k1} + \frac{f_k(h - h_1)}{\alpha\,V_{km}} + \frac{f_v\,h_{v1}}{\alpha\,V_{km}} - \varkappa\,\sqrt{p_{k1} - p_s}$$

ist.

Der Ausdruck von $\varkappa$ stimmt mit dem in der ersten Etappe überein. Die rücklaufende Welle $W(t)$ ist aus der Berechnung der sich an der Düse abspielenden Vorgänge bekannt: sie entstand dort um die Zeit L/a früher.

Für den Druck p'_k erhält man aus der zweiten Grenzbedingung

$$p'_k = N + \xi\,h_v. \tag{28}$$

Ein Vergleich der Ausdrücke (26) und (28) liefert

$$h_v = \frac{p_k - B - N}{A + \xi}. \tag{29}$$

Dritte Etappe. In der dritten Etappe sind die Saugbohrungen geschlossen, deshalb fehlt in der Kontinuitätsgleichung das Glied $\mu_0\,f_0\,c_0$. Die anderen Gleichungen haben eine der zweiten Berechnungsetappe entsprechende Form.

Die Grenzbedingungsgleichungen ergeben in Verbindung mit dem Gleichungssystem (15) folgenden Ausdruck für den Druck p_k

$$p_k = \frac{D'}{\psi}, \tag{30}$$

wo die Ausdrücke von D' und ψ die gleichen sind, wie in der vorherigen Etappe. Von den anderen Größen ändert sich nur der Wert von D; er lautet nun

$$D = \frac{f_k(h - h_1)}{\alpha\,V_{km}} + p_{k1} + \frac{f_v\,h_{v1}}{\alpha\,V_{km}}.$$

Bis sich das Druckventil hebt, kann der Druck p_k' aus Gl. (28) mit (29) ermittelt werden.

Vierte Etappe. In dieser Etappe tritt der Entlastungskolben des Druckventils aus seiner Führung. Unter dem Entlastungskolben entsteht ein Querschnitt, durch den der Brennstoff vom Raum V_k in den Raum V_k' fließt. Bei einem Ventilsitz von $45°$ ist der Durchflußquerschnitt

$$f_v' = \frac{(2\pi\, d_v + h)\, h}{2\sqrt{2}}\,,$$

wo $h = h_v - h_0$ bedeutet, und h_0 der Ventilweg ist, wenn der Entlastungskolben aus dem Führungskanal heraustritt.

Die momentane Durchflußgeschwindigkeit zwischen den beiden Räumen ist

$$c_v' = \sqrt{\frac{2g}{\gamma_b}}\; \sqrt{p_k - p_k'}.$$

Die beiden für die Querschnitte $I-I$ und $II-II$ aufgestellten Kontinuitätsgleichungen ergeben unter Verwendung von c_r nach (15) die Beziehung

$$f_k(h - h_1) = \alpha\, V_{km}(p_k - p_{k1}) + \alpha\, V_k'(p_k' - p_{k1}') + \frac{f_r\, \Delta t}{2a\,\varrho}\, p_k' +$$
$$+ \frac{f_r\, \Delta t}{a\,\varrho}\, W(t) + \frac{f_r\, \Delta t}{2}\, c_{r1} - \frac{f_r\, \Delta t\, p_0}{2a\,\varrho}\,.$$

Durch Substitution von p_k' nach Gl. (26) wird

$$p_k = \frac{D'}{1+\lambda} + \frac{\lambda}{1+\lambda}\,(A\, h_v + B), \qquad\qquad (31)$$

wo
$$D' = p_{k1} + \frac{V_k'}{V_{km}}\, p_{k1}' + \frac{f_k(h - h_1)}{\alpha\, V_{km}} + \frac{f_r\, \Delta t\, p_0}{2a\,\varrho\,\alpha\, V_{km}} - \frac{f_r\, \Delta t\, W(t)}{a\,\varrho\,\alpha\, V_{km}} - \frac{f_r\, \Delta t\, c_{r1}}{2\,\alpha\, V_{km}}\,.$$
$$\lambda = \frac{V_k'}{V_{km}} + \frac{f_r\, \Delta t}{2a\,\varrho\,\alpha\, V_{km}}$$

ist.

In Gl. (31) ist noch h_v unbekannt, deshalb muß noch eine Gleichung herangezogen werden. Wird die für den Querschnitt $I-I$ aufgestellte Kontinuitätsgleichung für p_k integriert, erhalten wir

$$p_k = D - \frac{f_v\, h_v}{\alpha\, V_{km}} - b'\, \sqrt{A\, h_v + B}, \qquad\qquad (32)$$

wo
$$D = p_{k1} + \frac{f_k(h - h_1)}{\alpha\, V_{km}} + \frac{f_v\, h_{v1}}{\alpha\, V_{km}} - b'\, \sqrt{p_{k1} - p_{k1}'}\,,$$

$$b' = \frac{\mu_v\, f_{vm}'\, \Delta t}{2\,\alpha\, V_{km}}\, \sqrt{\frac{2g}{\gamma_b}}\,; \qquad f_{vm}' = 2{,}22\, d_v\left(\frac{h_v + h_{v1}}{2} - h_0\right)$$

ist.

Da der Entlastungskolben aus dem Leitkanal trat, ist der Wert $p_k - p_k' = A\, h_v + B$ verhältnismäßig klein. Außerdem ist der Faktor

$\lambda/(1 + \lambda)$ immer kleiner als 1, daher kann das Glied $\lambda/(1 + \lambda)(A\,h_v + B)$ gegen $D'/(1 + \lambda)$ in erster Näherung vernachlässigt werden kann. Dieser Umstand bietet eine Möglichkeit, die Gln. (31) und (32) nach der Methode der sukzessiven Approximation zu lösen. In erster Näherung ist

$$A\,h_v + B = 0;$$

daraus folgt

$$(h_v)_1 = -\frac{B}{A}$$

und

$$(p_k)_1 = \frac{D'}{1 + \lambda}\,.$$

Mit dem Näherungswert h_{v1} bestimmen wir nun aus Gl. (32) p_k. Als zweite Näherung wird der Wert von

$$(p_k)_2 = \frac{(p_k)_1 + p_k}{2}$$

genommen, und damit kann aus Gl. (31) $(h_v)_2$ berechnet werden usw. Zwei, drei Näherungen liefern schon einen ausreichend genauen Wert.

Mit den so berechneten Werten p_k und h_v können aus Gl. (26) der Druck p_k' und damit aus dem Gleichungssystem (15) auch die Welle $F(t)$, und die Geschwindigkeit c_r bestimmt werden.

Fünfte Etappe. In der fünften Etappe öffnen sich die Rückströmkanäle, und ein Teil des Brennstoffes strömt in den Saugraum zurück. In der für den Querschnitt $I-I$ aufgeschriebenen Kontinuitätsgleichung kommt wieder das Glied $\mu_0\,f_0\,c_0$ vor, das die Menge des rückströmenden Brennstoffes berücksichtigt.

Wenn im Augenblick des Öffnens des Rückströmkanals der Entlastungskolben schon in den Führungskanal getreten ist, sind die Grenzbedingungen identisch mit denen von Etappe zwei.

Ist diese Bedingung nicht erfüllt, so ist der Lösungsweg etwas komplizierter. Die für die Querschnitte $I-I$ und $II-II$ aufgestellten Kontinuitätsgleichungen liefern die Beziehung

$$f_k\,c_k = \alpha\,V_k\frac{d p_k}{d t} + \alpha\,V_k'\frac{d p_k'}{d t} + \mu_0\,f_0\,c_0 + f_r\,c_r,$$

und durch Integration ist

$$p_k + \lambda\,p_k' = D' - \varkappa\sqrt{p_k - p_s} \tag{33}$$

mit

$$D' = p_{k1} + \frac{V_k'}{V_{km}}\,p_{k1}' + \frac{f_k(h - h_1)}{\alpha\,V_{km}} + \frac{f_r\,\Delta t\,p_0}{2\,a\,\varrho\,\alpha\,V_{km}} - \varkappa\sqrt{p_{k1} - p_s} -$$

$$- \frac{f_r\,\Delta t\,c_{r1}}{2\,\alpha\,V_{km}} - \frac{f_r\,\Delta t\,W(t)}{a\,\varrho\,\varkappa\,V_{km}}\,.$$

$$\varkappa = \frac{\mu_0\,f_{0m}\,\Delta t}{2\,\alpha\,V_{km}}\sqrt{\frac{2g}{\gamma_b}}\,.$$

Der Wert von λ bleibt der gleiche, wie in der vorhergehenden Etappe. Durch Verwendung von p_k' aus Gl. (26), erhalten wir

$$p_k - p_s + \frac{\varkappa}{1+\lambda}\,\sqrt{p_k - p_s} - \left[\frac{D'}{1+\lambda} - p_s + \frac{\lambda}{1+\lambda}\,(A\,h_r + B)\right] = 0,$$

und damit

$$\sqrt{p_k - p_s} = -\frac{\varkappa}{2(1+\lambda)} +$$

$$+ \sqrt{\left[\frac{\varkappa}{2(1+\lambda)}\right]^2 + \frac{D'}{1+\lambda} - p_s + \frac{\lambda}{1+\lambda}\,(A\,h_v + B)}\,. \qquad (34)$$

Aus der für den Querschnitt $I-I$ aufgestellten Kontinuitätsgleichung erhalten wir für den Druck p_k den Ausdruck

$$p_k = D - \varkappa\,\sqrt{p_k - p_s} - b'\,\sqrt{p_k - p_k'} - \frac{f_v'\,h_v}{V_{km}} \qquad (34a)$$

mit

$$D = p_{k1} + \frac{f_k(h - h_1)}{V_{km}} + \frac{f_v'\,h_{v1}}{\varkappa\,V_{km}} - \varkappa\,\sqrt{p_{k1} - p_s} - b'\,\sqrt{p_{k1} - p_k'}\,.$$

Die Gln. (34) und (34a) können entweder graphisch oder nach der Methode der sukzessiven Approximation gelöst werden.

Nach Bestimmung der Werte von p_k und h_v kann aus Gl. (26) der Druck p_k' und damit aus dem Gleichungssystem (15) die Welle $F(t)$ berechnet werden.

Sechste Etappe. In dieser Etappe öffnet der Pumpenkolben den Rückströmkanal weiter, der Entlastungskolben beginnt in seinen Führungskanal zurückzugehen. Ähnliche Grenzbedingungen bestanden auch in der zweiten Etappe, deshalb wird die Rechnung mit den für die zweite Etappe aufgestellten Gleichungen durchgeführt.

Wenn der Entlastungskolben schon im Führungskanal ist, wird bei Aufsitzen des Ventils der Raum V_k' um ein bestimmtes Volumen vergrößert, wodurch der Druck p_k' rasch abnimmt. Ist die Aufsitzgeschwindigkeit des Druckventils groß, so kann der Druck auf Null zurückgehen, was zur Folge hat, daß die Flüssigkeitssäule abreißt (Kavitation). Der Pumpenbetrieb wäre in diesem Falle instabil.

Diese Erscheinung ist besonders bei leichtem Brennstoff (Benzinarten) und bei Einspritzsystemen mit hoher Umdrehungszahl.

Siebente Etappe. Nach dem Aufsitzen des Druckventils wirken sich im System noch Schwingungen aus. Die vom Druckventil reflektierte Welle erzeugt dort entweder einen Überdruck oder eine Druckverringerung, je nachdem, ob der Brennstoff vom Raum V_k' in die Druckleitung strömt oder umgekehrt.

Die Grenzbedingungen der siebenten Etappe werden durch die folgende Gleichung ausgedrückt:

$$\alpha\,V_k'\,\frac{d p_k'}{d t} = -\,f_r\,c_r\,.$$

Nach ihrer Integration und in Verbindung mit dem Gleichungssystem (15) erhalten wir

$$p'_k = \frac{p'_{k1} - \dfrac{f_r\,\Delta t}{2\alpha V'_k}\,c_{r1} - \dfrac{f_r\,\Delta t\,W(t)}{a\,\varrho\,\alpha V'_k} + \dfrac{f_r\,\Delta t\,p_0}{2a\,\varrho\,\alpha V'_k}}{1 + \dfrac{f_r\,\Delta t}{2a\,\varrho\,\alpha V'_k}}. \tag{35}$$

b) Vorgänge an der Düsenseite. Der in den Rauminhalt V_d der Düse tretende Brennstoff verteilt sich wie folgt:

α) Ein Teil des Brennstoffes strömt durch die Düsenöffnungen aus,

β) ein anderer Teil füllt den durch die Bewegung der Nadel frei gewordenen Raum aus,

γ) der Rest bleibt im Düsenkörper in zusammengedrücktem Zustand.

Die Konstruktion der Düse beeinflußt den Gang der Berechnungen nicht wesentlich. Die Anzahl der einzelnen Etappen und die der jeweils gemeinsam zu lösenden Gleichungen kann sich jedoch ändern.

Für eine Zapfendüse wird jedoch die den freien Querschnitt der Düsenbohrung darstellende Kurve als Funktion des Nadelhubes benötigt.

Die Berechnung des Druckverlaufes erfolgt wie unter a) getrennt für jede Etappe.

Erste Etappe. In der ersten Etappe verschließt die Nadel die Düsenöffnung noch; der Brennstoff bleibt im Düsenraum in zusammengedrücktem Zustand.

Als Grenzbedingung kann die Beziehung

$$\alpha\,V_d\,\frac{d\,p_d}{dt} = f_r\,c'_r$$

aufgestellt werden, d. h. es erfolgt nur eine Kompression der Flüssigkeit.

Den Wert der Geschwindigkeit c'_r erhält man aus dem Gleichungssystem (16)

$$c'_r = \frac{2F\left(t - \dfrac{L}{a}\right)}{a\,\varrho} - \frac{p_d}{a\,\varrho} - \frac{p_0}{a\,\varrho}.$$

Unter Berücksichtigung dieses Ausdruckes für c'_r und nach Integration der Beziehung für die zeitliche Änderung des Druckes, erhalten wir

$$p_d = \frac{D'}{\lambda'} \tag{36}$$

mit

$$D' = p_{d1} + \frac{f_r\,\Delta t\,c'_{r1}}{2\alpha V_d} + \frac{f_r\,\Delta t\,F\left(t - \dfrac{L}{a}\right)}{a\,\varrho\,\alpha V_d} + \frac{f_r\,\Delta t\,p_0}{2a\,\varrho\,x V_d},$$

$$\lambda' = 1 + \frac{f_r\,\Delta t}{2a\,\varrho\,\alpha V_d}.$$

Der Wert von p_d ist gleichzeitig der Amplitudenwert der Welle $W(t + L/a)$, die von der Düse zur Pumpe läuft.

Zweite Etappe. In dieser Etappe hebt sich die Nadel aus ihrem Sitz, so daß die Einspritzung des Brennstoffes in den Zylinder beginnt. Um die für den Querschnitt *III—III* aufgestellte Kontinuitätsgleichung lösen zu können, muß zuvor der Druck p_d' unter der Nadel bestimmt werden.

Vernachlässigen wir die Wirkung des Volumens unter der Nadel [*10*], dann besteht der Zusammenhang (Abb. 11)

$$f_n'' c_n' = f_d c_d. \tag{37}$$

Aus der Strömungsgleichung erhält man die Austrittsgeschwindigkeit

$$c_d = \mu_d \sqrt{\frac{2g}{\gamma_b}} \sqrt{p_d' - p_z}$$

und die Geschwindigkeit im Querschnitt unter der Nadel

$$c_n' = \mu_n \sqrt{\frac{2g}{\gamma_b}} \sqrt{p_d - p_d'}.$$

Mit den Bezeichnungen der Abb. 11 ist der Durchtrittsquerschnitt

$$f_n'' = \pi (d_c + 0{,}5 y \sin\gamma)\, y \sin\frac{\gamma}{2}.$$

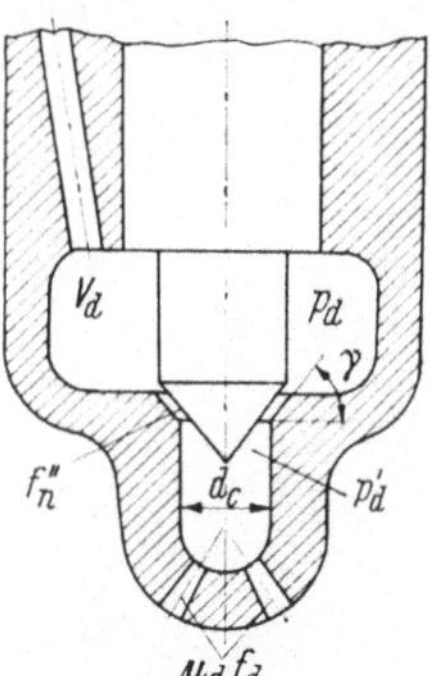

Abb. 11. Zur Berechnung des Einspritzvorganges mit geschlossener Nadeldüse.

Wenn wir diese Ausdrücke in Gl. (37) einsetzen, erhalten wir für $p_d' - p_z$

$$p_d' - p_z = \frac{k^2}{1 + k^2}\,(p_d - p_z), \tag{38}$$

wo

$$k = \frac{\pi (d_e + 0{,}5 y \sin\gamma)\, \mu_n\, y \sin\dfrac{\gamma}{2}}{\mu_d f_d}$$

und d_c der Kanaldurchmesser unter der Nadel ist.

Die Kontinuitätsgleichung für den Querschnitt *III—III* lautet

$$f_r c_r' = \alpha\, V_d\, \frac{d p_d}{d t} + \mu_d f_d c_d + f_n c_n$$

und die Bewegungsgleichung der Nadel

$$M' \frac{d^2 y}{d t^2} + \delta'(y + y_0) = (f_n - f_n')\, p_d + f_n'\, p_d',$$

wo

f_n' der freie Querschnitt der Nadel in der Sitzebene,

f_n der Querschnitt der Düsennadel,

y_0 die Vorspannung der Düsenfeder ist.

Die Bewegung der Nadel wird innerhalb eines kleinen zeitlichen Intervalls wieder als gleichmäßig beschleunigt angenommen. Mit dieser

Näherung schreiben wir

$$\frac{d^2 y}{d t^2} = \frac{2\,(y - y_1)}{\varDelta t^2} - \frac{2\,c_{n1}}{\varDelta t}\,.$$

Nach Integration der oben angegebenen Grenzbedingungen erhalten wir aus dem Gleichungssystem (16)

$$\sqrt{p_d - p_z} = -\frac{\sigma'}{2\,\lambda'} + \sqrt{\left(\frac{\sigma'}{2\,\lambda'}\right)^2 + \frac{D'}{\lambda'} - \frac{f_n\,y}{2\,\alpha\,V_d\,\lambda'}} - p_z\,, \qquad (39)$$

$$p_d = \frac{A'\,y + B}{f_n - f_n'\left(1 - \dfrac{k^2}{1 + k^2}\right)} \qquad\qquad (40)$$

mit

$$D' = p_{d1} + \frac{f_r\,\varDelta t}{2\,\alpha\,V_d}\left[\frac{2\,F\left(t - \dfrac{L}{a}\right)}{a\,\varrho} + \frac{p_0}{a\,\varrho} + c_{r1}'\right] +$$

$$+ \frac{f_n\,y_1}{2\,\alpha\,V_d} + \frac{f_n\,\varDelta t\,c_{n1}}{2\,\alpha\,V_d} - \sigma'\,\sqrt{p_{d1} - p_z}\,.$$

$$\sigma' = \frac{\mu_d\,f_d\,\varDelta t}{2\,\alpha\,V_d}\,\sqrt{\frac{2\,g}{\gamma_b}}\,\sqrt{\frac{k^2}{1 + k^2}}\,; \qquad A' = \frac{2\,M'}{\varDelta t^2} + \delta'\,.$$

$$B' = \delta'\,y_0\,\frac{2\,M'}{\varDelta t^2}\,y_1 - \frac{2\,M'}{\varDelta t}\,c_{n1} - f_n'\left(1 - \frac{k^2}{1 + k^2}\right)p_z\,.$$

Die beiden Gln. (39) und (40) liefern die Unbekannten p_d und y. Die Lösung erfolgt am zweckmäßigsten graphisch.

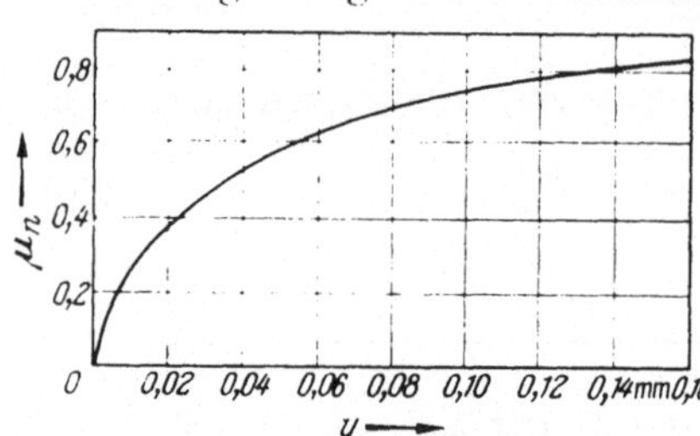

Abb. 12. Ausflußzahl der Düsenbohrung in Abhängigkeit vom Nadelhub.

Der im Augenblick des Nadelaufstieges bestehende Druck p_{d0} ergibt sich aus Gl. (40), wenn dort $y = 0$ gesetzt wird; er beträgt

$$p_{d0} = \frac{\delta'\,y_0 - f_n'\,p_z}{f_n - f_n'}\,. \qquad (41)$$

Die Durchflußzahl des Querschnittes unter der Nadel ist aus Abb. 12 als Funktion des Nadelhubes ersichtlich.

Für Zapfendüsen vereinfacht sich die Rechnung ein wenig, da hier der Unterschied zwischen p_d und p_d' vernachlässigt werden kann.

Die Grenzbedingungen werden dargestellt durch die Gleichungen

$$f_r\,c_r' = \alpha\,V_d\,\frac{d\,p_d}{dt} + \mu_d\,f_d\,\sqrt{\frac{2\,g}{\gamma_b}}\,\sqrt{p_d - p_z} + f_n\,\frac{d\,y}{dt}\,,$$

$$M'\,\frac{d^2 y}{dt^2} + \delta'\,(y + y_0) = f_n\,p_d\,.$$

Durch Integration erhält man aus der ersten

$$\sqrt{p_d - p_z} = -\frac{\varkappa'}{2\,\lambda'} + \sqrt{\left(\frac{\varkappa'}{2\,\lambda'}\right)^2 + \frac{D'}{\lambda'} - \frac{f_n\,y}{\nabla\,V_d\,\lambda'}} - p_z$$

mit

$$D' = p_{d1} + \frac{f_r\,\Delta t}{2\varkappa\,V_d}\left[\frac{2F\left(t-\dfrac{L}{a}\right)}{a\,\varrho} + \frac{p_0}{a\,\varrho} + c'_{r1}\right] + \frac{f_n\,y_1}{\varkappa\,V_d} - \varkappa'\,\sqrt{p_{d1}-p_z},$$

$$\varkappa' = \frac{\mu_d\,f_d\,\Delta t}{2\,\alpha\,V_d}\sqrt{\frac{2g}{\gamma_b}},$$

und aus der zweiten

$$p_d = A\,y + B,$$

mit

$$A = \frac{2M'}{f_n\,\Delta t^2} + \frac{\delta'}{f_n},$$

$$B = -\frac{M'}{f_n}\left(\frac{2y_1}{\Delta t^2} + \frac{2c_{n1}}{\Delta t}\right) + \frac{\delta'}{f_n}\,y_0.$$

Der weitere Gang der Rechnungen stimmt mit dem im früheren geschilderten Verfahren überein.

Dritte Etappe. In der dritten Etappe befindet sich die Nadel in aufgestoßenem Zustand. Die Grenzbedingungen lauten dann

$$f_r\,c'_r = \alpha\,V_d\,\frac{dp_d}{dt} + \mu_d\,f_d\,c_d.$$

Nach Integration erhalten wir hiermit aus dem Gleichungssystem (16)

$$\sqrt{p_d - p_z} = -\frac{\sigma'}{2\,\lambda'} + \sqrt{\left(\frac{\sigma'}{2\,\lambda'}\right)^2 + \frac{D'}{\lambda'} - p_z}\,, \tag{42}$$

mit

$$D' = p_{d1} + \frac{f_r\,\Delta t}{2\varkappa\,V_d}\left[\frac{2F\left(t-\dfrac{L}{a}\right)}{a\,\varrho} - \frac{p_0}{a\,\varrho} + c'_{r1}\right] - \sigma'\,\sqrt{p_{d1}-p_z}.$$

Die Werte von σ' und λ' bleiben dieselben, wie in der vorherigen Etappe. Der Faktor k ist in dieser Etappe ein konstanter Wert.

Vierte Etappe. In der vierten Etappe bewegt sich die Nadel zurück. Den Druck, bei dem sie hiermit beginnt, erhalten wir aus der Gleichgewichtsbedingung der Kräfte, die auf die Nadel wirken:

$$p_{dz} = \frac{\delta'(y + y_0) - f'_n\left(1 - \dfrac{k^2}{1+k^2}\right)p_z}{f_n - f'_n\left(1 - \dfrac{k^2}{1+k^2}\right)}. \tag{43}$$

Da die Nadel in Bewegung ist, stimmen die Grenzbedingungen überein mit den Grenzbedingungen der zweiten Etappe, so daß diese für die Berechnungen benutzt werden müssen.

Nach dem Aufsetzen der Nadel bleiben im System Druckwellen bestehen. Die zur Düse laufende Welle besitzt manchmal eine so hohe Amplitude, daß sich die Nadel wieder von ihrem Sitz hebt, und ein Nacheinspritzen zustande kommt.

Für die Berechnung der Nacheinspritzung gelten dieselben Gleichungen, wie für die normale Einspritzung. Wenn die Nadel in ihrer Ruhelage bleibt, sind für den Eintrittsquerschnitt der Druckleitung die Gl. (35) und für den Austrittsquerschnitt die Gl. (36) gültig.

Tritt keine Nacheinspritzung auf, so hören die Druckschwankungen nach sehr kurzer Zeit auf, und im System bleibt ein bestimmter Druck p_0 bestehen. Bei kleiner Belastung und kleiner Drehzahl hat der Druck p_0 einen wesentlichen Einfluß auf die Einspritzmenge, während dies bei Nennbelastung nicht mehr der Fall ist.

Den Restdruck p_0 erhält man näherungsweise aus der Beziehung

$$p_0 = \frac{f_k\, h' - Q_0' - Q_0'' - Q_d}{(V_k' + V_r + V_d)}\,,\tag{44}$$

wo

Q_0' der durch die Saugbohrung zurückfließende Brennstoff,
Q_0'' der durch die Rückströmbohrung abfließende Brennstoff,
Q_d die Menge des eingespritzten Brennstoffes,
h' der Weg des Pumpenkolbens vom Moment der Erhebung des Druckventils bis zum Moment des Aufsetzens,
V_r der Rauminhalt der Druckleitung ist.

Die in diesem Ausdruck vorkommenden Glieder werden wir im Laufe der Berechnung bestimmen.

Man erhält für den Druck p_0 — vor Durchführung der genaueren schrittweisen Berechnung — den groben Anhaltswert

$$p_0 = \frac{\alpha V_g\, p_\delta - Q_r}{\alpha V_g}\,.$$

wo

V_g $V_k' + V_r + V_d$ Gesamtvolumen des Systems,
Q_r der der Entlastung des Druckventils entsprechende Rauminhalt,
$p_ö$ Öffnungsdruck der Düse ist.

c) Herleitung des Einspritzgesetzes bei offener Düse. Die Anwendung einer offenen Düse (ohne Nadel) beeinflußt den Gang der Berechnung an der Pumpenseite nicht. An der Düsenseite wird sie jedoch wesentlich einfacher, da die Zahl der Berechnungsetappen sich zu einer reduziert.

Die BERNOULLIsche Gleichung für die Austrittskanäle lautet

$$p_d - p_z = \frac{\varrho}{2}\, c_d^2 + \frac{\varrho}{2}\, c_r'^2\,.$$

Der Rauminhalt der offenen Düsen ist im allgemeinen viel kleiner, als der der geschlossenen, deshalb können wir die Zusammendrückbarkeit der Flüssigkeit vernachlässigen [10]. Dann folgt die Geschwindigkeit c_d mit c_r' unmittelbar aus der Kontinuitätsgleichung:

$$c_d = \frac{f_r\, c_r'}{\mu_d f_d}\,.$$

Wenn man dies in die BERNOULLIsche Gleichung einsetzt, erhält man mit ihr aus dem Gleichungssystem (16)

$$\sqrt{p_d - p_z} = -\frac{\sigma'}{2} + \sqrt{\left(\frac{\sigma'}{2}\right)^2 + 2 F \left(t - \frac{L}{a}\right) - p_0 - p_z} , \qquad (45)$$

mit

$$\sigma' = \frac{a \varrho \sqrt{\dfrac{2}{\varrho}}}{\sqrt{1 + \dfrac{f_r}{\mu_d f_d}}} .$$

d) Einspritzgesetz der Federspeicherpumpe (System Jendrassik). Die JENDRASSIK-Pumpe unterscheidet sich prinzipiell von dem früher behandelten Bosch-Einspritzsystem: der Förderhub wird von einer starken Feder ausgeführt; die Saug- und Rückströmkanäle fehlen (die Regelung der Einspritzmenge erfolgt durch eine Hubregelung), das Druckventil hat keine Entlastungseinrichtung, sondern ist ein einfaches Rückschlagventil.

Die Berechnung des Druckvorganges wird wesentlich einfacher, da er an der Pumpenseite nur in zwei Etappen unterteilt werden muß, nämlich

α) vom Beginn der Bewegung des Pumpenkolbens bis zum Beginn der Bewegung des Druckventils und

β) vom Beginn der Bewegung des Druckventils bis zum vollständigen Heben des Kolbens.

Der vom Kolben durchlaufene Weg muß bei diesem System durch Rechnungen bestimmt werden. Die Bewegungsgleichung des Kolbens lautet

$$M \frac{d^2 h}{d t^2} + \delta' h + f_k p_k = \delta (h_m - h) . \qquad (46)$$

wo

δ die Federkonstante der Speicherfeder,

δ' die Federkonstante der Kolbenfeder,

h der Kolbenweg,

h_m die Vorspannung der Speicherfeder in der unteren Lage des Kolbens,

M die Masse des Kolbens ist.

Die Bewegung des Kolbens wird innerhalb eines kleinen Zeitintervalls als gleichmäßig beschleunigt angenommen; dann erhalten wir für den Weg h

$$h = \frac{B'}{A'} - \frac{f_k p_k}{A'} , \qquad (47)$$

mit

$$B' = \frac{2 M h_1}{\Delta t^2} + \frac{2 M c_{k1}}{\Delta t} + \delta h_m ,$$

$$A' = \frac{2 M}{\Delta t^2} + \delta + \delta' .$$

Erste Etappe. In der ersten Etappe erfolgt die Zusammendrückung des im Druckraum befindlichen Brennstoffes bis der zum Heben des Druckventils nötige Druck erreicht ist. Die Kontinutitäsgleichung lautet dann

$$f_k\, c_k = \alpha\, V_{km}\, \frac{dp_k}{dt}\,.$$

Durch Integration erhält man aus ihr

$$p_k = \frac{D}{b} \tag{48}$$

mit

$$D = \frac{f_k\, B'}{A'} - f_k\, h_1 + \alpha\, V_{km}\, p_{k1}\,.$$

$$b = \frac{f_k^2}{A'} + \alpha\, V_{km}\,.$$

Nachdem p_k bestimmt ist, kann aus Gl. (47) der vom Kolben durchlaufene Weg berechnet werden.

Zweite Etappe. In der zweiten Etappe hebt sich das Druckventil von seinem Sitz und der Brennstoff beginnt in die Einspritzleitung zu strömen. Die Kontinuitätsgleichung nimmt folgende Form an

$$f_k\, c_k = \alpha\, V_k\, \frac{dp_k}{dt} + f_r\, c_r\,.$$

Nach Integration liefert sie in Verbindung mit dem Gleichungssystem (15) den Druck p_k

$$p_k = \frac{D'}{b'}\,, \tag{49}$$

mit

$$D' = \frac{f_k\, B'}{A'} + \alpha\, V_{km}\, p_{k1} - f_k\, h_1 - \frac{f_r\, \Delta t}{2}\left[\frac{2\,W(t)}{a\,\varrho} - \frac{p_0}{a\,\varrho} + c_{r1}\right],$$

$$b' = \alpha\, V_{km} + \frac{f_r\, \Delta t}{2a\,\varrho} + \frac{f_k^2}{A'}\,.$$

Bei Kenntnis von p_k kann aus Gl. (47) der Weg des Kolbens bestimmt werden.

Die Berechnung der Vorgänge an der Düsenseite hängt von der verwendeten Düsentype ab, und erfolgt nach den zuvor beschriebenen Verfahren.

§ 5. Herleitung des Einspritzgesetzes bei Berücksichtigung der Reibung

Bei Verwendung einer langen Druckleitung und Schweröl hoher Viskosität kann der Einfluß der Reibung nicht unberücksichtigt bleiben. Für diesen Fall müssen an den zuvor beschriebenen Gleichungen einige Änderungen vorgenommen werden.

Im Unterschied zu den bisherigen Berechnungen werden die Geschwindigkeiten am Anfang und am Ende der Druckleitung nicht mehr aus den Gln. (15) und (16), sondern aus der Gl. (12) ermittelt, d. h. unter Berücksichtigung der Reibung. Prinzipiell stimmt die Berechnung mit der für ein reibungsfreies Medium überein; daher muß sie analog zu dieser für jede Etappe, innerhalb derer die Grenzbedingungen konstant sind, getrennt durchgeführt werden.

a) Berechnungen an der Pumpenseite. Die einleitenden Bemerkungen zeigten, daß sich für die Berechnungen in den einzelnen Etappen einige Änderungen ergeben; zuerst sollen sie für die Pumpenseite angegeben werden.

Erste Etappe. In erster Etappe erfolgt in der Druckleitung keine Flüssigkeitsströmung, deshalb stimmt die Berechnung vollständig mit der für den reibungslosen Fall überein.

Zweite Etappe. In der zweiten Etappe befindet sich das Druckventil in Bewegung, ist jedoch aus seiner Führung noch nicht herausgetreten. Das hochgehende Druckventil drückt aus dem Druckventilraum Flüssigkeit, die sich durch die Druckleitung entfernt. Die Gleichungen der Grenzbedingungen (die Kontinuitätsgleichungen für die Querschnitte $I-I$ und $II-II$ und die Bewegungsgleichung des Druckventils) lauten

$$f_k \frac{dh}{dt} = \alpha V_k \frac{dp_k}{dt} + \mu_0 f_0 \sqrt{\frac{2g}{\gamma_b}} \sqrt{p_k - p_s} - f_v \frac{dh_v}{dt}, \tag{50}$$

$$f_v \frac{dh_v}{dt} = \alpha V_k' \frac{dp_k'}{dt} + f_r c_r, \tag{51}$$

$$M \frac{d^2 h_v}{dt} + \delta_v h_v + P_0 = f_v(p_k - p_k'). \tag{52}$$

Die zweite Gleichung nimmt mit der Methode der endlichen Differenzen die Form

$$f_v \frac{h_v - h_{v1}}{\Delta t} = \alpha V_{km}' \frac{p_k' - p_{k1}'}{\Delta t} + f_r \frac{c_{0,t} + c_{0,t+1}}{2} \tag{53}$$

an. In dieser Gleichung sind p_k', h_v und $c_{0,t+1}$ unbekannt. Der Wert von $c_{0,t}$ ist vom vorhergehenden Intervall bekannt bzw. ist im ersten Intervall gleich Null. Der Wert von $c_{0,t+1}$ kann durch p_k' ausgedrückt werden. Hierzu wird die zweite Gleichung des Gleichungssystems (13) nach der Methode der endlichen Differenzen für die Stelle $x = 0$ aufgestellt:

$$\frac{c_{1,t+1} - c_{0,t+1}}{\Delta x} = - \frac{1}{a^2 \varrho} \frac{p_k' - p_{k1}'}{\Delta t} .$$

Da $\Delta x / \Delta t = a$, wird

$$c_{0,t+1} = c_{1,t+1} + \frac{1}{a \varrho} (p_k' - p_{k1}'). \tag{54}$$

Im ersten Intervall ist $c_{1,t+1} = 0$, und wird in den folgenden Intervallen mit der Gl. (12) bestimmt.

Setzen wir den Wert von $c_{0,t+1}$ in Gl. (53) ein, so erhalten wir den Druck p_k' in der Form

$$p_k' = N + \xi\, h_r \tag{28a}$$

analog zu Gl. (28); jetzt ist jedoch

$$N = \frac{2\,a\,\varrho\,\alpha\,V'_{km}\,p'_{k1} - a\,\varrho\,f_r\,\Delta t\left(c_{0,t} + c_{1,t+1} - \dfrac{p'_{k1}}{a\,\varrho}\right) - 2\,a\,\varrho\,f_v\,h_{v1}}{2\,a\,\varrho\,\alpha\,V'_{km} + f_r\,\Delta t}\,. \tag{55}$$

Alle anderen Ausdrücke sind mit den für den Fall ohne Reibung gültigen identisch. Dementsprechend wird der Druck von p_k aus Gl. (27) bestimmt; mit ihm erhalten wir aus Gl. (29) den Weg h_v, aus Gl. (28) den Druck p_k' und endlich aus Gl. (54) die Geschwindigkeit $c_{0,t+1}$. Der Wert N muß jedoch gemäß Gl. (55) eingesetzt werden.

Zur Berechnung des Geschwindigkeitsfeldes ist es der Übersichtlichkeit halber zweckmäßig, eine der Abb. 7 ähnliche Tabelle aufzustellen. Eine derartige Tabelle für das Geschwindigkeitsfeld der Pumpe des sechszylindrischen Schiffsmotors der Type Skoda 6 S 275 L zeigt Abb. 13

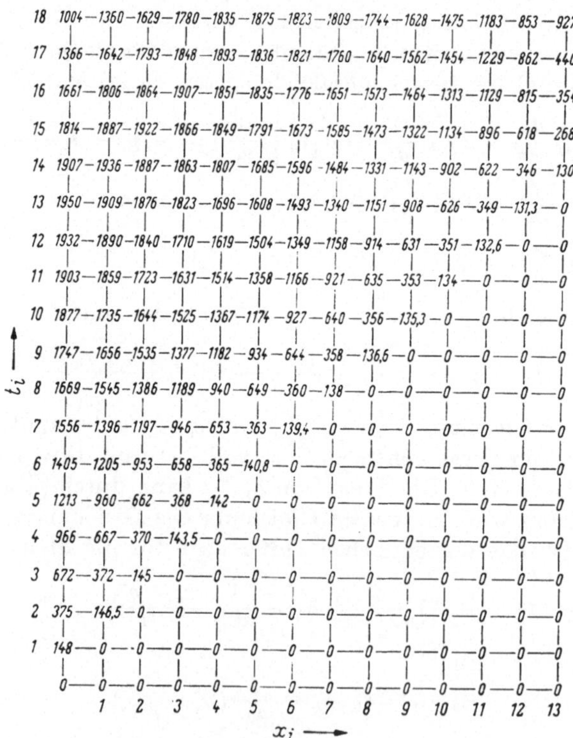

Abb. 13

Geschwindigkeitsfeld in einer langen Druckleitung bei Berücksichtigung der Reibung [14].

[*14*]. Die 261,5 cm lange Druckleitung ist in dreizehn Abschnitte unterteilt, so daß $\Delta x = 20{,}1$ cm und das dazugehörige Zeitintervall $\Delta t = 0{,}134 \cdot 10^{-3}$ s beträgt.

Der Aufbau des Geschwindigkeitsfeldes geschieht folgendermaßen: an der Stelle $x = 0$ im Augenblick $t = 0$ (zu Beginn des ersten Intervalls der zweiten Etappe) ist $c_{0,0} = 0$. Die am Ende des ersten Intervalls auftretende Geschwindigkeit erhalten wir aus Gl. (54) unter Berücksichtigung, daß hier $c_{1,t+1} = 0$ ist. Der Wert $c_{0,t+1}$ wird in die entsprechende Stelle von der Tabelle eingeschrieben ($c_{0,1} = 148$ cm/s). In der Kenntnis von $c_{0,1}$ kann die Änderung der Geschwindigkeit entlang der durch sie gehenden Charakteristik nach Gl. (12) sehr einfach bestimmt werden; es ist nämlich

$$c_{x+1,\,t+2} = b_3\, c_{x,\,t+1},$$

da die anderen in der Gleichung vorkommenden Geschwindigkeitswerte gleich Null sind. Die Berechnung kann mit Hilfe der Gl. (12) bis zum vorletzten Intervall durchgeführt werden. Die am Ende der Druckleitung auftretende Geschwindigkeit muß unter Berücksichtigung der dort gültigen Grenzbedingungen bestimmt werden.

Die Geschwindigkeit $c_{0,2}$ im zweiten Zeitintervall erhalten wir ebenfalls aus Gl. (54), wo nun der Wert von $c_{1,2}$ bekannt ist ($c_{1,2} = 146{,}5$ cm/s). Die einzelnen Werte der durch den Punkt $c_{0,2}$ laufenden Charakteristik werden wieder aus der Gl. (12) berechnet — mit Ausnahme der letzten zwei Punkte ($c_{12,14}$ und $c_{13,15}$). Entlang der zweiten Charakteristik sind die Werte $c_{x+1,t}$ und $c_{x+2,t+1}$ gleich Null.

Der weitere Aufbau des Geschwindigkeitsfeldes erfolgt analog zu diesen Beispielen. Die Geschwindigkeit an der Stelle $x = 0$ wird immer nach Gl. (54) und die entlang der jeweiligen Charakteristik nach Gl. (12) berechnet.

Dritte Etappe. Die für den reibungsfreien Fall abgeleiteten Gleichungen bleiben gültig. Nur der Wert N muß nach Gl. (55) eingesetzt werden.

Vierte Etappe. Die Gl. (31) bleibt auch unter Berücksichtigung der Reibung unverändert, jedoch nimmt der Faktor D' die Form

$$D' = p_{k1} + \frac{V_k'}{V_{km}}\, p_{k1}' + \frac{f_k(h_k - h_{k1})}{\alpha\, V_{km}} - \frac{f_v\, \Delta t}{2\,\alpha\, V_{km}}\left(c_{0,t} + c_{1,\,t+1} - \frac{p_{k1}'}{a\,\varrho}\right) \qquad (56)$$

an. Die unbekannten Größen p_k und h_v ergeben sich aus den Gln. (31) und (32) und ermöglichen dann die Bestimmung des Druckes p_k'. Die Geschwindigkeit $c_{0,t+1}$ ist durch Gl. (54) gegeben.

Fünfte Etappe. In der für die fünfte Etappe des reibungsfreien Falles abgeleiteten Gl. (34) ändert sich nur die Konstante D'; sie lautet nun

$$D' = p_{k1} + \frac{V_k'}{V_{km}}\, p_{k1}' + \frac{f_k(h_k - h_{k1})}{\alpha\, V_{km}} - \varkappa\, \sqrt{p_{k1} - p_s} -$$
$$- \frac{f_r\, \Delta t}{2\,\alpha\, V_{km}}\left[c_{0,t} + c_{1,\,t+1} - \frac{p_{k1}}{a\,\varrho}\right], \qquad (57)$$

mit

$$\varkappa = \frac{\mu_0 f_0 \, \Delta t}{2 \, \alpha \, V_{km}} \sqrt{\frac{2g}{\gamma_b}} \, .$$

Die Gln. (34) und (34a) können graphisch gelöst werden. Bei Kenntnis von h_v und p_k kann aus der Gl. (26) der Druck p_k' bestimmt werden, und aus Gl. (54) erhält man die Geschwindigkeit $c_{0,\,t+1}$.

Sechste Etappe. Da die Grenzbedingungen mit denen der zweiten Etappe weitgehend übereinstimmen, wird die Rechnung mit den dort abgeleiteten Gleichungen durchgeführt.

Siebente Etappe. In der siebenten Etappe befindet sich das Druckventil in seinem Sitz; im System bleiben jedoch noch Schwingungen bestehen, die ein Nachspritzen erzeugen können.

Als Grenzbedingung besteht die Gleichung

$$\alpha \, V_k' \frac{d p_k'}{dt} = - f_r c_r \, . \tag{58}$$

Aus der zweiten Gleichung des Systems (1) folgt

$$\frac{1}{a^2 \, \varrho} \, \frac{\partial p_k'}{\partial t} = - \frac{\partial c_r}{\partial x} \, .$$

Berücksichtigt man, daß näherungsweise $\alpha \approx 1/a^2 \varrho$ ist, so lautet die Grenzbedingung an der Stelle $x = 0$

$$\frac{\partial c_r}{\partial x} - \frac{f_r}{V_k'} \, c_r = 0 \, .$$

Unter Anwendung der Methode der endlichen Differenzen erhält man die Beziehung

$$\frac{c_{1,\,t+1} - c_{0,\,t+1}}{\Delta x} - \frac{f_r}{V_k'} \, c_{0,\,t+1} = 0 \, ,$$

und daraus den gesuchten Geschwindigkeitswert an der Stelle $x = 0$

$$c_{0,\,t+1} = \frac{c_{1,\,t+1}}{1 + \dfrac{f_r}{V_k'} \, \Delta x} \, . \tag{59}$$

Neben den Geschwindigkeitswerten muß auch der Druck im Eintrittsquerschnitt des Druckrohres bestimmt werden. Dazu wird Gl. (58) benutzt; sie liefert

$$p_k' = p_{k\,1}' - \frac{f_r \, \Delta t}{2 \alpha \, V_k'} \, (c_{0,\,t} + c_{0,\,t+1}) \, . \tag{60}$$

b) Berechnungen an der Düsenseite. *Erste Etappe.* In der ersten Etappe befindet sich die Nadel in ihrem Sitz, es erfolgt kein Einspritzen, der Brennstoff komprimiert bleibt im Düsenraum.

Die Grenzbedingungen haben eine zu Gl. (58) ähnliche Form:

$$\alpha \, V_d \frac{d p_d}{dt} = f_r c_r' \, .$$

Die Lösung am Ende des Druckrohres lautet analog zu den Gln. (59) und (60)

$$c_{L,\,t+1} = \frac{c_{L-1,\,t+1}}{1 + \dfrac{f_r}{V_d}\,\varDelta x}\,, \tag{61}$$

$$p_d = p_{d1} + \frac{f_r\,\varDelta t}{2\,\alpha\,V_d}\,(c_{L,\,t} + c_{L,\,t+1})\,. \tag{62}$$

Mit den Gln. (61) und (62) wird die Rechnung über so viele Zeitintervalle $\varDelta t$ fortgeführt, bis der Düsendruck den Öffnungsdruck der Nadel annimmt.

Der am Rohrende auftretende Druck soll nach Gl. (61) berechnet werden, während die Werte des Geschwindigkeitsfeldes nach Gl. (12) zu ermitteln sind.

Zweite Etappe. In der zweiten Etappe hat sich die Düsennadel von ihrem Sitz gehoben, und ist in Bewegung. Die Geschwindigkeit am Rohrleitungsende berechnen wir — analog zu Gl. (54) — aus

$$c_{L,\,t+1} = c_{L-1,\,t+1} - \frac{1}{a\,\varrho}\,(p_d - p_{d1})\,, \tag{63}$$

die anderen Werte des Geschwindigkeitsfeldes jedoch nach Gl. (12).

Die Werte von p_d und y können aus den Gln. (39) und (40) berechnet werden, wo hingegen der Wert von D' gemäß der folgenden Gleichung ersetzt werden soll:

$$D' = p_{d1} + \frac{f_r\,\varDelta t}{2\alpha\,V_d}\left(c_{L,\,t} + c_{L-1,\,t+1} + \frac{p_{d1}}{a\,\varrho}\right) - \sigma'\,\sqrt{p_{d1} - p_z} + \frac{f_n\,y_1}{\alpha\,V_d}\,. \tag{64}$$

Dritte Etappe. Die Düsennadel hat das Ende ihres Weges erreicht, so daß die Grenzbedingung allein durch die Kontinuitätsgleichung gegeben ist. Die in Gl. (42) auftretende Größe D' lautet unter Berücksichtigung der Reibung

$$D' = p_{d1} + \frac{f_r\,\varDelta t}{2\alpha\,V_{dm}}\left(c_{L,\,t} + c_{L-1,\,t+1} + \frac{p_{d1}}{a\,\varrho}\right) - \sigma'\,\sqrt{p_{d1} - p_z}\,. \tag{65}$$

Die Geschwindigkeit am Ende dieser Periode im Endpunkt der Druckleitung erhält man aus Gl. (63).

Vierte Etappe. In der vierten Etappe bewegt sich die Nadel zurück. Die Grenzbedingungen sind identisch mit denen der zweiten Etappe. Infolgedessen erfolgt die Berechnung der vierten Etappe mit Hilfe der für die zweite Etappe gültigen Gleichungen.

c) Bestimmung des in der Druckleitung verbleibenden Druckes. Nach dem Aufsetzen der Düsennadel verbleiben im System elastische Schwingungen. Die am Anfang und Ende der Druckleitung auftretenden Drücke und Geschwindigkeiten werden nach den Gln. (59), (60) bzw. (61) und (62) berechnet. Die Schwingungen sind infolge der Reibung verhältnismäßig stark gedämpft, so daß nach Ablauf von einer bestimmten Zeit der Druck entlang dem ganzen Rohr konstant ist. Die Kenntnis dieses Wertes ist zur Berechnung des Einspritzsystems nötig. Seine Bestimmung ist in guter Näherung folgendermaßen möglich: nach dem Aufsetzen der Nadel wird der Druck in einem beliebigen Zeitpunkt als Funktion der laufenden Ortskoordinate berechnet. Sein Mittelwert über die ganze Länge der Druckleitung gibt den verbleibenden konstanten Druck p_0 an.

Zur Berechnung der Druckwerte wird die erste Gleichung des Gleichungssystems (1) benutzt, die nach der Methode der endlichen Differenzen die Form

$$\frac{p_{x+1,t} - p_{x,t}}{\Delta x} + \frac{c_{x,t} - c_{x,t-1}}{\Delta t} + 2 \varrho \, k \, c_{x,t} = 0$$

annimmt, wobei

$$p_{x+1,t} = p_{x,t} - a \varrho (c_{x,t} - c_{x,t-1}) - 2 \varrho \, k \, \Delta x \, c_{x,t} \tag{66}$$

ist.

Demnach ist der am Anfang der Leitung herrschende Druck der Ausgangswert zur Berechnung der Funktion $p = f(x)$ zu einem beliebigen Zeitpunkt; er ist aus früheren Rechnungen bekannt. Die im Laufe der Rechnung auftretenden Geschwindigkeitswerte entnimmt man dem Geschwindigkeitsfeld.

Da die Drücke am Anfang bzw. am Ende der Leitung mit den Drücken im Druckventilraum bzw. im Düsenraum übereinstimmen, können die Volumina des Druckventils und des Düsenraumes durch gleichwertige Druckrohrlängen der Größe

$$\Delta L_v = \frac{V_k'}{f_r}; \qquad \Delta L_d = \frac{V_d}{f_r}$$

ersetzt werden. Mit diesen Werten ist die Ersatzlänge des gesamten Drucksystems

$$L_e = L + \Delta L_v + \Delta L_d.$$

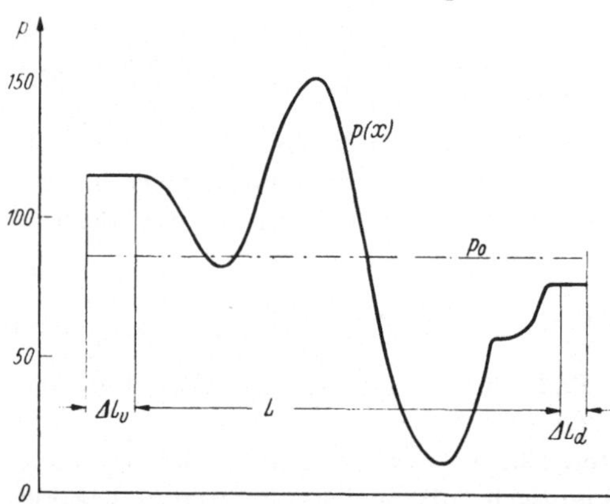

Abb. 14. Zur Berechnung des statischen Anfangsdruckes.

Über diese Länge wird die Funktion $p = f(x)$ graphisch dargestellt (Abb. 14), und man erhält durch Integration den in der Leitung nach Abklingen der Schwingungsvorgänge verbleibenden Druck

$$p_0 = \frac{\int\limits_0^{L_e} p(x)\, dx}{L_e}. \tag{67}$$

§ 6. Analyse des Einspritzgesetzes: Verteilungskurven

Wir können den Einfluß der einzelnen konstruktiven Elemente des Einspritzsystems auf die Gesetzmäßigkeiten der Einspritzung durch Analyse der sog. Verteilungskurven untersuchen, in denen die Ergebnisse unserer Berechnungen graphisch dargestellt sind [*10, 11*].

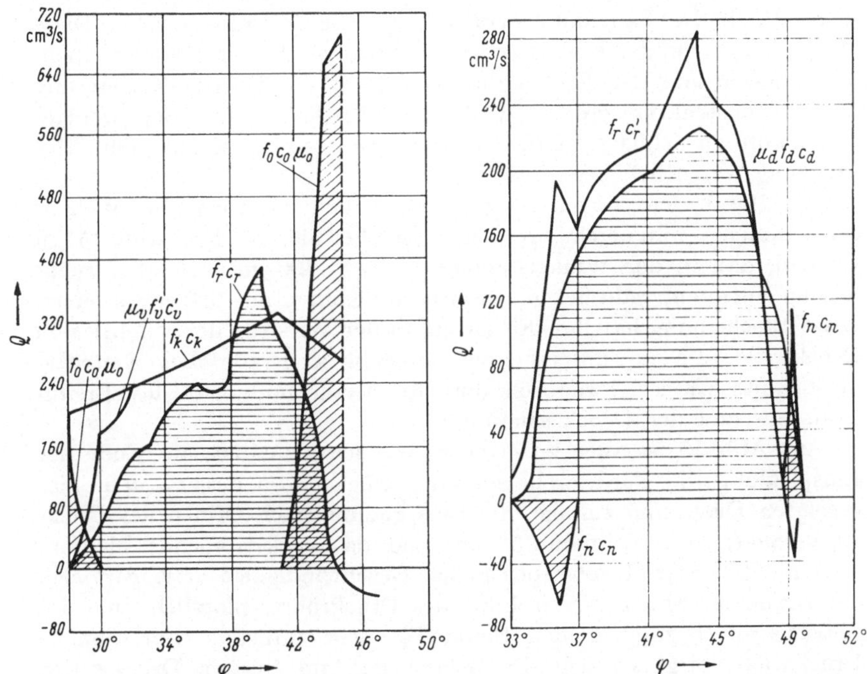

Abb. 15. Verteilungskurven für den Leitungsbeginn in Abhängigkeit von der Pumpenwinkelstellung [*10*].

Abb. 16. Verteilungskurven für das Leitungsende in Abhängigkeit von der Pumpenwinkelstellung [*10*].

Für Einspritzeinrichtungen mit Druckleitungen können drei Verteilungsdiagramme gezeichnet werden: eines für den Eintritts- und eines für den Austrittsquerschnitt sowie ein gemeinsames für das ganze System.

Die Abb. 15 und 16 zeigen derartige Verteilungsdiagramme. Die Fläche unter der Kurve $f_k c_k$ stellt die vom Pumpenkolben gelieferte, und die schräg schraffierte Fläche unter $\mu_0 f_0 c_0$ die durch die Saug- und Rückströmbohrungen fließende Brennstoffmenge dar, während die Fläche unter $\mu_v f_v c_v$ die vom Raum V_k in den Raum V_k' übergehende Menge angibt. Die Fläche unter der Kurve $f_r c_r$, die den in das Druckrohr eintretenden Brennstoff veranschaulicht, wird negativ, wenn Brennstoff aus dem Druckrohr in den Druckventilraum und von dort in den Druckraum zurückströmt.

Die Verteilungskurven geben demnach ein eindeutiges Bild von der Brennstoffverteilung zu einer beliebigen Zeit der Einspritzung sowie von der Wirkung der einzelnen Elemente des Systems auf diese Verteilung. Man übersieht sofort, welche Änderungen an einer Konstruktion vorgenommen werden müssen, damit ihr Einspritzvorgang bestimmte zusätzliche Forderungen erfüllt. Nach dem Diagramm der Abb. 15 fließt durch den Saugkanal etwa 3% des Brennstoffes zurück. Diese Menge hängt von der Konstruktion des Saugkanals sowie vom Kolbendurchmesser und der Kolbengeschwindigkeit ab. Durch Veränderung dieser Konstruktionsgrößen wird bewirkt, daß mehr oder weniger Brennstoff zurückläuft. Dadurch kann die Anfangsperiode der Einspritzung wesentlich beeinflußt werden.

An Hand der Verteilungsdiagramme können auch die Wellenerscheinungen untersucht werden. Zum Beispiel ist aus Abb. 15 zu ersehen, daß in der Winkelstellung $\varphi = 40°$ 400 cm³/s in die Druckleitung eintreten, während gleichzeitig der Kolben nur 320 cm³/s liefert. Diese Erscheinung hat ihre Erklärung in der Wirkung der reflektierten Druckwelle, die im untersuchten Augenblick gerade den Eintrittsquerschnitt passiert, wodurch dort die Geschwindigkeit des Brennstoffs zu- und der Druck abnimmt.

Aus Abb. 15 ist auch zu ersehen, wie schwer es ist, am Ende der Einspritzung die Förderwelle zu unterdrücken. So dauert, dem hier gezeigten Diagramm zufolge, die Einspritzung nach Öffnen des Rückströmkanals noch während 5° an, und das rückströmende Medium erreicht 700 cm³/s. Infolge der hohen Geschwindigkeit verringert sich der Druck im Eintrittsquerschnitt des Druckrohres plötzlich, und der Betriebsstoff beginnt in den Raum V_k' zurückzufließen. Der schnelle Druckabfall birgt in sich die Gefahr, daß im System Druckwellen hoher Amplitude entstehen, die Nacheinspritzen zur Folge haben können.

Abb. 16 zeigt das Verteilungsdiagramm für die Düsenseite des Systems. Die Fläche unter der Kurve $f_r\,c_r'$ stellt den aus dem Druckrohr und die Fläche unter der Kurve $\mu_d\,f_d\,c_d$ den aus der Düsenbohrung austretenden Brennstoff dar, während die Fläche unter $f_n\,c_n$ den Brennstoff angibt, der in das durch die Bewegung der Nadel frei werdende Volumen nachströmt.

Da sich die Druck- und Geschwindigkeitswellen mit endlicher Geschwindigkeit fortpflanzen, ist die Verteilung des Druckes und der örtlichen Geschwindigkeit entlang der Leitung selbstverständlich nicht konstant. Abb. 17 zeigt die Druck- und Geschwindigkeitsverteilung entlang der Druckleitung eines Einspritzsystems in drei charakteristischen Zeitpunkten, nämlich zu Beginn der Einspritzung, beim Öffnen der Rückströmkanäle und beim Aufsetzen des Druckventils.

Aus Abb. 17 ist zu ersehen, daß beim Aufsetzen des Druckventils an der Stelle $L = 400$ mm des Rohres die Geschwindigkeit c_r durch Null geht, und im weiteren Bereich Geschwindigkeiten entgegengesetzter (positiver) Richtung auftreten. Das bedeutet, daß das ganze System

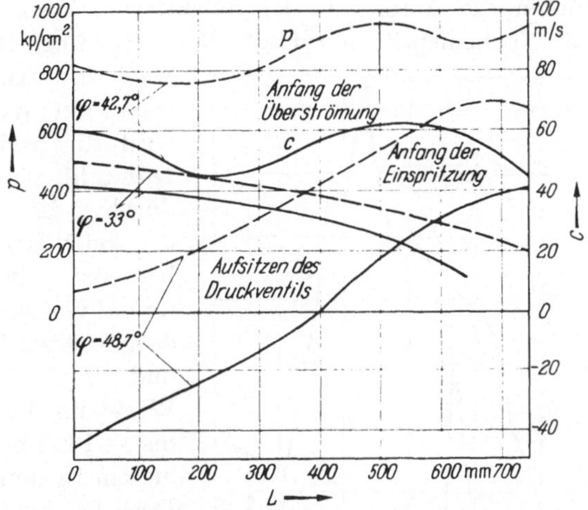

Abb. 17. Druck- und Geschwindigkeitsänderung entlang der Druckleitung für verschiedene Zeitpunkte der Einspritzung.

das Ende der Förderwelle noch nicht zur Kenntnis genommen hat, und eine Einspritzung immer noch erfolgt.

Es sei bemerkt, daß bei $c_r = 0$ die Flüssigkeitssäule nicht abreißt, da dann der Druck einen von Null verschiedenen Wert — nämlich 420 kg/cm² — hat.

Ist das Druckventil mit einem Entlastungskolben versehen, so wird es zu Beginn der Förderung des Pumpenkolbens katapultartig aus seiner Führung geschossen. Anfangs ist die beschleunigende Kraft immer wesentlich höher als die rücktreibende Federkraft, so daß die maximale Auslenkung weit größer ist, als es der Druckdifferenz $p_k - p_k'$ entspräche. Wenn ein Anschlag den Weg des Druckventils begrenzt, wird es dort sofort umkehren, und sich so lange rückwärts bewegen, bis die Kräfte der Strömung mit der Federkraft im Gleichgewicht sind. In diesem Fall führt das Druckventil eine schwingende Bewegung aus, während es eine Parabel beschreibt, wenn keine Hubbegrenzung vorhanden ist (Abb. 18).

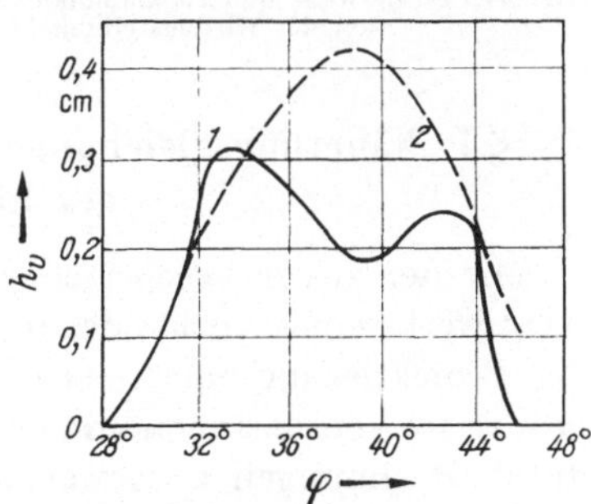

Abb. 18. Druckventilweg mit (1) und ohne Hubbegrenzung (2).

Bei der Auswertung des Druckvorganges muß dem Verlauf der Druckwelle große Aufmerksamkeit geschenkt werden.

Im allgemeinen ist die Amplitude der Förderwellen (Impulswellen) um einige Male höher als die der reflektierten Wellen. Jedoch kann in bestimmten Fällen die Amplitude der reflektierten Wellen bereits so hoch sein, daß Nacheinspritzen erfolgt. Bei Erhöhung der Drehzahl wachsen auch die Amplituden der Wellen; daher wird die Steigerung der Drehzahl eines Systems durch die Amplitude der reflektierten Wellen begrenzt. Beispielsweise nimmt von den in Abb. 19 dargestellten Kurven $F(t)$ und $W(t)$ die letzteren Werte im Bereich $+125$ bis -180 kp/cm² an. In diesem System öffnet die Düse bei einem stationären Druck von 200 kp/cm², so daß die Steigerungsmöglichkeit der Drehzahl sehr begrenzt ist. Dies bestätigen auch experimentelle Untersuchungen [10]. Es müssen demnach bei Pumpen, die für einen breiten Drehzahlbereich gedacht sind, die Amplituden der reflektierten Wellen klein gehalten werden.

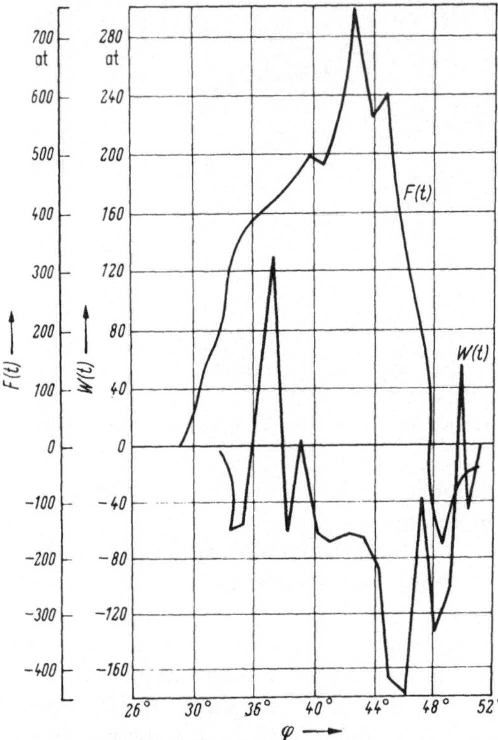

Abb. 19. Förderwelle und rücklaufende Welle als Funktion der Kurbelstellung [10].

§ 7. Näherungsgleichungen zur Beurteilung und Bemessung des Einspritzsystems

Mit der zuvor beschriebenen Berechnungsmethode können nur die Kennwerte eines vorhandenen Einspritzsystems ermittelt werden. Bei der Projektierung eines neuen Typs jedoch müssen die Konstruktionsgrößen im voraus angenommen werden, und erst dann kann das System durch Rechnungen ausgewertet werden.

Der Weg der sukzessiven Approximation kann prinzipiell beschritten werden, ist aber sehr mühsam, da eine große Zahl von Parametern variiert, und die Berechnung des gesamten Systems für jede dieser Variationen in kleinen Intervallen durchgeführt werden müßte. Der hierfür erforderliche numerische Aufwand schließt diese Möglichkeit im allgemeinen aus.[1] Die Gestaltung einer neuen Type erfolgt daher auch heute noch hauptsächlich auf experimentellem Wege. Die Ursache der rechnerischen Schwierigkeiten hierbei liegen im Fehlen eines allgemein, für den ganzen Einspritzprozeß gültigen formelmäßigen Zusammenhanges, der die einzelnen Kennzeichen der Einspritzung ursächlich mit den Konstruktionsparametern verknüpfen würde. Da der Vorgang sehr verwickelt ist, müssen viele Faktoren berücksichtigt werden; infolgedessen können die Gleichungen nur nach Näherungsverfahren (Methode der endlichen Differenzen) gelöst werden, und gelten auch nur in einem bestimmten Intervall.

Wenn der Einspritzvorgang nur überschlägig, seinem allgemeinen Charakter nach ermittelt werden soll, kann die Wirkung mehrerer Faktoren außer acht gelassen werden, wodurch sich unsere Aufgabe wesentlich vereinfacht. Auf diese Weise haben wir die Möglichkeit — mit einigen Vernachlässigungen — doch zu einer allgemeingültigen Lösung zu kommen, und einige allgemeine Zusammenhänge abzuleiten.

Theoretische und experimentelle Untersuchungen [10] haben gezeigt, daß etwa 85 bis 90% der auf einen Zyklus entfallenden Brennstoffmenge eingespritzt wird, wenn die Saug- und Rückströmkanäle geschlossen sind, das Druckventil sich in Bewegung außerhalb seiner Führung befindet und die Düsennadel an der Hubbegrenzung aufliegt. Der Verlauf der Einspritzung während dieses Intervalls ist demnach geeignet, den ganzen Einspritzvorgang in guter Näherung zu erfassen.

Auf Grund der Grenzbedingungen dieser Etappe können

α) die Wirkung der Saug- und Rückströmkanäle,

β) die Wirkung des Druckventils,

γ) die Wirkung der Düsennadel

außer acht gelassen werden.

Auch der Düsenraum kann vernachlässigt werden, da er im Verhältnis zu den anderen Volumina der Pumpe klein ist.

Bei höheren Drehzahlen macht sich die Wirkung der reflektierten Welle auf die Vorgänge im Eintrittsquerschnitt der Druckleitung erst nach dem Öffnen der Rückströmbohrungen bemerkbar. Dagegen ist bei niedrigen Drehzahlen die Amplitude der reflektierten Welle so klein, daß ihre Wirkung vernachlässigt werden kann.

Das Gesamtvolumen des Pumpenraumes bis zum Eintrittsquerschnitt der Druckleitung ist

$$V_k = V_{km} + V'_k,$$

---

[1] Eine Rechenmaschine vereinfacht und beschleunigt die Auswertung erheblich.

mit

$$V_{km} = \frac{V_{k1} + V_{k2}}{2}.$$

Der Index „1" bezieht sich auf den Moment, in dem die Saugkanäle verschlossen werden, während der Index „2" die Öffnungzeit der Rückströmkanäle kennzeichnet.

Unter den bisher gemachten Annahmen lautet die Kontinuitätsgleichung für den Eintrittsquerschnitt der Druckleitung

$$\alpha V_k \frac{dp_k'}{dt} = f_k c_k - f_r c_r, \tag{68}$$

und das Gleichungssystem (15)

$$p_k' = p_0 + F(t),$$

$$c_r = \frac{1}{a \varrho} F(t). \tag{69}$$

Durch Einsetzen von p_k' und c_r in die Gl. (68), erhalten wir

$$\alpha V_k \frac{dF(t)}{dt} = f_k c_k - \frac{f_r}{a \varrho} F(t). \tag{70}$$

Die allgemeine Lösung dieser Differentialgleichung hat die Form

$$F(t) = e^{-\frac{f_r t}{a \varrho \alpha V_k}} \left[C + \frac{f_r}{\alpha V_k} \int c_k e^{-\frac{f_r t}{a \varrho \alpha V_k}} dt \right], \tag{71}$$

wo C eine Integrationskonstante ist.

Bei den meisten Einspritzpumpen kann die Abhängigkeit der Kolbengeschwindigkeit von der Zeit linear angenommen werden. Für den Anstieg der Geschwindigkeit gelte

$$c_k = c_{k1} + b t,$$

wobei

c_{k1} die Geschwindigkeit des Kolbens am Anfang der untersuchten Periode,

b der Richtungstangent der Geschwindigkeitskurve ist,

während für ihren Abfall

$$c_k = c_{k\,max} - b' t$$

sei, mit

$c_{k\,max}$ der maximalen Geschwindigkeit des Kolbens.

Erfolgt die Einspritzung nur im ansteigenden Teil der Geschwindigkeitskurve (was für die meisten Systeme zutrifft), so nimmt Gl. (71) nach Einsetzen von c_k die Form

$$F(t) = \frac{C}{e^{Kt}} + \frac{f_k c_k}{K \alpha V_k} - \frac{f_k b}{K^2 \alpha V_k} \tag{72}$$

an, mit

$$K = \frac{f_r}{a \varrho \alpha V_k}.$$

Die Integrationskonstante C wird aus der Bedingung bestimmt, daß im Moment $t = 0$ $F(t) = 0$ und $c_k = c_{k1}$ sind. Sie liefert

$$C = \frac{f_k b}{\alpha V_k K^2} - \frac{f_k c_{k1}}{K \alpha V_k}.$$

Bei Verwendung dieses Wertes erhält man die Förderwelle in der Form

$$F(t) = \frac{f_k c_k}{f_r} a \varrho - a \varrho \frac{f_k c_{k1}}{f_r} e^{-\frac{K}{6n} \varphi} - \left(1 - e^{-\frac{K}{6n} \varphi}\right) \frac{f_k b}{K^2 \alpha V_k}. \tag{73}$$

Die Gl. (73) gibt einen näherungsweisen Zusammenhang zwischen der Amplitude der Förderwelle, der Drehzahl und den grundsätzlichen Konstruktionsparametern des Systems. Diese Druckwelle bewegt sich mit Schallgeschwindigkeit in der Druckleitung fort und wird im Austrittsquerschnitt als $F(t - L/a)$ wahrgenommen.

Im Austrittsquerschnitt lautet die Kontinuitätsgleichung mit den früher gemachten Vernachlässigungen

$$f_r c_r' = \mu_d f_d c_d. \tag{74}$$

Die momentane Geschwindigkeit des durch die Düsenbohrungen austretenden Brennstoffes ist

$$c_d = \sqrt{\frac{2g}{\gamma_b}} \sqrt{\frac{k^2}{1 + k^2}} \sqrt{p_d - p_z}, \tag{75}$$

wo k der Drosselungsfaktor des unter der Nadel befindlichen Raumes ist.

Setzen wir p_d und c_r' nach Gl. (16) ein, so wird aus Gl. (74)

$$F\left(t - \frac{L}{a}\right) + W\left(t + \frac{L}{a}\right) = \xi \sqrt{F\left(t - \frac{L}{a}\right) - W\left(t + \frac{L}{a}\right) + p_0 - p_z}, \tag{76}$$

mit

$$\xi = \frac{a \varrho \mu_d f_d}{f_r} \sqrt{\frac{2g}{\gamma_b}} \sqrt{\frac{k^2}{1 + k^2}}.$$

Der Betrag des Druckunterschiedes $p_0 - p_z$ kann neben dem der Welle $F(t - L/a)$ vernachlässigt werden; deshalb können wir ihn im folgenden außer acht lassen.

Aus der vorhergehenden Gleichung erhalten wir

$$-W\left(t + \frac{L}{a}\right) = F\left(t - \frac{L}{a}\right) + \frac{\xi^2}{2} - \sqrt{\frac{\xi^4}{4} + 2\xi^2 F\left(t - \frac{L}{a}\right)}. \tag{77}$$

Die Welle $F(t - L/a)$ entstand zur Zeit $t - L/a$ an der Pumpe; deshalb wird sie nach Gl. (73) bestimmt. Setzen wir nun $F(t - L/a)$

aus Gl. (73) in Gl. (77) ein, so erhalten wir

$$-W\left(t + \frac{L}{a}\right)$$

$$= \left[\frac{f_k\, a\, \varrho}{f_r}\left(c_k - c_{k1}\, e^{-\frac{K}{6n}\varphi}\right) - \left(1 - e^{-\frac{K}{6n}\varphi}\right)\frac{f_k\, b}{K^2\, \alpha\, V_k}\right]_{\left(t - \frac{L}{a}\right)} + \frac{\xi^2}{2} -$$

$$- \sqrt{\frac{\xi^4}{4} + 2\xi^2\left[\frac{f_k\, a\, \varrho}{f_r}\left(c_k - c_{k1}\, e^{-\frac{K}{6n}\varphi}\right) - \left(1 - e^{-\frac{K}{6n}\varphi}\right)\frac{f_k\, b}{K^2\, \alpha\, V_k}\right]_{\left(t - \frac{L}{a}\right)}}.$$

$$(78)$$

Der Druck p_d in der Düse kann nun aus Gl. (16) berechnet werden, da $F(t - L/a)$ und $W(t + L/a)$ aus den Gln. (73) und (78) bekannt sind.

Aus Gl. (78) ergeben sich unterschiedliche Einspritzgesetze je nach der Größe des Parameters ξ^2, der eine Funktion verschiedener konstruktiver Faktoren ist. Wenn

$$F\left(t - \frac{L}{a}\right) > \xi^2$$

ist, dann ist

$$-W\left(t + \frac{L}{a}\right) > 0;$$

wenn

$$F\left(t - \frac{L}{a}\right) < \xi^2$$

ist, dann ist

$$-W\left(t + \frac{L}{a}\right) < 0; \qquad\qquad (79)$$

wenn

$$F\left(t - \frac{L}{a}\right) = 0$$

ist, dann ist

$$-W\left(t + \frac{L}{a}\right) = 0;$$

oder in ausführlicherer Schreibweise: wenn

$$\left[\frac{f_k\, a\, \varrho}{f_r}\left(c_k - c_{k1}\, e^{-\frac{K}{6n}\varphi}\right) - \left(1 - e^{-\frac{K}{6n}\varphi}\right)\frac{f_k\, b}{K^2\, \alpha\, V_k}\right]_{\left(t - \frac{L}{a}\right)} >$$

$$> 2a^2\, \varrho\left(\frac{k^2}{1 + k^2}\right)\left(\frac{\mu_d\, f_d}{f_r}\right)^2 \qquad (80)$$

ist. dann ist die reflektierte Welle

$$-W\left(t + \frac{L}{a}\right) > 0$$

usw.

Die Gln. (79) bieten die Möglichkeit, die Grenzen der Variation einzelner Elemente zu bestimmen.

Es ist nun zu untersuchen, welche Bedeutung die Ungleichungen (79) haben.

Die Ungleichung $-W(t + L/a) > 0$ besagt, daß die reflektierte Welle positiv ist, d. h., daß sie den Druck erhöht. Dies tritt ein, wenn in den Düsenraum mehr Brennstoff strömt, als die Düsenbohrungen verläßt.

Ist die Amplitude der reflektierten Wellen auch nach dem Aufsetzen der Nadel hoch, so kann eine Nacheinspritzung erfolgen, die unerwünscht ist.

Nach ASTAHOV ist die Bedingung für die Möglichkeit einer Nacheinspritzung bei einer geschlossenen Düse

$$F\left(t - \frac{L}{a}\right) > 3\,\xi^2. \tag{81}$$

Aus Gl. (80) folgt, daß die Möglichkeit der Nacheinspritzung mit Erhöhung der Drehzahl, des Druckleitungsdurchmessers, der Kolbengeschwindigkeit und des Kolbenquerschnittes wächst. Diese Gefahr wird durch die Verringerung der Düsenbohrungen und die Steigerung der Drosselwirkungen ebenfalls erhöht.

Gilt $W(t + L/a) < 0$, so ist die reflektierte Welle negativ und verringert den Druck im Brennstoff. Eine solche Welle entsteht, wenn in den Düsenraum weniger Brennstoff gelangt, als ihn verläßt. Bei geschlossenen Düsen kann dies zu Beginn des Vorganges eintreten wegen der schnell hochgehenden Nadel. Wenn der Druckabfall groß ist, kann sich die Nadel wieder setzen und so die Bohrung erneut abschließen.

Der oben geschilderte Effekt tritt stets beim Öffnen der Rückströmbohrungen auf, weil dann in das Volumen V_d weniger Brennstoff gelangt, als aus ihm austritt.

Bei einer Entlastungswelle von großer Amplitude kann an bestimmter Stelle des Systems die Ungleichung

$$p_0 + F\left(t - \frac{x}{a}\right) < W\left(t + \frac{x}{a}\right)$$

gelten; aus ihr folgt

$$p_x = p_0 + F\left(t - \frac{x}{a}\right) - W\left(t + \frac{x}{a}\right) < 0.$$

Dort zerreißt die Flüssigkeitssäule und es entsteht ein dampfgefüllter Hohlraum. Diese Erscheinungen können Ursache unregelmäßigen Einspritzens, d. h. instabilen Betriebszustandes des Motors sein.

Im dritten Fall ist $W(t + L/a) = 0$, d. h. die Amplitude der reflektierten Welle ist Null. Dann bleiben im System keine Druckschwankungen zurück.

Bisher versuchten wir, die Nacheinspritzung zu vermeiden, indem wir die reflektierte Welle klein hielten. In bestimmten Fällen kann das im gewünschten Maße nicht verwirklicht werden. Dann läßt sich nur durch Änderung der Konstruktion des Druckventils ein zufriedenstellendes Resultat erzielen.

Ist nämlich im Zeitintervall $t = L/a$ vor bis $t = L/a$ nach dem Aufsetzen der Nadel die zur Düse laufende Druckwelle Null, dann wird — infolge des kleinen Rauminhaltes der Düse — auch die Amplitude der reflektierten Welle unbedeutend sein. Der Amplitudenwert der von der Pumpe ausgehenden Wellen wird Null betragen, wenn die dort ankommenden reflektierten Wellen von der Entlastungswirkung des Druckventils kompensiert werden. Ist also die Amplitude der reflektierten Wellen bekannt, dann können die optimale Aufsetzgeschwindigkeit des Druckventils und die Breite des Entlastungskolbens bestimmt werden.

Wenn der Entlastungskolben in seine Führung eintritt, lautet die Grenzbedingung

$$ - \alpha\, V_k' \frac{d p_k'}{dt} = - f_v\, c_v + f_r\, c_r , \tag{82} $$

wo f_v und c_v der Querschnitt und die Geschwindigkeit des Druckventils sind.

Mit den Werten p_k und c_r nach Gl. (15) erhält man

$$ \frac{dF(t)}{dt} + K\,F(t) = \frac{f_v\, c_v}{\alpha\, V_k'} + \frac{dW(t)}{dt} - K\,W(t) . $$

Durch Integration dieser Gleichung ergibt sich

$$ F(t) = e^{-\int K\, dt} \left\{ \int \left[W'(t) - K\,W(t) + \frac{f_v\, c_v}{\alpha\, V_k'} \right] e^{\int K\, dt}\, dt + C \right\} . \tag{83} $$

Nach unseren vorherigen Erörterungen soll $F(t) = 0$ sein. Wenn wir $F(t) = 0$ nach t differenzieren und berücksichtigen, daß $e^{\int K\, dt} \neq 0$ ist, erhalten wir

$$ \frac{f_v\, c_v}{\alpha\, V_k'} = \frac{f_v}{\alpha\, V_k'}\, \frac{d h_v}{dt} = K\,W(t) - W'(t) . $$

Aus dieser Beziehung kann mit der Methode der endlichen Differenzen die optimale Sitzgeschwindigkeit des Druckventils bestimmt werden, bei der $F(t) = 0$ ist. Es wird

$$ h_{v2} = h_{r1} + \frac{K\,\alpha\, V_k'\, \Delta t}{2 f_v}\, [W(t)_2 + W(t)_1] - \frac{\alpha\, V_k'}{f_v}\, [W(t)_2 - W(t)_1] . \tag{84} $$

Hier bezieht sich der Index „2" auf das Ende, der Index „1" hingegen auf den Anfang des Intervalls.

Aus Gl. (84) erhalten wir als Funktion der Zeit die optimale Setzgeschwindigkeit des Druckventils, die in Wirklichkeit von dem Druck über und unter dem Druckventil, von der Federkraft sowie von der beim Eintritt in die Führung des Entlastungskolbens auftretenden Druckventilgeschwindigkeit bestimmt wird. Infolgedessen hängt die Sitzgesetzmäßigkeit des Druckventils von der Kolbengeschwindigkeit, vom maximalen Weg des Druckventils, von der Druckventilfeder und von der Gestaltung der Rückströmkanäle ab.

Mit den früher beschriebenen Berechnungsmethoden kann nun die optimale Bemessung der Rückströmkanäle durch Änderung der Federkraft und der einzelnen Parameter des Kolbens gefunden werden.

Bei Pumpen mit nur einem Kanal sowohl zum Saugen als auch zum Rückströmen, ist das Druckventil meist anders aufgebaut, da sich der für das Rückströmen ausreichende Kanal zum Saugen als zu eng erweist. Hier ist es zweckmäßig, das von MANSFIELD [3] entwickelte Druckventil (Abb. 20) zu benutzen. Infolge der Drosselwirkung erhöht sich der Druck im Raum a, so daß das Aufsetzen des Druckventils langsamer vor sich geht. Durch Änderung der Spaltabmessungen kann eine der optimalen nahekommende Sitzgesetzmäßigkeit erreicht werden.

Die Bestimmung der Hauptabmessungen einer Pumpe des Systems JENDRASSIK ist mit bestimmten Vernachlässigungen auch möglich [2]. Lassen wir die erste Etappe außer acht und nehmen wir an, daß die reflektierten Wellen bis zum Ende der Einspritzung zur Pumpe nicht wieder zurück-

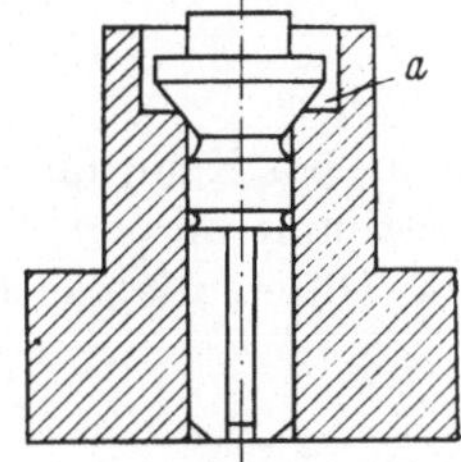

Abb. 20. MANSFIELDsches Druckventil.

laufen (diese Bedingung ist in der Praxis selten erfüllt), dann kann die Form der Förderwelle $F(t)$ in geschlossener Form dargestellt werden, d. h., wir bekommen einen Zusammenhang zwischen der Welle $F(t)$ und den Konstruktionsparametern des Systems.

Die Bewegungsgleichung des Kolbens lautet

$$M \frac{dc_k}{dt} + \delta' h + f_k p_k = \delta(h_m - h),$$

und die Kontinuitätsgleichung

$$f_k c_k = f_r c_r + \alpha V_k \frac{dp_k}{dt}.$$

Da der zu Beginn des Vorganges auftretende Druck p_0 neben p_k vernachlässigt werden kann, folgt aus dem Gleichungssystem (15)

$$c_r = \frac{p_k}{a \varrho}.$$

Aus den oben angegebenen Gleichungen erhalten wir für p_k die Differentialgleichung

$$\frac{M \alpha V_k}{f_k^2} \frac{d^2 p_k}{dt^2} + \frac{M}{b} \frac{dp_k}{dt} + \left(\frac{\delta^* \alpha V_k}{f_k^2} + 1 \right) p_k + \frac{\delta^*}{b} \int p_k \, dt = \frac{\delta h_m}{f_k},$$

wo

$$b = \frac{f_k^2 a \varrho}{f_r}$$

und δ^* die resultierende Federkonstante der Speicher- und Kolbenfeder ist.

Diese Differentialgleichung kann mit Hilfe der LAPLACE-Transformation in allgemeiner Form gelöst werden:

$$p_k(t) = k_1\,\delta\,h_m\,[e^{-k_2 t} - e^{-k_3 t}\,(\cos k_4\,t + k_5 \sin k_4\,t)].$$

Leichter überschaubare Zusammenhänge erhält man, wenn auch die Wirkung des Rauminhaltes V_k vernachlässigt wird. Dann lautet die Kontinuitätsgleichung

$$f_k\,c_k = f_r\,c_r,$$

und es ist

$$p_k = \frac{\varrho\,a\,f_k}{f_r}\,c_k,$$

d. h., bei Kenntnis von c_k kann p_k durch eine einfache Multiplikation bestimmt werden. Mit der zuvor getroffenen Annahme ergibt sich für c_k die Differentialgleichung

$$M\,\frac{d\,c_k}{d\,t} + b\,c_k + \delta^* \int c_k\,dt = \delta\,h_m,$$

deren Lösung

$$c_k = \frac{2\,\delta\,h_m}{K}\,e^{-\frac{b\,t}{2\,M}}\,s\,h\,\frac{K}{2\,M}\,t$$

ist, mit

$$K = \sqrt{b^2 - 4\,M\,\delta^*}.$$

Eür p_k erhält man nun

$$p_k = \frac{2\,\delta\,h_m}{f_k}\,\frac{b}{K}\,e^{-\frac{b\,t}{2\,M}}\,s\,h\,\frac{K}{2\,M}\,t.$$

Mit Hilfe dieses Zusammenhanges läßt sich die Wirkung der einzelnen konstruktiven Parameter auf die Arbeitsweise des gesamten Systems im voraus überblicken.

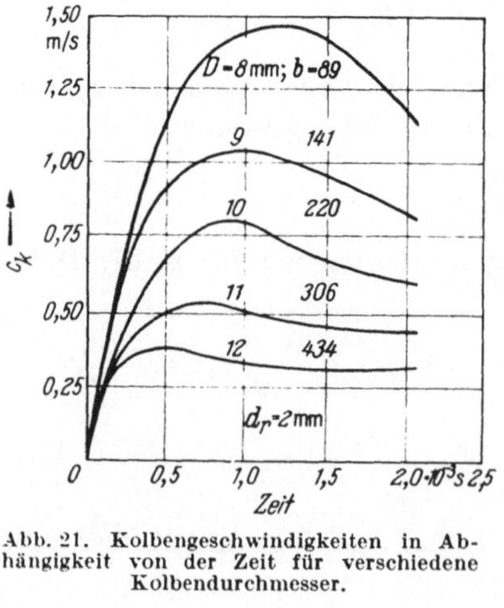

Den Zeitpunkt des Druckmaximums erhalten wir aus dem Ausdruck

$$t^+ = \frac{2\,M}{K}\,\operatorname{arth}\frac{K}{b}.$$

Die typischen Geschwindigkeitskurven sind für verschiedene Kolbendurchmesser in Abb. 21 dargestellt. Die Kurven sind bis zum Aufstoßen des Kolbens gültig.

Nach dem Anstoßen des Kolbens dauert die Einspritzung noch an, während der Druck nach dem exponentiellen Gesetz

$$p_k = p_{k\,0}\,e^{-\frac{f_r\,t}{a\,\varrho\,\alpha\,V_k}}$$

Abb. 21. Kolbengeschwindigkeiten in Abhängigkeit von der Zeit für verschiedene Kolbendurchmesser.

rasch abklingt; es ist p_{k0} der Druck im Augenblick des Aufstoßens des Kolbens.

Je größer also der Rauminhalt V_k ist, um so länger verzögert sich das Ende der Einspritzung.

In der Praxis erreicht die reflektierte Welle die Pumpe vor Ende der Einspritzung, wodurch sich der Druckverlauf wesentlich ändert.

§ 8. Einfluß der Konstruktionseigenschaften des Einspritzsystems auf das Einspritzgesetz

a) **Kolbendurchmesser und Nockenform.** Wie aus der allgemeinen Gl. (23) der Einspritzung folgt, wird der Charakter der Einspritzung in erster Linie von der Fördergeschwindigkeit des Kolbens (Glied $f_k\, z_k$) bestimmt, die dem Querschnitt und der Geschwindigkeit des Kolbens direkt proportional ist. Daher spielen der Durchmesser des Kolbens und seine Geschwindigkeit für den Ablauf des Einspritzvorganges eine wesentliche Rolle. Jedoch folgt wegen der Zusammendrückbarkeit der Flüssigkeit die Gesetzmäßigkeit der Einspritzung nicht unmittelbar dem Fördergesetz des Kolbens. Die Abweichung hängt hauptsächlich vom Rauminhalt und vom Druck des Systems ab, deshalb tritt sie in verschiedenen Systemen unterschiedlich auf.

Versuche [10] zeigen, daß die oben angeführten Einflußgrößen das Einspritzgesetz um so mehr bestimmen, je kleiner das Volumen des Systems ist.

Bei Änderung der Kolbengeschwindigkeit ändert sich der Rauminhalt des Systems nicht, deshalb übt diese Größe eine stärkere Wirkung auf den Einspritzvorgang aus, als die Änderung des Kolbenquerschnittes. So verringert beispielsweise bei einem Einspritzsystem des Typs TN-2, das von Astahow untersucht wurde [10], eine 50%ige Erhöhung der Kolbengeschwindigkeit die Einspritzzeit um etwa 25% (Abb. 22).

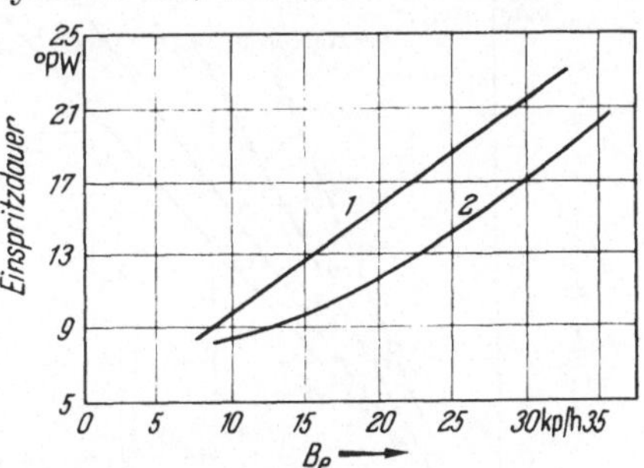

Abb. 22

Einfluß der Nockenform auf den Spritzwinkel.
1 harmonische Nocke;   *2* Tangentialnocke.

Bei Systemen mit kleinem Rauminhalt wird das Fördergesetz nicht wesentlich von der Nockenform, d. h. von der Kolbengeschwindigkeit, beeinflußt. Bei größeren Rauminhalten können sich jedoch erhebliche Abweichungen ergeben.

b) **Pumpendrehzahl.** Bekanntlich ist die Kolbengeschwindigkeit bei nockengesteuerten Pumpen der Drehzahl proportional. Die Zeitdauer des aktiven Kolbenhubes dagegen ist der Drehzahl umgekehrt proportional; bei Erhöhung der Drehzahl nimmt sie — in Sekunden ausgedrückt — ab, während sie auf den Kurbelwinkel bezogen selbstverständlich konstant bleibt.

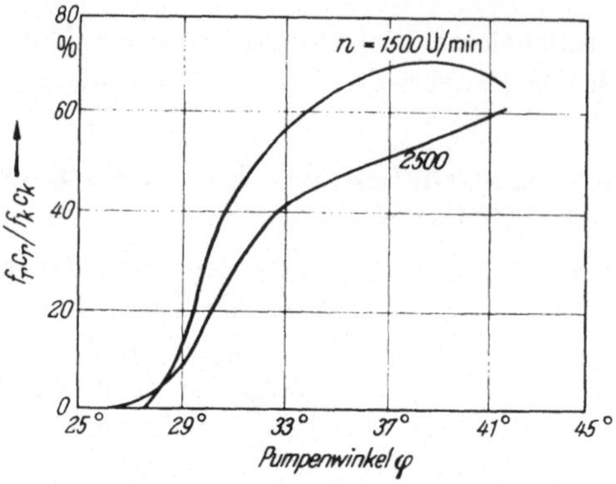

Mit zunehmender Drehzahl wächst die Laufzeit der Welle entlang der Druckleitung — und damit auch die Einspritzverzögerung — in Kurbelwinkeln gemessen linear an.

Bei Erhöhung der Kolbengeschwindigkeit nimmt die Fördergeschwindigkeit der Pumpe zu, und mit ihr auch der Druck des Brennstoffes. Da dadurch die Flüssigkeitsmenge wächst, die zusammengedrückt zurückbleibt, verringert sich der eingespritzte Anteil. Andererseits nimmt jedoch — infolge der Drosselwirkung — der effektive Förderhub der Pumpe etwas zu, so daß die Förderkennlinie des Systems als Summe beider Komponenten, je nach deren Gewicht, verschiedene Formen annehmen kann.

Bei Steigerung der Drehzahl tritt oft eine unangenehme Erscheinung ein, nämlich die nachträgliche (doppelte) Einspritzung. Sie erhöht die Gesamtdauer der Einspritzung wesentlich, was vom Gesichtspunkt des Arbeitsprozesses ungünstig

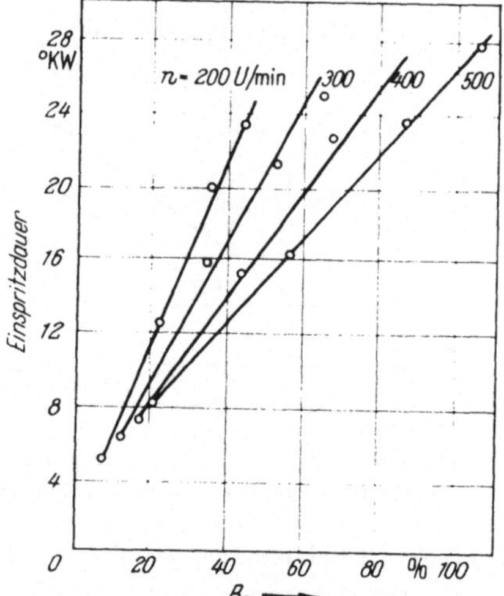

Abb. 23. Relative Fördergeschwindigkeit als Funktion des Pumpenwinkels.

Abb. 24. Änderung der Einspritzdauer in Abhängigkeit vom stündlichen Kraftstoffverbrauch für verschiedene Pumpendrehzahlen.

ist, denn der eingespritzte Brennstoff verbrennt während der Expansion unter ungünstigen Umständen.

Bei welchen Drehzahlen das Einspritzsystem stabil arbeitet, d. h. ohne Gefahr einer Nacheinspritzung und eines Zerreißens der Flüssigkeitssäule, kann annähernd aus den Gln. (79) ermittelt werden. Bei

Verwendung einer Druckleitung kleineren Querschnittes kann die obere Drehzahlgrenze meist wesentlich erhöht werden. Genügt das nicht, so setzt man zweckmäßigerweise besondere Druckventile ein, wie das

MANSFIELDsche Druckventil oder ein Druckventil mit Rückschlag usw.

Infolge der Zusammendrückbarkeit des Brennstoffes nimmt der auf den Anfang der Druckleitung bezogene Lieferkoeffizient mit Steigerung der Drehzahl ab (Abb. 23). Unter einem Lieferkoeffizienten versteht man das Verhältnis $f_r\, c_r / f_k\, c_k$ in Prozenten ausgedrückt. Wie aus der Abbildung folgt,

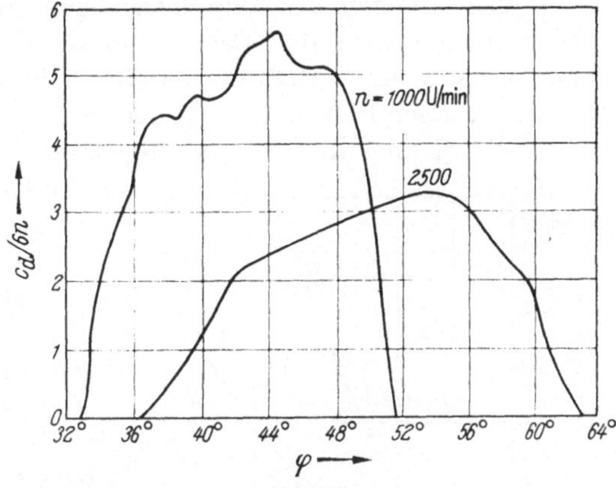

Abb. 25

Einfluß der Motorendrehzahl auf das Einspritzgesetz.

bleibt mehr Kraftstoff in zusammengedrücktem Zustand in den einzelnen Volumina wenn die Drehzahl erhöht wird.

Der Verlauf der Einspritzdauer für verschiedene Drehzahlen in Abhängigkeit vom stündlichen Kraftstoffverbrauch ist in Abb. 24 dargestellt. Es zeigt sich, daß sich die Einspritzdauer bei Steigerung der Belastung immer stärker ändert.

Abb. 25 zeigt die auf den Kurbelwinkel 1° bezogene Einspritzgeschwindigkeit für verschiedene Drehzahlen. Es ist zu sehen, daß sich der Vorgang bei höheren Drehzahlen verzögert, was den Verlauf der Gemischbildung erheblich beeinflußt.

In Abb. 26 sind einige Charakteristiken eines für hohe Drehzahlen konstruierten Einspritzsystems als Funktion der Drehzahl dargestellt.

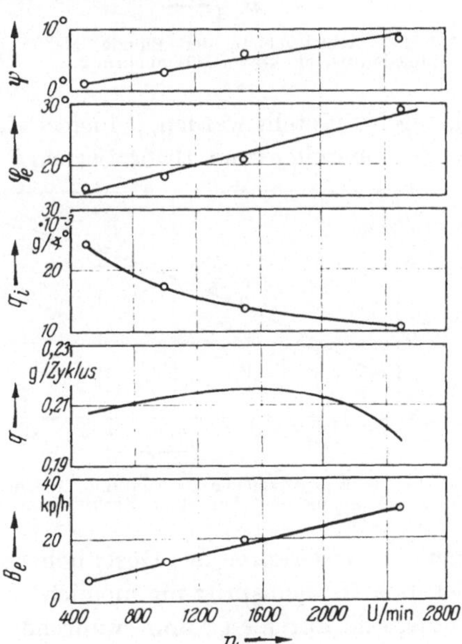

Abb. 26. Einspritzverzögerung, Einspritzwinkel, Einspritzmenge je Pumpenwinkel, Einspritzmenge und stündlicher Kraftstoffverbrauch in Abhängigkeit von der Motordrehzahl [11].

4*

Bei Pumpen des Systems JENDRASSIK beeinflußt die Drehzahl die Dauer der Einspritzung praktisch nicht, weil die Spannung der Speicherfeder von der Drehzahl unabhängig ist.

c) Abmessungen der Düsenbohrungen. In nockengesteuerten Einspritzsystemen wird der Druck und die Einspritzgeschwindigkeit in erster Linie vom Verhältnis der Querschnitte des Kolbens und der Düsenbohrungen bestimmt. Je größer dieses Verhältnis ist, um so höher ist der Druck und die Geschwindigkeit des austretenden Kraftstoffes, was im Hinblick auf die Feinheit und Gleichmäßigkeit der Zerstäubung vorteilhaft ist. Gleichzeitig arbeitet das System bei höheren Drücken weniger zuverlässig, und es besteht die Gefahr einer Nacheinspritzung.

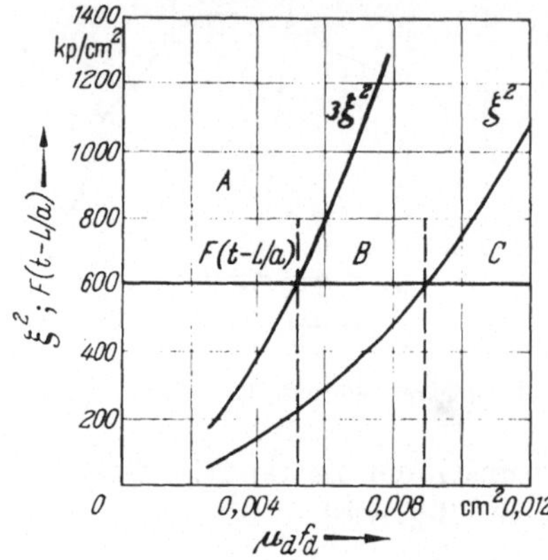

Abb. 27. Arbeitsgebiete der Pumpe als Funktion der effektiven Düsenbohrung.

Die Zahl und der Durchmesser der Düsenbohrungen sowie die Ausflußgeschwindigkeit bestimmen die Brennstoffverteilung im Raum; daher ist die richtige Wahl der Düsenbohrungen für die Gemischbildung sehr wichtig.

Die optimalen Bemessungen der Düsenbohrungen können auch heute noch nur durch Versuche zuverlässig festgestellt werden, jedoch erleichtern die zur Verfügung stehenden experimentellen und theoretischen Zusammenhänge die Lösung dieser Aufgabe außerordentlich.

So kann mit Hilfe der Gln. (79) der Variationsbereich der Düsenbohrungen annähernd bestimmt werden. Wir stellen ξ^2 und $3\xi^2$ für eine gegebene Drehzahl als Funktion der Düsenbohrung dar (Abb. 27). Nachdem wir $F(t - L/a)$ eingezeichnet haben, können

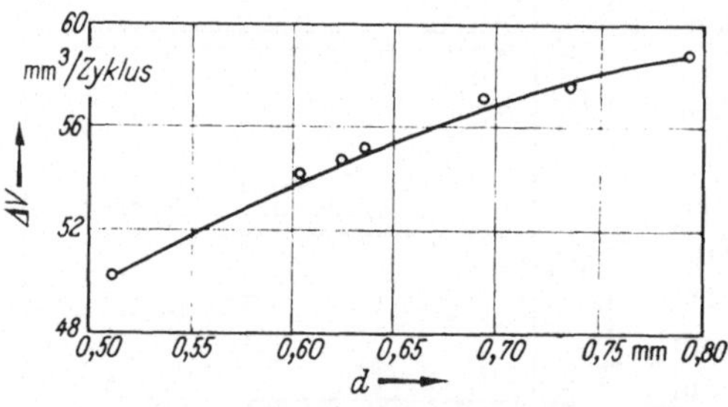

Abb. 28. Einspritzmenge als Funktion des Düsenbohrungsdurchmessers bei einer JENDRASSIK-Pumpe.

nen wir die Grenzen der Düsenbohrungsänderung ablesen. Im Bereich *A* ist eine Nacheinspritzung möglich, *C* ist das Gebiet, in der die Flüssigkeitssäule abreißen kann, während im Gebiet *B* die Pumpe normal arbeitet. Zeichnen wir für die Extremfälle der Betriebsdrehzahl diese Kurve auf, dann kann das Intervall ermittelt werden, in dem der Querschnitt der Düsenbohrung liegen muß.

Bei einer Pumpe des Systems JENDRASSIK ist die Ausflußgeschwindigkeit praktisch unabhängig von der Drehzahl und dem Bohrungsdurchmesser. Wenn also verschiedene Bohrungsdurchmesser angewandt werden, erhält man verschiedene Einspritzzeiten. Die Änderung der Einspritzmenge bei einer JENDRASSIK-Pumpe ist aus Abb. 28 als Funktion des Bohrungsdurchmesser ersichtlich.

d) Abmessungen der Druckleitung. Der Durchmesser und die Länge der Druckleitung bestimmen die Amplitude und die Laufzeit der sich in ihr fortbewegenden Druckwellen; deshalb spielen ihre Abmessungen eine bedeutende Rolle bei der Realisierung der gewünschten Einspritzgesetzmäßigkeiten. Ihr Einfluß auf diese Zusammenhänge kann durch Analyse der Gleichungen des Einspritzvorganges bestimmt werden [*10*].

Zur Vereinfachung der Rechnung werden wieder nur die Gleichungen der Grundphase der Einspritzung berücksichtigt (s. § 7).

Die Kontinuitätsgleichung für das Ende der Druckleitung lautet

$$f_r\, c_r' = \alpha\, V_d\, \frac{d p_d}{d t} + \mu_d\, f_d\, c_d,$$

oder entwickelt

$$\frac{f_r}{a\,\varrho}\left[F\!\left(t - \frac{L}{a}\right) + W\!\left(t + \frac{L}{a}\right)\right]$$

$$= \alpha\, V_d\, \frac{d p_d}{d t} + \mu_d\, f_d\, \sqrt{\frac{2g}{\gamma_b}}\, \sqrt{\frac{k^2}{1 + k^2}}\, \sqrt{p_d - p_z}.$$

Mit Hilfe der Gl. (16) kann $F\!\left(t - \dfrac{L}{a}\right)$ und $W\!\left(t + \dfrac{L}{a}\right)$ ausgedrückt werden:

$$W\!\left(t + \frac{L}{a}\right) = \frac{a\,\varrho\,\alpha\, V_d}{2 f_r}\, \frac{d p_d}{d t} + \frac{a\,\varrho\,\mu_d\, f_d}{2 f_r}\, \sqrt{\frac{2g}{\gamma_b}}\, \sqrt{\frac{k^2}{1 + k^2}}\, \sqrt{p_d - p_z} - \frac{p_d - p_0}{2},$$

und

$$F\!\left(t - \frac{L}{a}\right) = \frac{a\,\varrho\,\alpha\, V_d}{2 f_r}\, \frac{d p_d}{d t} + \frac{a\,\varrho\,\mu_d\, f_d}{2 f_r}\, \sqrt{\frac{2g}{\gamma_b}}\, \sqrt{\frac{k^2}{1 + k^2}}\, \sqrt{p_d - p_z} + \frac{p_d - p_0}{2}.$$

Auf Grund dieser Gleichungen kann man den Einfluß des Druckleitungsquerschnittes auf die Förderwelle und rücklaufende Welle untersuchen.

Die zweite Gleichung zeigt, daß die Förderwelle $F\!\left(t - \dfrac{L}{a}\right)$ bei einer Änderung des Querschnittes der Druckleitung immer positiv bleibt; ihr Wert verringert sich mit zunehmendem Querschnitt f_r.

Die Welle $W\!\left(t + \dfrac{L}{a}\right)$ kann ihr Vorzeichen wechseln, wenn eine Verringerung des Rohrleitungsdurchmessers sie dem positiven Extremwert und eine Steigerung dem negativen näherbringt.

Die Länge der Druckleitung hat einen Einfluß auf die Gesetze der Einspritzung, da die reflektierte Welle für verschiedene Leitungslängen unterschiedliche Laufzeiten hat, was zu unterschiedlicher Ausbildung der Förderwelle $F\left(t - \dfrac{L}{a}\right)$ führt.

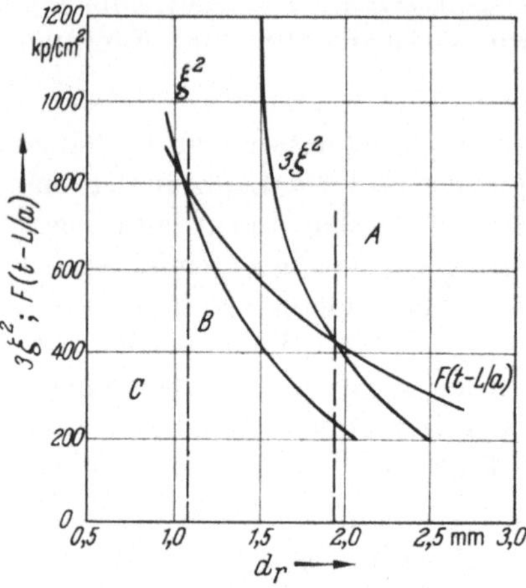

Abb. 29. Arbeitsgebiete der Pumpe in Abhängigkeit vom Leitungsdurchmesser.

Wenn die Amplitude der reflektierten Wellen klein ist, übt die Länge der Rohrleitung keine wesentliche Wirkung auf den Einspritzvorgang aus.

Aus den Gln. (79) können die Grenzwerte des Druckleitungsdurchmessers bestimmt werden (Abb. 29). Die Schnittpunkte der Kurven $3\,\xi^2$ und ξ^2 mit der Kurve $F\left(t - \dfrac{L}{a}\right)$ geben die Werte von $d_{r\,\mathrm{min}}$ und $d_{r\,\mathrm{max}}$, bei denen das System noch stabil, d. h. ohne Nachspritzen und ohne Kavitation arbeitet.

§ 9. Düsencharakteristiken und deren Ähnlichkeitsgesetze

Unter den Charakteristiken einer Düse versteht man die aus ihr in der Zeiteinheit strömende Brennstoffmenge als Funktion des Brennstoffdruckes und des Nadelhubes für stationäre Verhältnisse. Die Charakteristiken sind die Grundkennlinien der Düse, und daher auch unentbehrlich zur Berechnung des Einspritzgesetzes. Ihre Bestimmung erfolgt entweder experimentell oder nach analytischen Methoden.

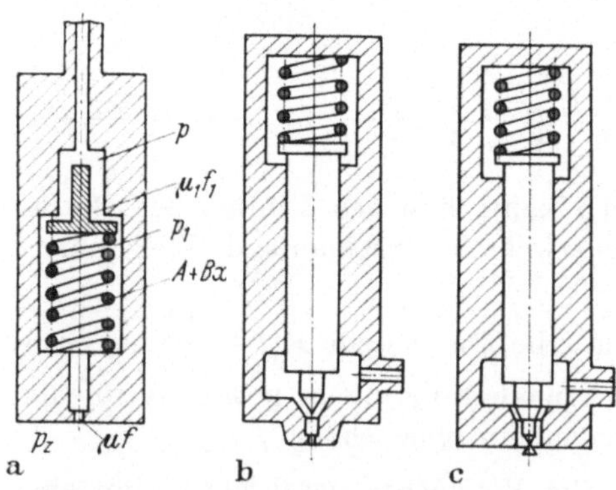

Abb. 30 a — c. Schematische Darstellung verschiedener Düsentypen, a) offene Düse mit Rückschlagventil, b) Nadeldüse, c) Zapfendüse.

Wir werden die gebräuchlichsten Düsentypen behandeln, die schematisch in Abb. 30 dargestellt sind.

a) Offene Düse mit Rückschlagventil. Dieser Düsentyp wird z. B. bei JENDRASSIK-Motoren benutzt.

Zur Bestimmung der Charakteristik stehen drei Gleichungen zur Verfügung: die Gleichgewichtsbedingung für das Ventil

$$A + B x = \frac{d^2 \pi}{4}\,(p - p_1)$$

bzw.

$$\frac{d^2\pi}{4}(p_0 - p_z) + Bx = \frac{d^2\pi}{4}(p - p_1),\qquad(85)$$

wo

p_0 der Öffnungsdruck des Ventils,
d der Durchmesser der Düsennadel,
x die Verrückung des Ventils,
B Federkonstante,
A die Vorspannung der Feder ist,

und die Strömungsgleichungen für die Querschnitte $\mu_1 f_1$ und μf

$$p - p_1 = \frac{Q^2\gamma_b}{2g(\mu_1 f_1)^2} = \frac{Q^2\gamma_b}{2g(\mu_1\, d\pi\, x\,\sin\alpha)^2}\,,\qquad p_1 - p_z = \frac{Q^2\gamma_b}{2g(\mu f)^2}\,,\qquad(86)$$

wo Q das Volumen des ausströmenden Brennstoffes ist.

Aus diesen Gleichungen erhält man die Zusammenhänge zwischen p und Q sowie x und Q in der impliziten Form

$$p_0 + \frac{QB}{\frac{d^2\pi}{4}\mu_1\, d\pi\,\sin\alpha}\sqrt{\frac{\gamma_b}{2g}}\,\frac{1}{\sqrt{(p - p_z) - \dfrac{Q^2\gamma_b}{2g(\mu f)^2}}} = p - \frac{Q^2\gamma_b}{2g(\mu f)^2}\,,\qquad(87)$$

$$1 + \frac{4Bx}{d^2\pi(p_0 - p_z)} - \frac{Q^2\gamma_b}{2g(\mu_1\, d\pi\,\sin\alpha)^2\,(p_0 - p_z)\,x^2} = 0.\qquad(88)$$

Hieraus können die Funktionen $p = f(Q)$ und $x = f(Q)$ ermittelt werden (Abb. 31). Bei einer kleinen Federvorspannung wird der Druckabfall $p - p_1$ im Verhältnis zu der Druckdifferenz $p - p_z$ klein sein, so daß die Charakteristik sich der einer offenen Düse (Parabel) nähert. Die Wirkung der schwachen Feder des Rückschlagventils ist verschwindend klein.

Durch Einführung der dimensionslosen Größen

$$z = \frac{p - p_z}{k_p}\,;\qquad y = \frac{Q}{k_Q}\,;\qquad X = \frac{x}{k_x}\,,$$

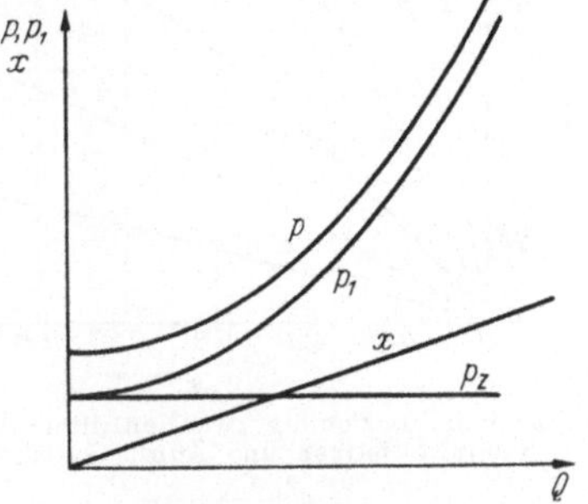

Abb. 31. Charakteristiken für eine offene Düse mit Rückschlagventil.

gelangen wir zu dimensionslosen Charakteristiken und Ähnlichkeitskriterien. k_p, k_x und k_Q sind die Maßstäbe der dimensionslosen Charakteristiken in Richtung der Koordinaten z und y.

Aus den Gln. (87) und (88) erhalten wir die dimensionslosen Gleichungen

$$1 + \Pi\,\frac{y}{\sqrt{z + y^2}} - z + y^2 = 0,\qquad(89)$$

$$1 + X - \Pi^2\,\frac{y^2}{X^2} = 0,\qquad(90)$$

mit den Maßstäben

$$k_p = p_0 - p_z,$$

$$k_Q = \mu f \sqrt{\frac{2g}{\gamma_b}} \sqrt{p_0 - p_z},$$

$$k_x = \frac{d^2 \pi}{4 B} (p_0 - p_z),$$

und dem Ähnlichkeitskriterium

$$\Pi = \frac{4 B \mu f}{d^2 \pi (p_0 - p_z)(\mu_1 d \pi \sin\alpha)}. \tag{91}$$

Demnach haben alle Düsen, für die $\Pi_1 = \Pi_2 =$ konst. ist, identische Charakteristiken. Sie sind für verschienene Ähnlichkeitskriterien in Abb. 32 dargestellt.

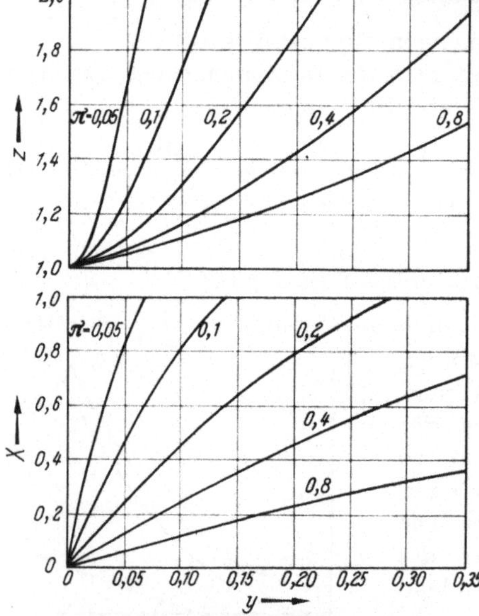

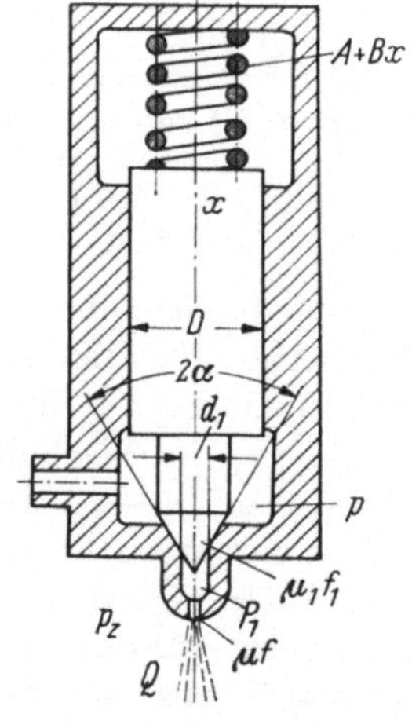

Abb. 32. Beziehung zwischen dimensionslosen Charakteristiken und Ähnlichkeitskriterien.

Abb. 33. Zur Berechnung der Charakteristiken von Nadeldüsen.

b) Geschlossene Nadeldüse. Die gebräuchlichste Düsentype der Motoren mit direkter Einspritzung ist die geschlossene Nadeldüse (Abb. 33). Sie kann mit einem oder mehreren Löchern ausgeführt sein.

Die statische Gleichgewichtsgleichung der Düsennadel ist

$$A + B x = p \frac{(D^2 - d^2) \pi}{4} + p_1 \frac{d^2 \pi}{4}. \tag{92}$$

Die Ausflußgleichungen lauten

$$p - p_1 = \frac{Q^2 \gamma_b}{2 g (\mu_1 d \pi x \sin\alpha)^2},$$

$$p_1 - p_z = \frac{Q^2 \gamma_b}{2 g (\mu f)^2}. \tag{93}$$

Zu Beginn des Abhebens der Nadel ist $x = 0$, $p = p_0$ und $p_1 = p_z$. Gl. (92) liefert dann

$$A = p_0 \frac{\pi (D^2 - d^2)}{4} + p_z \frac{d^2 \pi}{4},$$

und der zum Öffnen nötige Druck ist

$$p_0 = \frac{4A - p_z d^2 \pi}{\pi (D^2 - d^2)}.$$

Wenn wir aus den Gln. (92) und (93) unter Berücksichtigung der für den Öffnungsdruck hergeleiteten Beziehung erst x und p_1, dann p und p_1 eliminieren, erhalten wir

$$p_0 + \frac{4B \sqrt{\frac{\gamma_b}{2g}} Q}{\pi (D^2 - d^2)(\mu_1 d\pi \sin\alpha) \sqrt{(p_0 - p_z) - \frac{Q^2 \gamma_b}{2g(\mu f)^2}}} = p + \frac{Q^2 \gamma_b}{2g(\mu f)^2} \frac{d^2}{D^2 - d^2}. \tag{94}$$

$$1 + \frac{4Bx}{\pi (D^2 - d^2)(p_0 - p_z)} = \frac{Q^2 \gamma_b}{2g(\mu_1 d\pi \sin\alpha)^2 (p_0 - p_z) x^2} + \frac{Q^2 \gamma_b}{2g(\mu f)^2 (p_0 - p_z)} \frac{D^2}{D^2 - d^2}. \tag{95}$$

Aus diesen Gleichungen können die Charakteristiken $p = f(Q)$ und $x = f(Q)$ bestimmt werden. Sie sind für Düsen üblicher Ausführung in Abb. 34 zu sehen. Der Verlauf des Druckes p_1 ist nach Gl. (93) eine Parabel. Der Druck p geht im allgemeinen erst durch ein Minimum, um sich dann asymptotisch dem Druck p_1 zu nähern. Die Nadel erhebt sich mit wachsendem Q zuerst langsam, und dann — vom Wert Q_{kr} an — wesentlich rascher.

Die Gln. (94) und (95) können auch dimensionslos gemacht werden

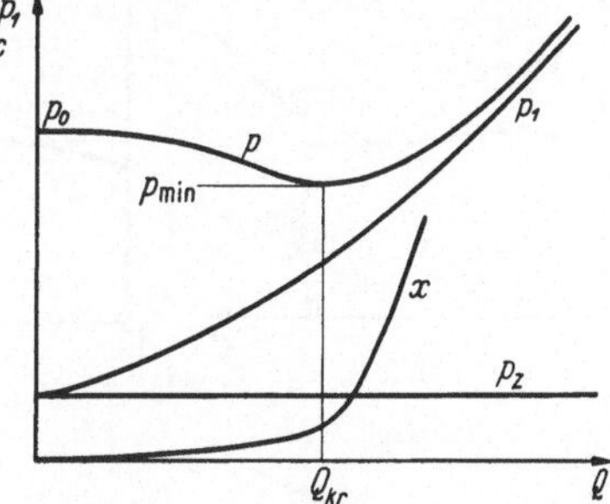

Abb. 34
Allgemeine Charakteristik der Nadeldüse.

$$1 - \Pi_1 \frac{y}{\sqrt{z - y^2}} = \Pi_2 z + y^2, \tag{96}$$

$$1 + \Pi_1 \sqrt{\Pi_2} X = \frac{y^2}{X^2} (1 + X), \tag{97}$$

mit den Ähnlichkeitskriterien

$$\Pi_1 = \frac{4B \mu f}{\pi (D^2 - d^2)(p_0 - p_z) \mu_1 d\pi \sin\alpha},$$

$$\Pi_2 = \frac{D^2 - d^2}{d^2}, \tag{98}$$

und den Maßstabsfaktoren

$$k_Q = \mu\, f\,\sqrt{\frac{2g}{\gamma_b}}\,\sqrt{p_0 - p_z}\,\sqrt{\frac{D^2 - d^2}{d^2}}\,,$$

$$k_p = (p_0 - p_z)\,\frac{D^2 - d^2}{d^2}\,,$$

$$k_x = \frac{\mu\, f}{\mu_1\, d\pi\,\sin\alpha}\,\sqrt{\frac{D^2 - d^2}{d^2}}\,.$$

Liegt die Nadel an der Hubbegrenzung an, d. h., ist $x = x_c = $ konst., so gilt das Ähnlichkeitskriterium

$$\Pi_3 = \frac{(\mu\, f)^2}{(\mu_1\, d\pi\, x_c\,\sin\alpha)^2} + 1\,, \tag{99}$$

wo x_c der maximale Nadelweg ist.

Die Grundtypen der Charakteristiken zeigt Abb. 35.

Durch Differentiation der Gl. (96) nach y erhält man die Stelle des Extremwertes der Charakteristik, und kann die relativen Koordinaten bezogen auf den Anfangswert bestimmen. Zur Erleichterung dieser Berechnung wurden die Abb. 36 und 37 angefertigt, aus denen bei Kenntnis der Ähnlichkeitskriterien Π_1 und Π_2 der Verlauf der Charakteristik, die Stelle ihrer Extremwerte sowie seine relativen Koordinaten bestimmt werden können. In den Abbildungen sind die Linien

$$y_{min} = \text{konst.}$$

und

$$a_{min} = z_{min}/z_0 = \text{konst.}$$

bzw. $y_{max} = $ konst. und

$$a_{max} = z_{max}/z_0 = \text{konst.}$$

angegeben.

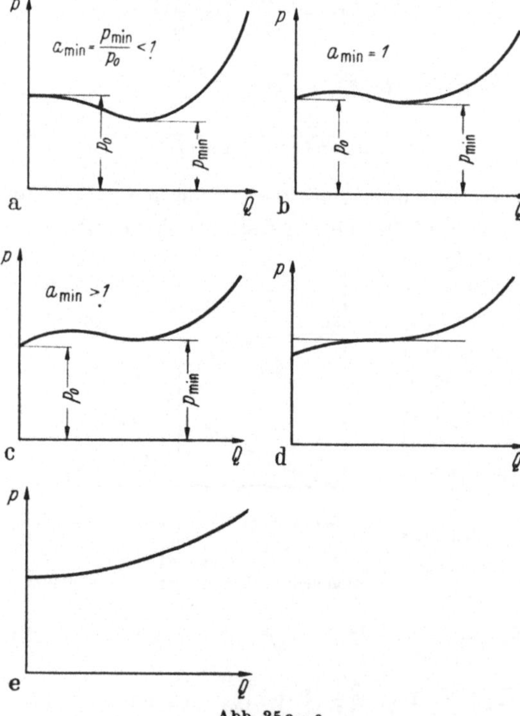

Abb. 35 a—e
Verschiedene Charakteristiken von Nadeldüsen [15].

c) Geschlossene Zapfendüse. Bei der Zapfendüse wird der Austrittsquerschnitt von der Düsenbohrung und der in ihr beweglichen — im Gegensatz zu den bisher behandelten Typen —, kegelstumpfförmig

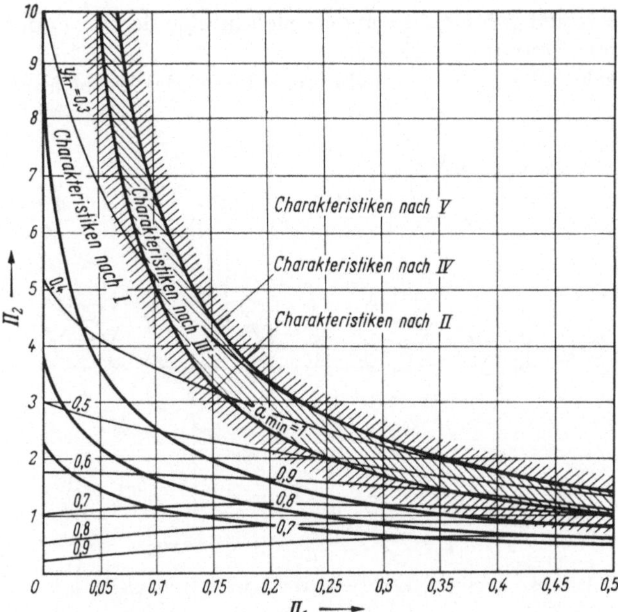

Abb. 36. Gültigkeitsbereiche der verschiedenen Charakteristiken in Abhängigkeit von den Ähnlichkeitskriterien [*15*].

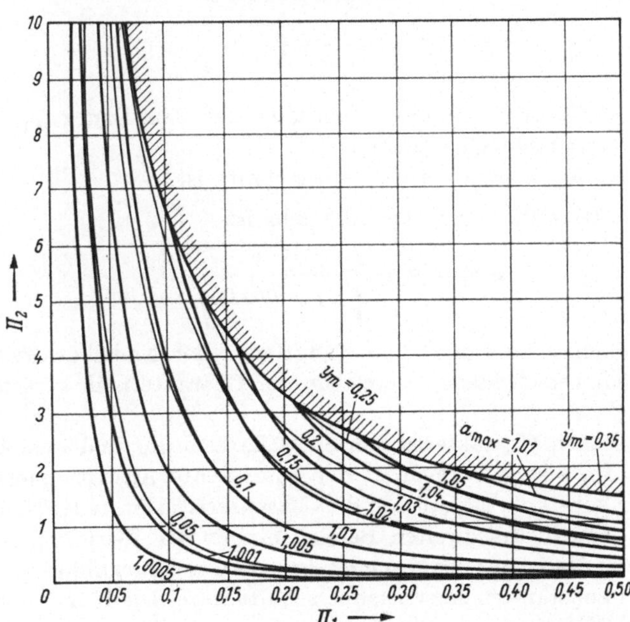

Abb. 37. Die Werte y_{max} und a_{max} als Funktion der Ähnlichkeitskriterien [*15*].

auslaufenden Nadel gebildet. Er ändert sich infolge der Form der Nadel während deren Bewegung (Abb. 38).

Die statische Gleichgewichtsbedingung der Nadel lautet ähnlich wie zuvor

$$p_0 \frac{\pi (D^2 - d^2)}{4} + p_z \frac{d^2 \pi}{4} + Bx$$
$$= p \frac{\pi (D^2 + d^2)}{4} + p_1 \frac{\pi (d^2 - d_x^2)}{4} + p_z \frac{d_x^2 \pi}{4}, \quad (100)$$

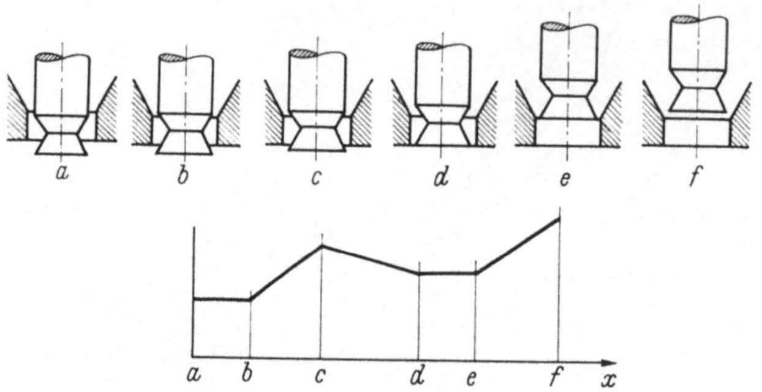

Abb. 38. Charakteristische Hubstrecke des Düsenzapfens.

und die Ausflußgleichungen

$$p - p_1 = \frac{Q^2 \gamma_b}{2g (\mu_1 d \pi x \sin\alpha)^2},$$
$$p_1 - p_z = \frac{Q^2 \gamma_b}{2g (\mu_e f_e)^2}, \tag{101}$$

wo

d_x der Zapfendurchmesser entlang der den Druck p_1 und p_z trennenden Oberfläche,

$\mu_e f_e$ der äquivalente Ausflußquerschnitt ist.

Mit den Bezeichnungen der Abb. 39a ist

$$\mu_e f_e = \mu_2 f_2 \sqrt{\frac{1}{1 + \left(\frac{\mu_2 f_2}{\mu_3 f_3}\right)^2}}.$$

Die Größen d_x und $\mu_e f_e$ sind Funktionen der Nadelbewegung und haben in den verschiedenen Bereichen der Charakteristik verschiedene Werte.

Die typischen Charakteristiken einer Zapfendüse sind aus Abb. 40 ersichtlich. Im ersten Bereich ist der äquivalente Austrittsquerschnitt $\mu_e f_e$ nahezu konstant; deshalb hat die Charakteristik einen der Nadeldüse ähnlichen Verlauf. Im zweiten Bereich nimmt der Wert $\mu_e f_e$ mit der Erhebung der Nadel zu; deswegen ist der gesamte Druckabfall niedriger, als er es bei konstantem Austrittsquerschnitt wäre. Die Kurve hat einen Knick, und sie steigt mit Q nur langsam an.

Im dritten Bereich verringert sich mit der Erhebung der Nadel der Austrittsquerschnitt. Der Druck steigt plötzlich, und die ausströmende Brennstoffmenge nimmt um so mehr ab, je größer der Strahlwinkel des Zapfens ist.

Die vierte Strecke ist wieder durch einen konstanten Ausflußquerschnitt und eine steigende Druckkurve gekennzeichnet.

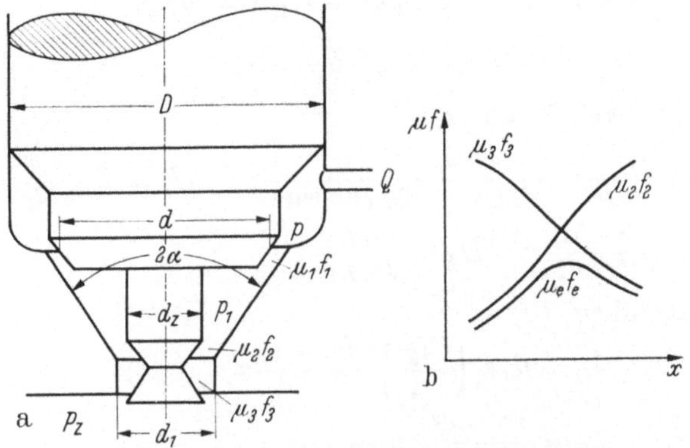

Abb. 39 a u. b. Schematische Darstellung der Zapfendüse und Durchflußquerschnitt als Funktion des Nadelhubes.

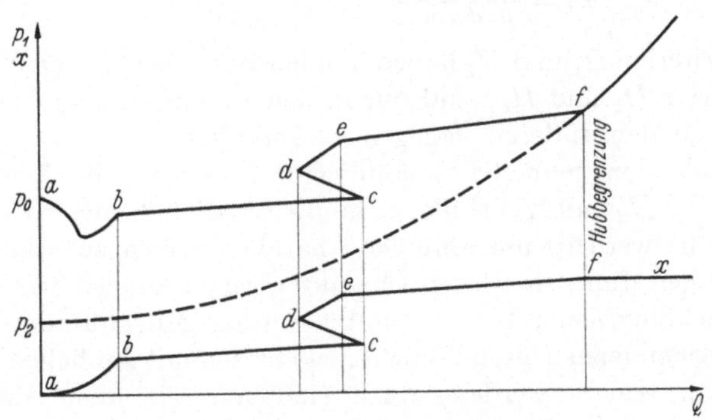

Abb. 40. Charakteristiken der Zapfendüse.

Im fünften Bereich wächst der Strömungsquerschnitt, und die Kurven haben einen flacheren Verlauf.

In Punkt *VI* stößt die Nadel auf, so daß von hier an der Austrittsquerschnitt konstant ist. Da der Gesamtdruckabfall

$$p - p_z = \frac{Q^2 \gamma_b}{2g} \sum \frac{1}{(\mu_i f_i)^2} \cong K Q^2$$

ist, ändert sich von nun an die Charakteristik parabolisch.

Ähnlich wie zuvor können auch hier aus den Gln. (100) und (101) die Ähnlichkeitskriterien abgeleitet werden. Es ist zweckmäßig, die

Maßstäbe auf den Bereich $I-II$ zu beziehen (s. Abb. 39), wo

$$\mu_e f_e \approx \mu_0 \pi \frac{d_1^2 - d_z^2}{4} = \mu_0 f_0 = \text{konst.}$$

und

$$d_x = d_z$$

ist. Dann erhält man die dimensionslosen Gleichungen [15]

$$1 - \Pi_2 z - \Pi_3 \Pi_4 y^2 + \Pi_1 X = 0, \tag{102}$$

$$z - \Pi_4 y^2 \frac{y^2}{X^2} = 0, \tag{103}$$

mit den Ähnlichkeitskriterien

$$\Pi_1 = \frac{4 B \mu_0 f_0}{\pi (D^2 - d^2)(p_0 - p_z) \mu_1 \, d\pi \sin\alpha} ; \qquad \Pi_2 = \frac{D^2 - d^2}{d_1^2 - d_z^2} ;$$

$$\Pi_3 = \frac{d^2 - d_x^2}{d_1^2 - d_z^2} ; \qquad \Pi_4 = \frac{(\mu_0 f_0)^2}{(\mu_e f_e)^2} , \tag{104}$$

und den Maßstäben

$$k_Q = \mu_0 f_0 \sqrt{\frac{2g}{\gamma_b}} \sqrt{\frac{D^2 - d^2}{d_1^2 - d_z^2}} \sqrt{p_0 - p_z} ;$$

$$k_p = \frac{D^2 - d^2}{d_1^2 - d_z^2} (p_0 - p_z) ;$$

$$k_x = \frac{\mu_0 f_0}{\mu_1 \, d\pi \sin\alpha} .$$

Die Kriterien Π_1 und Π_2 haben in allen Bereichen die gleichen Werte. Die Kriterien Π_3 und Π_4, sind nur in den Bereichen $I-II$ und $IV-V$ konstant, in den anderen dagegen veränderlich.

Im Falle von geometrisch ähnlichen Düsen ist die Konstanz der Kriterien Π_2, Π_3 und Π_4 erfüllt; es muß zusätzlich die des Kriteriums Π_1 sichergestellt werden, um ähnliche Charakteristiken zu erhalten.

Die obigen dimensionslosen Charakteristiken können vorteilhaft bei der Entwicklung neuer Düsen benutzt werden. Mit Hilfe der Charakteristiken vorhandener Düsen können neue Düsen mit ähnlichen Charakteristiken konstruiert werden; dazu sind nur die oben eingeführten Ähnlichkeitskriterien konstant zu halten.

II. Theorie der Strahlzerstäubung

§ 10. Allgemeine Forderungen

Die Wirtschaftlichkeit des Arbeitsprozesses in Dieselmotoren hängt weitgehend von der Güte der Zerstäubung des eingespritzten Kraftstoffes ab. Die Ursache der häufig auftretenden Nachverbrennung ist meist in mangelhafter Zerstäubung oder in unzureichender Vermischung des Kraftstoffes mit Luft zu suchen.

Der eingespritzte Kraftstoff muß sich im Verbrennungsraum gleichmäßig verteilen, damit sich die gewünschte Makrostruktur der Mischung einstellt (unter Makrostruktur versteht man die Verteilung des Kraftstoffes nach seinem Gewicht). Liegt diese vor, so befindet sich in jedem Volumenelement des Verbrennungsraumes die gleiche Kraftstoffmenge.

Neben der gleichmäßigen Makrostruktur ist aber auch auf eine feine und homogene Zerstäubung zu achten, die die gewünschte Mikrostruktur der Mischung gewährleistet. Die Feinheit der Zerstäubung wird durch den mittleren Tropfendurchmesser, und die Homogenität durch den Grad der Abweichung von diesem Mittelwert charakterisiert. Je feiner und homogener die Zerstäubung (bis zu einer gewissen Grenze) erfolgt, desto vollständiger ist der Kraftstoff „physikalisch vorbereitet", und desto leichter läßt er sich dann gleichzeitig und vollständig verbrennen.

Die Verteilung und Verbrennung des Kraftstoffes in Dieselmotoren hängt nicht nur von der Arbeit der Einspritzpumpe und -düse, sondern auch von der Gestaltung des Brennraumes ab. Bei Motoren mit unmittelbarer Einspritzung begünstigt die Luftwirbelung die einwandfreie Verteilung des Kraftstoffes im Verbrennungsraum. In Motoren mit einer Vor- und Wirbelkammer wird die gleichmäßige Kraftstoffverteilung durch die Luftbewegung gewährleistet, die zwischen den Kammern quer zur Kompressions- und Expansionsrichtung entsteht.

Bei schnellaufenden Dieselmotoren steht für die Gemischbildungsprozesse nur eine sehr kurze Zeit (von 0,003 bis 0,005 s) zur Verfügung, in der der Kraftstoff in den Zylinder einzudringen und eine Reihe physikalischer Vorgänge zu durchlaufen hat. Aus diesem Grunde kommt der Feinheit, der Homogenität und der homogenen Verteilung des Kraftstoffes besonders große Bedeutung zu.

Auf die Kennwerte des eingespritzten Kraftstoffstrahles (Eindringtiefe, Strahlwinkel, Strahlbreite, Verteilung des Kraftstoffes im Strahl usw.) und auf den Verlauf der darauffolgenden Zerstäubung, üben zahlreiche physikalische und konstruktive Faktoren Einfluß aus. Als wichtigste Konstruktionsfaktoren seien hier die Gestaltung der Düse, die Beschaffenheit des Verbrennungsraumes, und als physikalische Faktoren die Zähigkeit des Betriebsstoffes, der Gegendruck des Mediums, der Einspritzdruck, die Luftbewegung u. v. a. m. angeführt.

Die aufgezählten Faktoren beeinflussen wesentlich den Verlauf der Ausbildung des Kraftstoffstrahles sowie die Zerstäubung.

§ 11. Ursachen und Formen des Zerfalls eines Flüssigkeitsstrahles

Der Zerfall des eingespritzten Kraftstoffstrahles in feine Tröpfchen ist die Folge eines komplizierten Vorganges. Es genügt, darauf hinzuweisen, daß der Mechanismus der sich abspielenden Vorgänge bis zum heutigen Tag noch nicht in allen Einzelheiten geklärt wurde. Jedoch steht fest, daß auf den Strahl innere und äußere Kräfte wirken, die letzten Endes seinen Zerfall herbeiführen.

Der in den Verbrennungsraum eingespritzte Kraftstoffstrahl steht in erster Linie unter dem Einfluß äußerer, aerodynamischer Kräfte. Der Luftwiderstand ist bestrebt, die Teilchen aus der Oberfläche des Strahles herauszureißen bzw. die Stirnfläche des Strahles zu zerstören. Die aerodynamische Kraftwirkung nimmt an Stärke zu, wenn die Oberfläche des Strahles nicht glatt ist, wenn also an ihr nach Austritt aus der Einspritzdüse Störungen entstehen. Das Maß der anfänglichen Störungen hängt von den Aus- und Eintrittskanten der Düsenbohrung sowie vom Verhältnis l/d ab. Ist dies groß, so ordnet sich die in der Düsenbohrung ausgebildete Strömung, wodurch sich auch die Störungen verringern. Das Maß der anfänglichen Störungen wird auch von der Bearbeitungsgüte der Bohrungen beeinflußt. Eine nicht ganz glatt bearbeitete Bohrungsoberfläche bewirkt eine Zunahme der anfänglichen Störungen.

Die Oberflächenspannung des Strahles sowie die zwischen den einzelnen Flüssigkeitsteilen wirksame Kohäsion wirkt den oben geschilderten äußeren Kräften entgegen, und hängen von den physikalischen Kennzahlen des Kraftstoffes ab.

Neben den bisher angeführten Kräften kommt den durch die turbulente Strömung hervorgerufenen inneren Kräften eine wesentliche Rolle zu. Bekanntlich hat die Geschwindigkeit in turbulenter Strömung auch eine zur Strömung senkrechte Komponente, die ebenfalls zum Zerfall des Strahles in Tropfen beiträgt. Der Strahl wird von den in turbulent-pulsierender Bewegung befindlichen Teilchen in Teile gespalten, und diese führen nach dem Austritt aus der Düse eine Ausweitung des Strahles herbei. Je größer also die Geschwindigkeit der Pulsation ist, um so größer ist die Ausbreitung, die der Strahl erfährt.

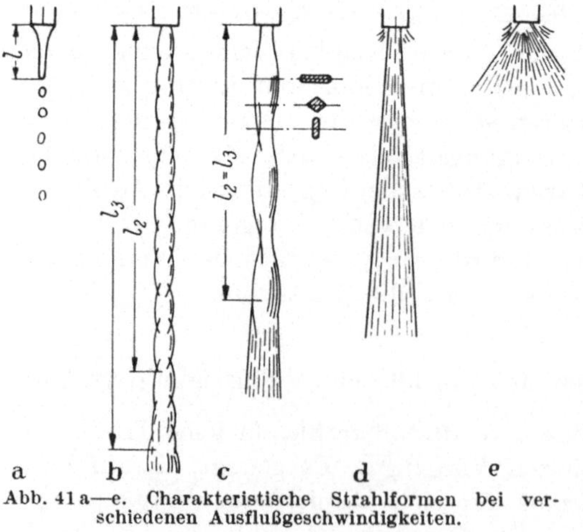

Abb. 41 zeigt die charakteristischen Formen des Zerfalls eines Flüssigkeitsstrahles. Bei sehr kleinen Ausflußgeschwindigkeiten hat der Strahl einen kurzen, kompakten

Abb. 41 a—e. Charakteristische Strahlformen bei verschiedenen Ausflußgeschwindigkeiten.

Kernteil; die Ablösung der Tropfen erfolgt durch die Schwerkraft (Abb. 41a). Bei Steigerung der Geschwindigkeit nimmt die Länge des kompakten Strahles zu, und es entstehen an ihm symmetrische Störungen (Abb. 41b). Wird die Geschwindigkeit weiter erhöht, so nimmt die kompakte Strahllänge ab, und die Störungen werden asymmetrisch (Abb. 41c). Von einer gewissen Geschwindigkeit an zerfällt der Strahl — zumindest an der Oberfläche — unmittelbar nach dem Austritt aus der Düse. Eine weitere Steigerung der Geschwindigkeit bewirkt eine Qualitätserhöhung der Zerstäubung, denn der Kegelwinkel des Strahles nimmt zu (Abb. 41d und 41c). Die Geschwindigkeiten, bei denen sich die beschriebenen charakteristischen Strahlformen ausbilden, hängen stark von den physikalischen Kennwerten, in erster Linie von der Viskosität und der Oberflächenspannung des Kraftstoffes ab. Außerdem hat auch das Verhältnis l/d der Düsenbohrung einen wesentlichen Einfluß.

Versuche zeigen, daß bei Düsenbohrungen mit kleinem Verhältnis l/d der Charakter der Strömung stark von den Eintrittsverhältnissen abhängt (Stellung der Nadel usw.). In diesem Fall wird der Strömungscharakter bzw. die sich ausbildende Strahlform nicht eindeutig von der Re-Zahl gekennzeichnet.

§ 12. Innere Kräfte

Wie gezeigt wurde, zerfällt der Strahl bei einer gewissen Geschwindigkeit unmittelbar nach dem Austritt aus der Düsenbohrung in Tropfen. Die Ursache hierfür liegt — abgesehen von den anfänglichen Störungen, die die Ein- und Austrittskanten herbeiführen — größtenteils in der turbulenten Pulsation.

In turbulenter Strömung beträgt die augenblickliche Geschwindigkeit

$$w = \bar{w} + w',$$

wobei $\bar{w}$ die mittlere Strömungsgeschwindigkeit und w' die Abweichung vom Mittelwert angibt. Aus den Augenblickswerten w' kann man die Größe

$$u' = \sqrt{\overline{w'^2}}$$

bilden, die kennzeichnend für die Intensität der Turbulenz ist. Die Energie der turbulenten Pulsation lautet damit

$$\varepsilon_r = \tfrac{1}{2}\varrho\, u'^2,$$

wenn ϱ die Dichte des Mediums ist.

Weitere Kennwerte einer turbulenten Strömung sind die räumliche Ausdehnung (Mischweg) und die Frequenz der Turbulenz. Das Maximum des (turbulenten) Mischweges wird von dem der Strömung zur

Verfügung stehenden Raum und der *Re*-Zahl, das Minimum dagegen von der Viskosität der Flüssigkeit bestimmt.

Zu jedem möglichen Mischweg zwischen den beiden Extremwerten gehört eine Frequenz, die um so höher liegt, je kleiner der Weg ist.

Versuche haben gezeigt, daß durch Steigerung der Geschwindigkeit sowohl der turbulente Mischweg, als auch die ihm jeweils zugeordnete Frequenz zunehmen.

Versuche von I. BOGDANOVITS [*16*] haben gezeigt, daß aus dem ganzen Turbulenzspektrum nur die grobballige Turbulenz einen wesentlichen Einfluß auf den Zerfall des Strahles ausübt. Durch Modellversuche ermittelte BOGDANOVITS die Energie der grobballigen turbulenten Pulsation und die Verteilung dieser Energie entlang der Austrittskanten der Düsenbohrung (Abb. 42).

Auf der Ordinate wurde der relative Wert der Pulsationsenergie

$$K_e = \frac{\varepsilon_r}{E_0}$$

aufgetragen. E_0 ist die zugeführte Energie.

Die Größe der Pulsationsenergie sowie deren Verteilung entlang des Querschnittes hängt von der Ausbildung der Bohrung, von der Strömungsgeschwindigkeit und von der Lage der Düsennadel ab.

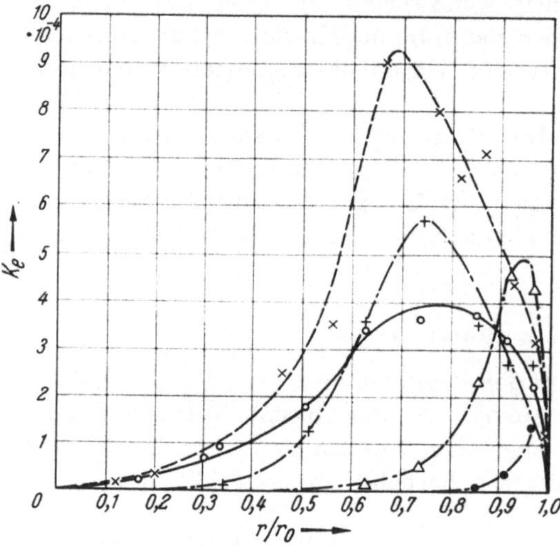

Abb. 42. Verteilung der Energie der grobballigen Turbulenz entlang der Austrittskante der Düsenbohrung.

Nimmt man an, daß die Energie der turbulenten Pulsation zur Überwindung der Oberflächenspannung und zur Abscherung der Flüssigkeit mit der Pulsationsgeschwindigkeit aufgebraucht wird, fällt die auf Volumeneinheit (unter Berücksichtigung, daß die Fläche einer Kugel mit dem Fassungsvermögen einer Volumeneinheit $3/r_0$ beträgt) die Energie

$$\varepsilon_r = \frac{3\alpha}{r_0} + A\,\mu\,w';$$

und daraus folgt

$$r_0 = \frac{3\alpha}{\varepsilon_r - A\,\mu\,w'}. \tag{105}$$

In diesen Gleichungen ist

α die Oberflächenspannung der Flüssigkeit,

μ die Viskosität der Flüssigkeit,

A eine Konstante.

$2r_0$ ist der mittlere Durchmesser der Tropfen unmittelbar nach der Düsenbohrung.

Infolge des Luftwiderstandes zerfallen die Tropfen noch weiter. Gl. (105) zeigt, daß der Durchmesser der Tropfen mit abnehmender Oberflächenspannung und Viskosität und mit zunehmender Pulsationsgeschwindigkeit immer kleiner wird.

§ 13. Äußere Kräfte

Wie bereits erwähnt, zerfällt der Strahl bei grobballiger Turbulenz schon unmittelbar nach dem Austritt aus der Düsenbohrung in Tropfen, die sich im Strahl fadenartig verteilen. Der Durchmesser der Tropfen ist hier, wie aus den photographischen Aufnahmen zu entnehmen ist, noch verhältnismäßig groß. Es liegt daher die Vermutung nahe, daß die Tropfen infolge der auf sie wirkenden, äußeren dynamischen Kräfte noch weiter zerkleinert werden.

Aus der Physik ist der Zusammenhang zwischen dem Halbmesser der Tropfen, deren Oberflächenspannung und dem inneren Druck bekannt:

$$p = \frac{2\,\alpha}{r}.$$

Hier bedeutet p den durch die Oberflächenspannung bedingten inneren Druck.

Der obige Ausdruck bringt den Einfluß der äußeren Kräfte auf die Größe des Tropfens nicht klar zum Ausdruck. Es ist aber leicht einzusehen, daß an der Ausbildung des Tropfens sowohl die Kräfte infolge des inneren wie auch des äußeren Druckes beteiligt sind. Wenn der Tropfenhalbmesser um Δr zunimmt, beträgt die Arbeit der inneren Kräfte (nach dem Prinzip der virtuellen Verschiebungen) $4\,r^2\,\pi\,p_i\,\Delta r$. Diese Arbeit bewirkt einerseits die Zunahme der Fläche des Tropfens, andererseits werden von ihr die äußeren Kräfte überwunden. Das Gleichgewicht der Kräfte

$$4\,r^2\,\pi\,p_i\,\Delta r = 4\,r^2\,\pi\,p_a\,\Delta r + 8\,\pi\,r\,\Delta r\,\alpha$$

liefert die Beziehung

$$p_i - p_a = \frac{2\,\alpha}{r} \qquad (106\,\mathrm{a})$$

Sie zeigt, daß der innere und der äußere Druck gemeinsam den Tropfen gestalten.

Untersuchen wir nun diese Beziehung etwas eingehender. p_i kann nicht Null oder negative Werte annehmen, hingegen kann p_a gleich Null, aber auch niedriger oder höher als p_i sein. p_a ist Null, wenn sich der Tropfen im Vakuum befindet. Wenn $p_a > 0$ und $p_a < p_i$ ist, so befindet sich der Tropfen im statischen Gleichgewicht. Die resultierende Kraft ist nach außen gerichtet, und wird durch die Oberflächenspannung ausgeglichen. Wenn $p_a > p_i$, befindet sich das System nicht im statischen Gleichgewicht; folglich kann dieser Zustand nicht längere Zeit bestehenbleiben. Die Resultierende aus den Drücken ist nämlich von außen nach innen, in Richtung der Kräfte der Oberflächenspannung gerichtet. Um das Gleichgewicht wieder herzustellen, muß der innere Druck, bei gleichzeitiger Abnahme des Halbmessers, zunehmen.

Daraus geht hervor, daß der Tropfen stets bestrebt ist, den Zustand des statischen Gleichgewichts einzunehmen; dann sind die Kräfte gleichmäßig über die Oberfläche verteilt, und es ist keine Komponente vorhanden, die eine Teilung der Tropfen bewirken könnte. Eine Änderung des äußeren Druckes ändert also hier nur den Radius bzw. die Fläche der Tropfen.

Anders verhält es sich, wenn die Tropfen in Bewegung sind; in diesem Fall gilt Gl. (106a) nicht mehr, weil in der Richtung der Bewegung zusätzliche Kräfte infolge des Luftwiderstandes auftreten. Da die zusätzliche Kraft nur auf den vorderen Teil des Tropfens wirkt, und der hierdurch entstandene Druck im Inneren des Tropfens in jeder Richtung gleichmäßig weitergeleitet wird (PASCAL-sches Gesetz), unterliegt der Tropfen einer Verformung. Er verbreitert sich nach der Seite und rückwärts, wo sich der äußere Druck nicht geändert hat, während das Vorderteil eingedrückt wird; das zeigt Abb. 43.

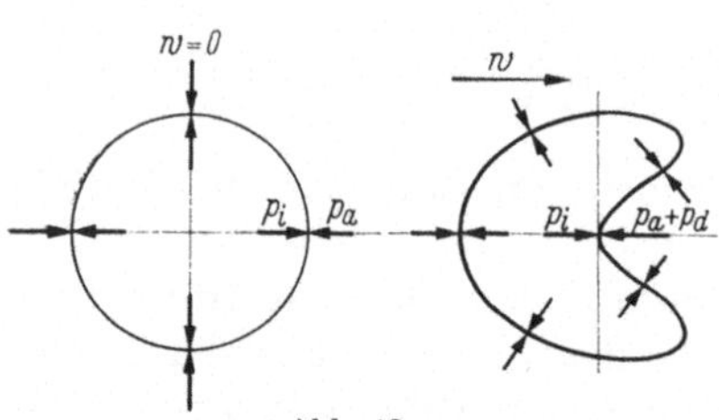

Abb. 43
Kräfte am ruhenden und bewegten Tropfen.

Damit der Tropfen in zwei Teile zerfällt, bedarf es zusätzlicher dynamischer Kräfte, die größer oder zumindest gleich denen im statischen Gleichgewicht sind. Es gilt demnach

$$p_d \gtreqless p_i - p_a = \frac{2\alpha}{r}. \tag{106}$$

Der am Tropfen angreifende dynamische Druck kann aus

$$p_0 = \frac{R}{F}$$

ermittelt werden, wo

R die Kraft aus dem Luftwiderstand,
F die Stirnfläche des Tropfens darstellt.

Die durch den Luftwiderstand hervorgerufene Kraft ergibt sich aus
der Newtonschen Formel

$$R = \varphi_k\, \varrho_k\, F\, w^2,$$

wo $\varphi_k = 12{,}5/\sqrt{Re}$ der Widerstandsbeiwert der Tropfen ist. Die Reynoldssche Zahl lautet hier

$$Re = \frac{w\, d_T}{\nu_k},$$

mit d_T als dem Durchmesser des Tropfens.

Die Verteilung der zur Oberfläche der Tropfen normalen Kräfte
zeigt Abb. 44.

Die Normalkomponente beträgt
als Funktion des Radius r'

$$R = \sqrt{R_0^2\left[1 - \left(\frac{r'}{r}\right)^2\right]}.$$

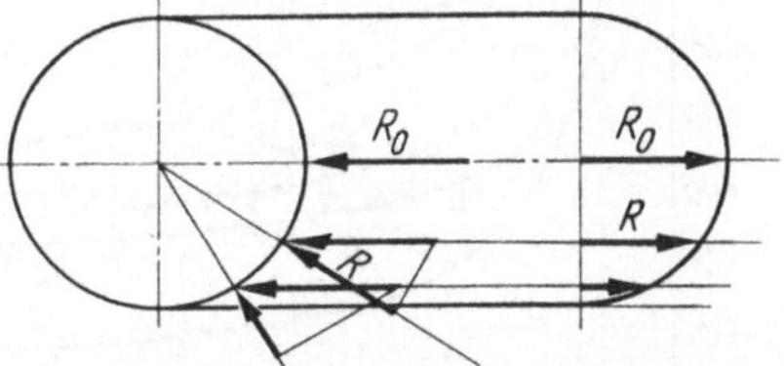

Abb. 44. Verteilung der zusätzlichen dynamischen Kräfte an der Stirnfläche des Tropfens.

Zur Vereinfachung der Berechnungen wurden in Abb. 45 kinematische Viskosität, Druck, Tem-
peratur und Dichte als Funktion des Verdichtungsverhältnisses graphisch
dargestellt. Es dürfte von Interesse sein, daß sich die kinematische
Viskosität mit zunehmendem Verdichtungsverhältnis verringert.

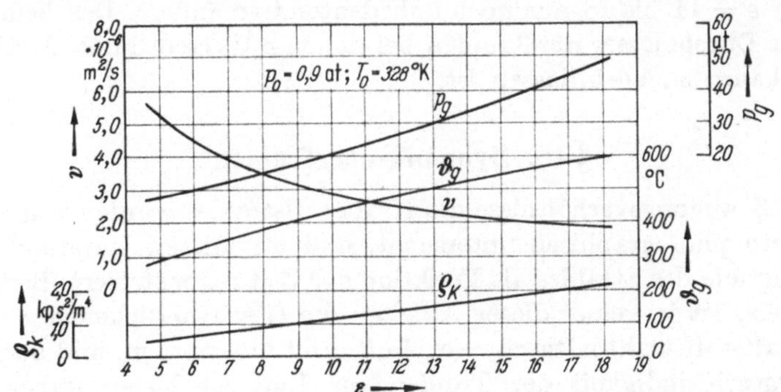

Abb. 45. Druck, Temperatur, kinematische Zähigkeit und Dichte des Mediums in Abhängigkeit
vom Verdichtungsverhältnis.

In Abb. 46 ist der zusätzliche, dynamische Druck p_d als Funktion des Tropfendurchmessers zu sehen. Er bewirkt den Zerfall der
Tropfen. Man sieht, daß bei kleineren Tropfendurchmessern p_d stark
zunimmt.

Es sollen nun die zum Zerfall der Tropfen nötigen Mindestwerte
der Geschwindigkeit ermittelt werden. Der an der Stirnfläche des

Tropfens angreifende dynamische Druck beträgt — wie oben ausgeführt —

$$p_d = \varphi_k \, \varrho_k \, w^2 = \frac{12{,}5}{\sqrt{\dfrac{w\,d_T}{\nu_k}}} \, \varrho_k \, w^2.$$

Wenn wir diese Gleichung nach w auflösen, erhalten wir

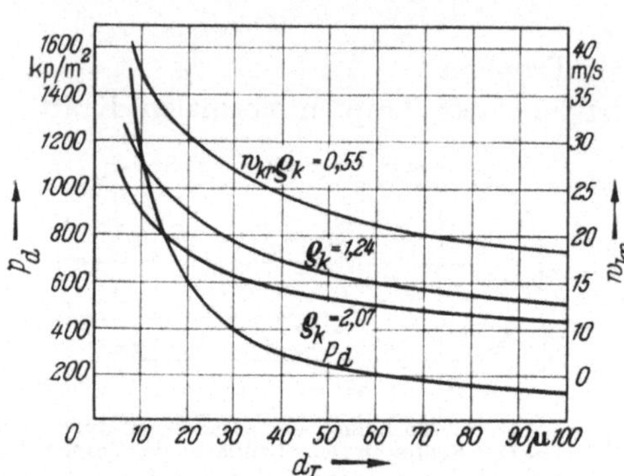

Abb. 46. Zum Zerfall erforderliche Tropfengeschwindigkeit und dynamischer Druck in Abhängigkeit vom Tropfendurchmesser.

$$w_{kr} = \sqrt[3]{\left(\frac{p_d \, \sqrt{\dfrac{d_T}{\nu_k}}}{12{,}5 \, \varrho_k} \right)^{\!2}} . \tag{107}$$

In Abb. 46 ist w_{kr} für verschiedene Werte von ϱ_k angegeben. Das Bild zeigt, daß mit abnehmendem Tropfendurchmesser w_{kr} ansteigt. Es ergibt sich aber noch die weitere, wichtige Folgerung, daß sich w_{kr} bei der Erhöhung des Verdichtungsverhältnisses nichtlinear verringert. Zwischen $\varepsilon = 5$ bis 11

nimmt w_{kr} verhältnismäßig rasch ab, während sich dieser Wert im Bereich $\varepsilon = 11$ bis 18 nur noch unbedeutend verändert. Das bedeutet, daß der Durchmesser der Tropfen bei hohen ε-Werten durch Änderung von ε kaum zu beeinflussen ist.

§ 14. Dynamik der Tropfen

Die Bewegungsverhältnisse des Kraftstoffstrahles wurden von vielen Forschern photographisch untersucht, und mit diesen Unterlagen die Eindringtiefe des Strahles als Funktion der Zeit rekonstruiert. Bedauerlicherweise ist in keiner dieser Arbeiten die Geschwindigkeit der durch den Kraftstoffstrahl mitgerissenen Luft ermittelt worden, und auch die Relativgeschwindigkeit der Tropfen zur Luft ist bisher unbekannt. Die Geschwindigkeit der verursachten Luftströmung wird in der ersten Periode der Einspritzung steil ansteigen, um dann infolge von Reibung und Durchwirbelung zurückzugehen.

Da sich Durchmesser und Konzentration über den Querschnitt ändern, ist auch die Geschwindigkeit hier nicht konstant. In der Mitte ist sie am größten, während sie in Richtung auf die Kanten im Strahlmantel gegen Null geht.

Es kann daher mit guter Näherung angenommen werden, daß die Bewegung der Teilchen im Strahlmantel (wenn man die vom Kolben oder von der Kammer ausgelöste Luftströmung vernachlässigt) in einem ruhenden Medium vor sich geht. Diese Annahme dürfte besonders für die in der ersten Periode der Einspritzung entstandenen Tropfen zutreffen, denen hinsichtlich der Entflammung besondere Bedeutung zukommt.

Die Bewegungsgesetze dieser Tropfen lassen sich auch auf analytischem Wege bestimmen, falls der Widerstandsbeiwert φ_k der Tropfen bekannt ist. Er wird in der Regel graphisch in der Form $\log \varphi_k = f(\log Re)$ oder tabellarisch angegeben. Nach WIRUBOV [30] kann die Funktion $\varphi_k = f(Re)$ mit den Angaben von FEHLING in folgender Form angeschrieben werden:

$$\varphi_k = \frac{12,5}{\sqrt{Re}}. \tag{108}$$

Die Differentialgleichung der Bewegung der Tropfen lautet

$$-\varphi_k \varrho_k F w^2 = \frac{V \gamma_b}{g} \frac{dw}{dt}.$$

Nach Einsetzen der Größen und Umformung erhalten wir

$$-\frac{dw}{dt} = \varphi_k \frac{\gamma_k}{\gamma_b} \frac{1,5}{d_T} w^2.$$

Wegen

$$Re = \frac{w \, d_T}{\nu_k} \quad \text{und} \quad \frac{d \, Re}{dt} = \frac{d_T}{\nu_k} \frac{dw}{dt},$$

kann diese Differentialgleichung auch als

$$-\frac{d \, Re}{dt} = \varphi_k \frac{\gamma_k}{\gamma_b} \frac{1,5 \, \nu_k}{d_T^2} Re^2,$$

geschrieben werden, oder, nach Einsetzen von φ_k, als

$$-\frac{d \, Re}{dt} = 12,5 \cdot \frac{\gamma_k}{\gamma_b} \frac{1,5 \, \nu_k}{d_T^2} Re^{1,5}.$$

Durch Zusammenfassung der Konstanten erhalten wir

$$\frac{d \, Re}{dt} = -2k \, Re^{1,5}$$

mit

$$2k = 18,75 \cdot \frac{\gamma_k}{\gamma_b} \frac{\nu_k}{d_T^2}.$$

Durch Integration dieser Gleichung erhält man

$$Re^{-0,5} - Re_0^{-0,5} = k t$$

oder

$$w^{-0,5} - w_0^{-0,5} = K t. \tag{109}$$

Hier bedeutet

$$K = \sqrt{\frac{d_T}{\nu_k}} \, k = 9,375 \cdot \frac{\gamma_k}{\gamma_b} \sqrt{\frac{\nu_k}{d_T^3}}.$$

Mit Hilfe der Gl. (109) läßt sich die Geschwindigkeit von Tropfen verschiedenen Durchmessers mit der Anfangsgeschwindigkeit w_0 als Funktion der Zeit berechnen. Abb. 47 zeigt das Ergebnis dieser Rechnung für Tropfen, deren Anfangsgeschwindigkeit 100 m/s beträgt. Aus dem Bild ist zu ersehen, daß die Tropfen mit Durchmessern von 10 und 20 μ ihre Geschwindigkeit bald verlieren, und sich nach $0{,}1 \cdot 10^{-3}$ s praktisch zusammen mit dem Luftstrom bewegen. Dagegen haben die Tropfen größeren Durchmessers hier noch 70 bis 80 % ihrer Anfangsgeschwindigkeit.

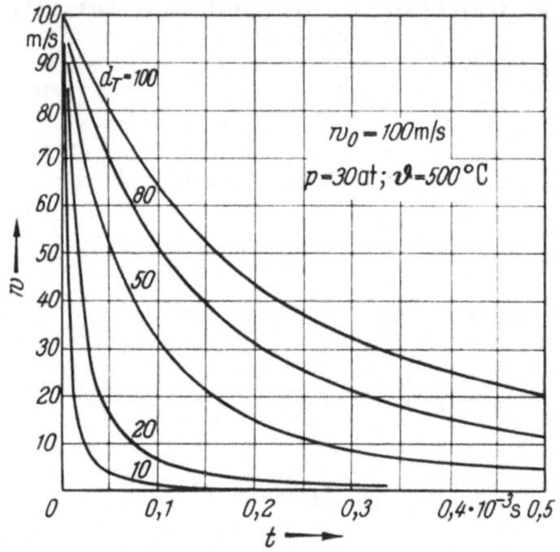

Abb. 47
Geschwindigkeitsabnahme von Tropfen verschiedenen Durchmessers.

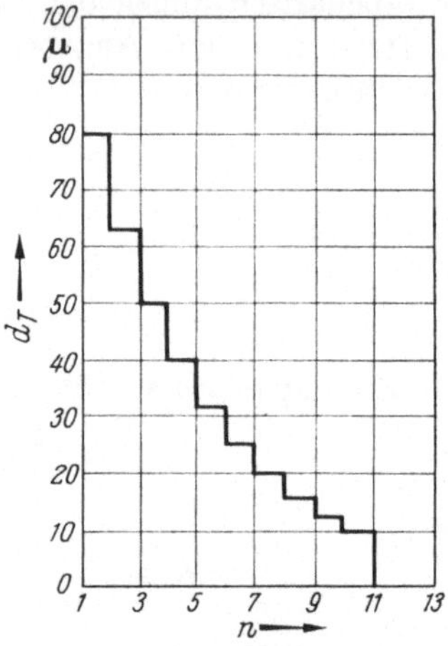

Abb. 48
Abstufung der Tropfendurchmesser mit aufeinanderfolgendem Zerfall in zwei Teile.

In unseren vorstehenden Berechnungen wurde angenommen, daß die Tropfen bis zum Ende ihre Kugelform beibehalten, und daß ihr Durchmesser sich nicht ändert. Hingegen haben wir bereits gezeigt, daß die Tropfen zerfallen, wenn der zusätzliche dynamische Druck den von der Oberflächenspannung herrührenden Druck übersteigt.

Leider ist uns die Zahl der sich bei diesem Zerteilungsvorgang bildenden Tropfen nicht bekannt. Wahrscheinlich zerfallen die größeren Tropfen mit p_d-Werten, die weit über $2\alpha/r$ liegen, in mehr als zwei Tropfen, während aus den Tropfen kleineren Durchmessers nur zwei neue Tropfen entstehen. Wenn wir einen Zerfall in jeweils zwei Tropfen annehmen, läßt sich, ausgehend von einem gegebenen Tropfendurchmesser, die Zahl der bis zu einem minimalen Durchmesser nötigen Teilungen ermitteln.

Unter Zugrundelegung dieser Annahme wurde Abb. 48 gezeichnet, aus der auch die Abstufung der Durchmesser als Funktion der Teilungszahl zu entnehmen ist. Wie die Abbildung zeigt, verringert sich der

Durchmesser der Tropfen bei der ersten Teilung um 20 μ, während es dreier Teilungen bedarf, um einen Rückgang der Durchmesser von 20 μ auf 10 μ herbeizuführen. Diese Tatsache bestätigt die praktische Erfahrung, daß man Tropfen mit Durchmessern unter 15 bis 20 μ nur durch eine unverhältnismäßig hohe Steigerung des Einspritzdruckes erzeugen kann.

Wenn wir noch annehmen, daß die einzelnen Teilungen des Teilungsvorganges mit der gleichen Zeitkonstante erfolgen, lassen sich auch die Kurven für die Bewegung der Tropfen mit veränderlichem Durchmesser konstruieren (Abb. 49). Die zeichnerische Darstellung gibt zugleich die Mindestwerte der Durchmesser an, die erzielt werden können. Aus den Kurven geht hervor, daß einerseits der Vorgang bei zunehmender Teilungszeit länger dauert, andererseits der Mindestwert des Durchmessers ansteigt.

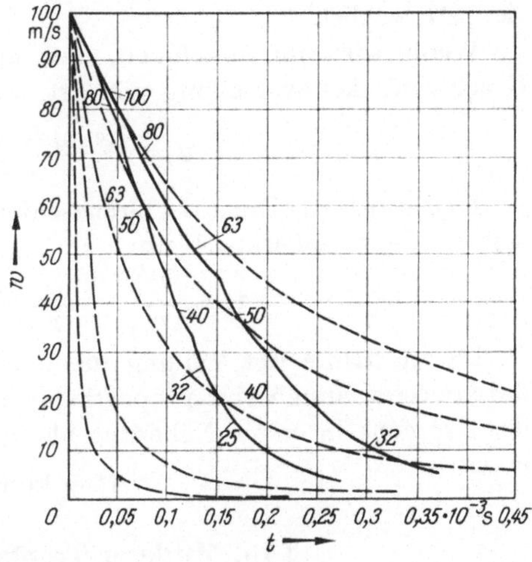

Abb. 49
Geschwindigkeitsabnahme der Tropfen mit Berücksichtigung eines Zerfallsvorganges in zwei Teile.

Es kann angenommen werden, daß die zur Tropfenteilung benötigte Zeit in erster Annäherung proportional dem reziproken Wert des Geschwindigkeitsgradienten in der Grenzschicht ist (Abb. 50):

$$\Delta t \sim \frac{1}{\dfrac{du}{dz}}.$$

Nach dem NEWTONschen Ansatz beträgt die in der Flüssigkeit auftretende Reibungskraft

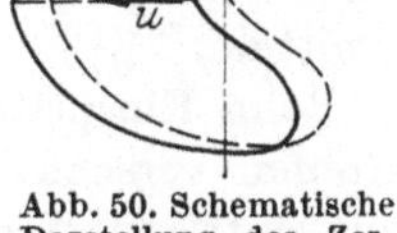

Abb. 50. Schematische Darstellung des Zerfalles eines Tropfens.

$$P_s = \mu\, F\, \frac{du}{dz}.$$

Im vorliegenden Fall lautet das Gleichgewicht der Kräfte

$$R = P_s + P_\alpha,$$

wo P_α die Kraft zur Überwindung der Oberflächenspannung darstellt.

Wird der Meridianschnitt des Tropfens mit „F" bezeichnet, wobei die Fläche des Schnittes annähernd $(d_T^2\,\pi)/4$ beträgt, so können wir schreiben

$$\varphi_k\,\varrho_k\,\frac{d_T^2\,\pi}{4}\,w^2 - \alpha\,d_T\,\pi = \mu\,\frac{d_T^2\,\pi}{4}\,\frac{du}{dz},$$

woraus

$$\frac{du}{dz} = \frac{\varphi_k \, \varrho_k \, d_T \, w^2 - 4\varkappa}{\mu \, d_T}$$

folgt.

Dieser Ausdruck zeigt deutlich, daß mit der Zunahme der Oberflächenspannung und der Viskosität du/dz abnimmt, folglich die Zeit $\varDelta t$ wächst.

Wenn wir nun annehmen, daß in der Grenzschicht eine lineare Geschwindigkeitsverteilung vorliegt, was zulässig ist, erhalten wir

$$u = \delta \, \frac{\varphi_k \, \varrho_k \, d_T \, w^2 - 4\alpha}{\mu \, d_T}.$$

Hier wurde die Dicke der Grenzschicht mit δ bezeichnet. Die Teilungszeit ist dann näherungsweise

$$\varDelta t \approx \frac{d_T}{u} = \frac{\mu \, d_T^2}{\delta \, (\varphi_k \, \varrho_k \, d_T \, w^2 - 4\alpha)}.$$

Da im Laufe der Teilung die Geschwindigkeit mit dem Tropfendurchmesser annähernd proportional abnimmt, kann die Teilungszeit des Tropfens in erster Näherung als konstant angesehen werden; d. h. es ist

$$\varDelta t \approx \text{konst.}$$

§ 15. Mittlerer Tropfendurchmesser

Die zuvor angestellten theoretischen Überlegungen eignen sich zur quantitativen Untersuchung der Wirkung verschiedener Faktoren auf die Zerstäubungsqualität. Bedauerlicherweise führten die bisher aufgestellten Theorien noch nicht zu Zusammenhängen, die den mittleren Durchmesser der Tropfen als Funktion verschiedener Einflußgrößen angeben. Es erscheint daher, in Anbetracht der heutigen Mittel, zweckmäßig, Ähnlichkeitsgleichungen mit Hilfe von Dimensionsbetrachtungen aufzustellen, und die dort auftretenden Konstanten experimentell zu ermitteln.

Beim Einspritzen zerfällt der Brennstoff in eine große Anzahl von Tropfen verschiedenen Durchmessers. Die Feinheit der Tropfen wird vom mittleren Tropfendurchmesser, die Gleichmäßigkeit dagegen durch die Verteilungskurven charakterisiert.

Als mittleren Tropfendurchmesser benutzt man im allgemeinen das arithmetische Mittel

$$d_{ma} = \frac{\sum d_i \, n_i}{\sum n_i}. \tag{110}$$

Außer diesem mittleren Durchmesser ist noch das arithmetische Mittel des Gesamtvolumens der Tropfen gebräuchlich

$$d_{mv} = \sqrt[3]{\frac{\sum d_i^3 \, n_i}{\sum n_i}} \tag{111}$$

und der SAUTERsche mittlere Durchmesser

$$d_{ms} = \frac{\sum d_i^3 n_i}{\sum d_i^2 n_i}.$$ (112)

Für vollständig homogene Tropfen, d. h. für Tropfen mit gleichen Durchmessern, ist offensichtlich $d_{ma} = d_{mv} = d_{ms}$. Bei Tropfen mit verschiedenen Durchmessern ist $d_{ma} < d_{mv} < d_{ms}$, und je gleichmäßiger die Zerstäubung ist, um so weniger unterscheiden sich die einzelnen mittleren Durchmesser.

Die Verteilungsfunktion der Tropfen kann in der Form

$$V = 1 - e^{-\left(\frac{d}{d_0}\right)^n}$$ (113)

geschrieben werden, wo

V das Gesamtvolumen des Teiles der Tropfen ist, deren Durchmesser kleiner als d ist,

d_0 der charakteristische Durchmesser ist, bei dem $V = 1 - \dfrac{1}{e} = 0{,}632$, und

n die Charakteristik der Verteilung ist, die die Gleichmäßigkeit der Zerstäubung bestimmt. Sie bewegt sich zwischen 2 und 4.

Die Gl. (113) ist für verschiedene Werte d_0 und n graphisch in Abb. 51 dargestellt. Wie man sieht, ist der Exponent um so größer, je höher die Gleichmäßigkeit der Tropfen ist.

Das arithmetische Mittel des Tropfendurchmessers ist eine Funktion sehr vieler Konstruktions- und Betriebsfaktoren sowie der physikalischen

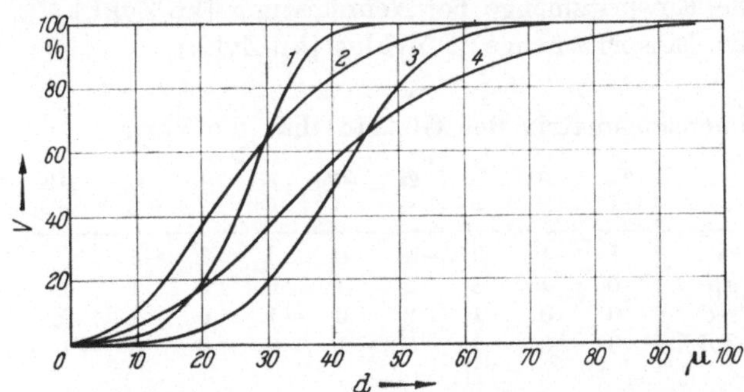

Abb. 51. Verteilungskurven für Tropfen verschiedener Gleichmäßigkeit.
1 $d_0 = 30\,\mu$, $n = 4$;   2 $d_0 = 30\,\mu$, $n = 2$;   3 $d_0 = 45\,\mu$, $n = 4$;   4 $d_0 = 45\,\mu$, $n = 2$.

Eigenschaften des Brennstoffes, deren genaue Berücksichtigung schwierig ist. Die wichtigeren Konstruktionsfaktoren, die das arithmetische Mittel des Tropfendurchmessers beeinflussen, sind:

a) die Düsenkonstruktion,

b) der Düsenbohrungsdurchmesser,

c) die Erhebungshöhe der Düsennadel,

d) das Verhältnis des Kolbenquerschnittes zum Düsenbohrungsquerschnitt.

Von den Betriebsfaktoren sind zu erwähnen:

a) die Drehzahl der Pumpe,

b) der Öffnungsdruck der Düse,

c) der Gegendruck des Mediums,

d) die Menge des eingespritzten Brennstoffes,

e) die Temperatur des Brennstoffes.

Die wichtigeren physikalischen Eigenschaften des Brennstoffes sind:

a) die Oberflächenspannung des Brennstoffes,

b) die Brennstoffviskosität,

c) das spezifische Gewicht des Brennstoffes.

Nach den Angaben dieser Zusammenstellung läßt sich das arithmetische Mittel des Tropfendurchmessers formal darstellen als eine Funktion

$$d_m = f(\alpha, \nu_b, \varrho_b, \varrho_k, w, d_c, \Delta g_0, \Delta g), \qquad (114)$$

wo

α die Oberflächenspannung [kp/m],

ν_b die kinematische Viskosität des Brennstoffes [m²/s],

ϱ_b die Dichte des Brennstoffes [kp s²/m⁴],

w die Ausflußgeschwindigkeit des Brennstoffes [m/s],

d_c der Durchmesser der Düsenbohrung [m],

Δg_0 die Einspritzmenge bei Nennleistung [kp/Zykl.],

Δg die Einspritzmenge je Zyklus [kp/Zykl.]

ist.

Die Dimensionsmatrix der Gl. (114) hat die Form

	d_m	α	ν_b	ϱ_k	Δg_0	w	d_c	ϱ_b	Δg
	1	2	3	4	5	6	7	8	9
m	1	−1	2	−4	0	1	1	−4	0
kp	0	1	0	1	1	0	0	1	1
sec	0	0	−1	2	0	−1	0	2	0
Zykl.	0	0	0	0	−1	0	0	0	−1

Die Zahl der Variablen ist 9, die der Dimensionen 4, so daß die der Kriterien $9 - 4 = 5$ beträgt.

Die charakteristischen Gleichungen der Dimensionsmatrix sind

$$k_1 - k_2 + 2k_3 - 4k_4 + k_6 + k_7 - 4k_8 = 0,$$

$$k_2 + k_4 + k_5 + k_8 + k_9 = 0,$$

$$-k_3 + 2k_4 - k_6 + 2k_8 = 0,$$

$$-k_5 - k_9 = 0;$$

daraus folgt

$$k_6 = -2k_2 - k_3,$$
$$k_7 = -k_1 - k_2 - k_3,$$
$$k_8 = -k_2 - k_4,$$
$$k_9 = -k_5.$$

Mit diesen Werten lautet die Matrix der Kriterien

	d_m	α	v_b	ϱ_k	$\varDelta g_0$	w	d_c	ϱ_b	$\varDelta g$
	1	2	3	4	5	6	7	8	9
Π_1	1	0	0	0	0	0	−1	0	0
Π_2	0	1	0	0	0	−2	−1	−1	0
Π_3	0	0	1	0	0	−1	−1	0	0
Π_4	0	0	0	1	0	0	0	−1	0
Π_5	0	0	0	0	1	0	0	0	−1

Mit ihrer Hilfe kann man die fünf Kriterien hinschreiben. Es ist

$$\Pi_1 = \frac{d_m}{d_c}; \qquad \Pi_2 = \frac{\alpha}{w^2 d_c \varrho_b} = \frac{1}{We};$$

$$\Pi_3 = \frac{v_b}{w\,d_c} = \frac{1}{Re}; \qquad \Pi_4 = \frac{\varrho_k}{\varrho_b}; \qquad \Pi_5 = \frac{\varDelta g_0}{\varDelta g}.$$

Das gesuchte arithmetische Mittel des Durchmessers kommt im Kriterium Π_1 vor; deshalb wird die Ähnlichkeitsgleichung in der Form

$$\Pi_1 = f(We, Re, \Pi_4, \Pi_5) \tag{115}$$

gesucht, d. h., es möge die Beziehung

$$\frac{d_m}{d_c} = \text{konst.}\, We^a\, Re^b \left(\frac{\varrho_k}{\varrho_b}\right)^c \left(\frac{\varDelta g_0}{\varDelta g}\right)^d \tag{115a}$$

bestehen, in der die Konstanten auf experimentellem Weg bestimmt werden müssen.

Auf Grund der vom Verfasser durchgeführten Experimente ist Gl. (115) graphisch in Abb. 52 dargestellt. Auf der waagerechten Achse

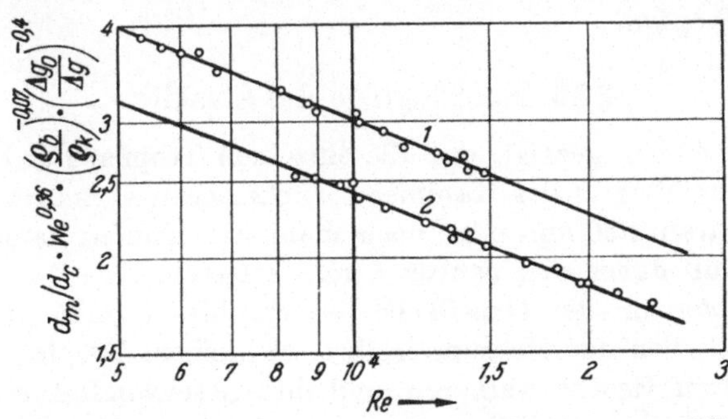

Abb. 52. Ähnlichkeitsbeziehung zwischen dem Parameter $\dfrac{d_m}{d_c}\, We^{0,36} \left(\dfrac{\varrho_b}{\varrho_k}\right)^{-0,07} \left(\dfrac{\varDelta g_0}{\varDelta g}\right)^{-0,4}$ und der REYNOLDSschen Zahl. *1* Zapfendüse; *2* Flachsitzdüse.

ist die Re-Zahl, auf der senkrechten der Ausdruck $\dfrac{d_m}{d_c}\, W\, e^{-a}\left(\dfrac{\varrho_k}{\varrho_b}\right)^{-c}\left(\dfrac{\varDelta g_0}{\varDelta g}\right)^{-d}$ aufgetragen. Die Werte der Exponenten sind $a = -0{,}36$; $b = -0{,}4$; $c = -0{,}07$ und $d = 0{,}4$.

Die Ähnlichkeitsgleichung (115a) gilt für sämtliche Düsennadeltypen; nur die Konstante ändert sich in gewissen Grenzen.

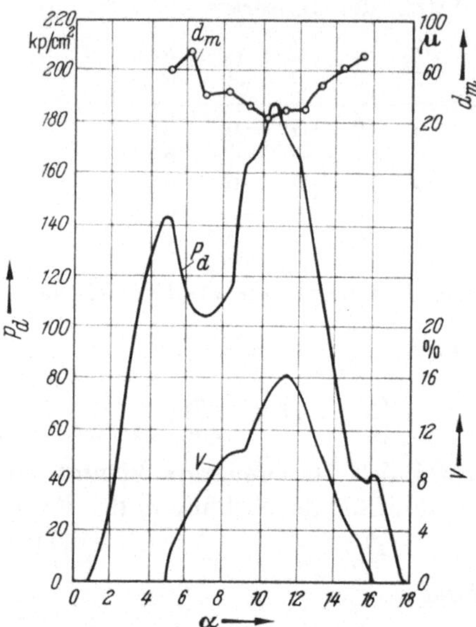

Abb. 53. Einspritzdruck, Einspritzmenge und mittlere Tropfendurchmesser als Funktion der Pumpenwinkelstellung.

Für Einloch- und Flachsitzdüsen mit nicht allzu großem Verhältnis l/d ist konst. = 96,0, während für Zapfendüsen konst. = 120. Diese Werte gelten für $d_m = d_{ma}$, d. h., als mittlerer Durchmesser dient das arithmetische Mittel des Durchmessers. Wenn $d_m = d_{mv}$, dann ist für eine Einlochdüse konst. = 172, für eine Zapfendüse hingegen konst. = 215.

Die Änderung der Qualität der Zerstäubung als Funktion der Einspritzmenge hängt wesentlich von der Verteilung der Tropfendurchmesser innerhalb eines Einspritzzyklus ab. Die stroboskopische Untersuchung der Zerstäubungsqualität zeigte, daß man am Anfang und am Ende der Einspritzung verhältnismäßig grobe Tropfen erhält, während die feinen Tropfen in der Mitte des Zyklus entstehen (Abb. 53). Beim Einspritzen einer kleinen Menge ist die mittlere Etappe kurz, und wir bekommen einen kleineren Anteil an feinen Tropfen.

§ 16. Eindringtiefe des Strahles

Versuche haben gezeigt, daß die einzelnen Tropfen nur einen etwa 25 mm langen Weg in der Kammer zurückzulegen vermögen, während der ganze Strahl 250 mm oder noch mehr durchlaufen kann. Die Berechnung muß daher den ganzen Strahl erfassen.

Die Tropfen an der Oberfläche des Strahles zerfallen infolge des Widerstandes, den das Medium erfährt, in kleinere Tropfen, wobei sie einen Teil ihrer Energie verlieren, und ihre Geschwindigkeit abnimmt. Als Folge der turbulenten Bewegung ist stets eine radiale Geschwindigkeitskomponente vorhanden, weshalb die Tropfen auch in seitlicher

Richtung Bewegungen ausführen können. Die Stelle der Tropfen, die von der Stirnfläche des Strahles abgetrennt werden, nehmen neue Tropfen ein, die noch über genügende Energie verfügen.

Für die Berechnung werden folgende Annahmen gemacht:

1. Der Strahl besitzt eine Kegelform, mit halbkugelförmigem Abschluß am Ende.

2. Der Strahl wird als ein zusammenhängender, starrer Körper aufgefaßt.

3. Der Einspritzdruck und die Anfangsgeschwindigkeit bleiben im Laufe der Einspritzung unverändert.

Der Luftwiderstand an der Stirnfläche des Strahles beträgt nach NEWTON

$$R = \varphi_s\, \varrho_k\, F\, w^2, \tag{116}$$

wo

φ_s der Widerstandsbeiwert des Strahles,

ϱ_k die Dichte des Mediums ist.

Nach den Versuchen, die im CNIDI[1] durchgeführt wurden, läßt sich φ_s folgendermaßen durch die Re-Zahl ausdrücken:

$$\varphi_s = \frac{405}{\sqrt{Re}}. \tag{117}$$

Der Ausdruck läßt sich umformen, indem man das Verhältnis, das die in der Düsenbohrung entstehende Turbulenz kennzeichnet, in den Ausdruck einbezieht. Die Bedingung für eine reine Turbulenz ist erfüllt, wenn der in Düsenbohrung die Re-Zahl den Wert von 6500 nicht unterschreitet. Sie wird die kritische Re-Zahl genannt und mit Re_0 bezeichnet.

Den Koeffizienten 405 ersetzen wir durch die kritische Re-Zahl, indem wir schreiben

$$405 = x\sqrt{Re_0} = x\sqrt{6500}; \quad x = 5{,}03.$$

Die kritische Re-Zahl beträgt

$$Re_0 = \frac{v_0\, d_c}{v_b},$$

wo

d_c der Durchmesser der Düsenbohrung,

v_b die kinematische Viskosität des Kraftstoffes sind.

Die Anfangsgeschwindigkeit v_0 läßt sich aus der Gleichung

$$v_0 = \varphi\, \sqrt{2g\, \frac{p - p_z}{\gamma_b}}$$

---

[1] Zentrales Forschungsinstitut für Dieselmotoren zu Leningrad.

ermitteln. Aus Gl. (116) erhalten wir

$$R = 5{,}03 \cdot \frac{Re_0^{0{,}5}}{Re^{0{,}5}}\, \varrho_k\, F\, v^2.$$

Durch Einsetzen von Re

$$Re = \frac{v\, d_s}{\nu_k} = \frac{v\, d_s\, \varrho_k}{\mu_k},$$

ergibt sich

$$R = 5{,}03 \cdot \frac{v_0^{0{,}5}\, d_c^{0{,}5}\, \varrho_b^{0{,}5}\, \mu_k}{v^{0{,}5}\, d_s^{0{,}5}\, \varrho_k^{0{,}5}\, \mu_b}\, \varrho_k\, \frac{d_s^2\, \pi}{4},$$

und dann mit einigen Vereinfachungen

$$R = 3{,}77 \cdot \sqrt{v_0\, d_c\, \varrho_b\, \varrho_k}\, \sqrt{\frac{\mu_k}{\mu_b}}\, d_s^{1{,}5}\, v^{1{,}5}.$$

Die NEWTONsche Bewegungsgleichung lautet

$$-m\, \frac{dv}{dt} = R,$$

worin m die Menge des in einem Zyklus eingespritzten Brennstoffes bedeutet

$$m = \frac{d_c^2\, \pi}{4}\, v_0\, \varrho_b\, \tau'$$

und τ' die Zeitdauer der Einspritzung ist.

Wenn man die Einspritzdauer α° in Kurbelwinkeln ausdrückt, so wird

$$\tau' = \frac{\alpha}{360 \cdot \dfrac{n}{60}} = \frac{z}{n} \cdot 60$$

und

$$m = \frac{15\,\pi\, d_c^2\, v_0\, \varrho_b\, z}{n}.$$

Durch Einsetzen in die Bewegungsgleichung erhält man das Integral

$$\int\limits_{v_0}^{v} -v^{1{,}5}\, dv = \int\limits_{0}^{t} 0{,}08 \cdot \frac{n}{z}\, \sqrt{\frac{1}{v_0}\, \frac{\gamma_k}{\gamma_b}\, \frac{\mu_k}{\mu_b}}\, \left(\frac{d_s}{d_c}\right)^{1{,}5}\, dt.$$

Dies ausgeführt liefert

$$v = \frac{v_0}{\left[1 + 0{,}04 \cdot \dfrac{n}{z}\, \sqrt{\dfrac{\gamma_k}{\gamma_b}\, \dfrac{\mu_k}{\mu_b}}\, \left(\dfrac{d_s}{d_c}\right)^{1{,}5}\, t\right]^2}. \tag{118}$$

In den vorstehenden Ausdrücken ist der Strahlendurchmesser d_s eine veränderliche Größe, die auf Grund von Versuchsergebnissen ermittelt werden soll. Die Berechnungen sind für jeweils kleine Zeitintervalle durchzuführen, da dann die veränderlichen Größen durch Konstanten ersetzt werden können.

Die vom Strahl zurückgelegte Strecke beträgt

$$S = \int\limits_0^t v\,dt,$$

$$S = \frac{v_0\,t}{1 + 0{,}04\,t\,\dfrac{n}{z}\,\sqrt{\dfrac{\gamma_k}{\gamma_b}\,\dfrac{\mu_k}{\mu_b}}\left(\dfrac{d_s}{d_c}\right)^{1{,}5}}. \tag{119}$$

Man muß prüfen, ob Re_0 nicht unter 6500 liegt. Sollte dies der Fall sein, so muß der Wert des Koeffizienten in der Gleichung

$$x = \frac{405}{\sqrt{Re_0}}$$

geändert werden.

Die nach diesen Formeln ermittelten Werte für Weglänge und Geschwindigkeit stimmen mit den Versuchsergebnissen gut überein. Mit Hilfe dieser Gleichungen ist zugleich eine getrennte Untersuchung der Wirkung einzelner Einflußgrößen möglich. Dies sind: Einspritzdruck, Durchmesser der Düsenbohrungen, Dichte des Mediums (Gegendruck).

Wird in Gl. (119) die Geschwindigkeit v_0 durch den Einspritzdruck ausgedrückt,

$$v_0 \cong \varphi\,\sqrt{2g\,\frac{p}{\gamma_b}},$$

so kann man sehen, daß bei dessen Änderung die vom Strahl zurückgelegte Strecke in folgender Form von der Zeit und vom Druck abhängt:

$$S = f\left(t\,\sqrt{p}\right).$$

Wenn man auf Grund von Versuchsergebnissen [5, 6] diese Funktion zeichnet, liegen alle Punkte auf einer Kurve (s. Abb. 54).

Wird nur der Durchmesser der Düsenbohrung geändert, während die anderen Einflußgrößen konstant bleiben, so kann Gl. (119) dargestellt werden als

$$S = \frac{v_0\,t}{1 + \dfrac{A}{(d_c)^{1{,}5}}} = \frac{v_0\,t\,d_c^{1{,}5}}{d_c^{1{,}5} + A}.$$

Der funktionelle Zusammenhang wird dann in guter Näherung durch

$$\frac{S}{d_c^n} = f\left(\frac{t}{d_c^n}\right)$$

dargestellt.

Nur bei Federeinspritzsystemen reagiert die Ausflußgeschwindigkeit auf eine Änderung des Durchmessers der Düsenbohrung nicht (System JENDRASSIK). Bei nockengesteuerter

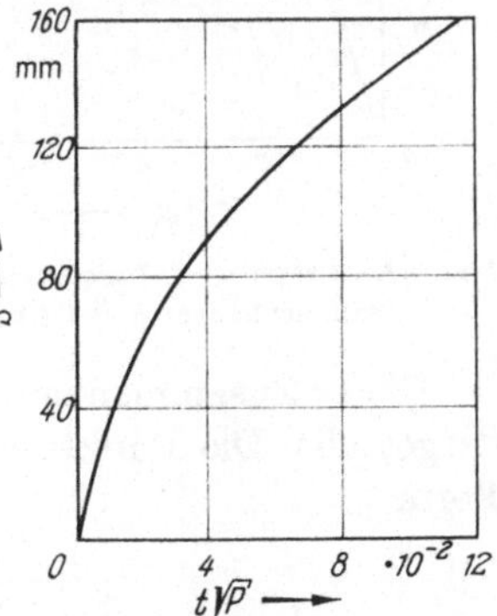

Abb. 54. Strahlspitzenweg in Abhängigkeit vom Wert $t\sqrt{p}$.

Einspritzung (BOSCH) wächst die Geschwindigkeit der Einspritzung, wenn der Durchmesser der Düsenbohrungen herabgesetzt wird. Die Erhöhung hängt in hohem Maße vom Fassungsvermögen des Systems

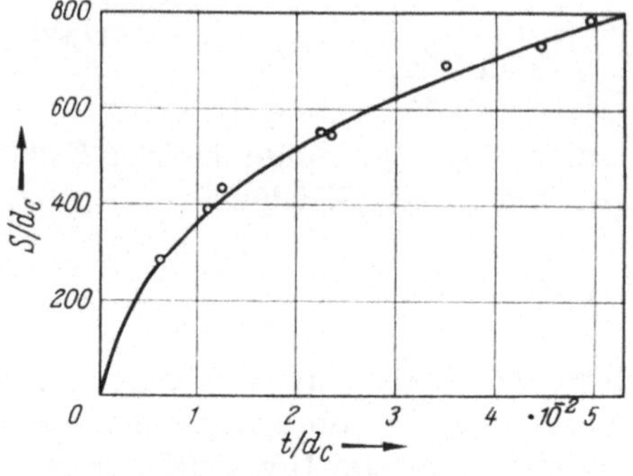

Abb. 55. Graphische Darstellung des Zusammenhanges $S/d_c = f(t/d_c)$.

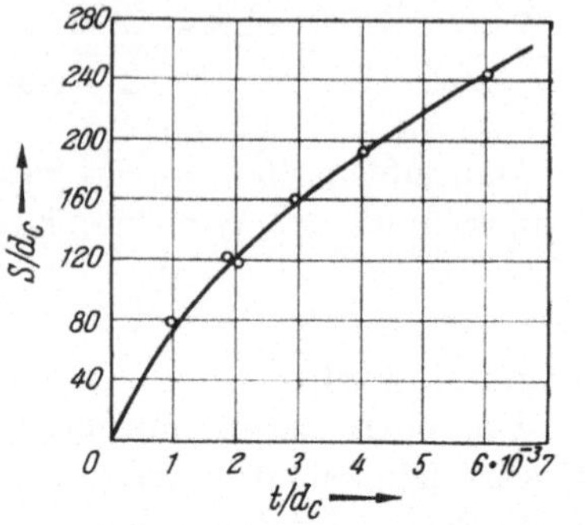

Abb. 56. Graphische Darstellung des Zusammenhanges $S/d_c = f(t/d_c)$.

(Druckventil, Druckleitung, Düsenvolumen usw.) ab. Die Werte des Exponenten n schwanken bei modernen Typen um 1. Die Abb. 55

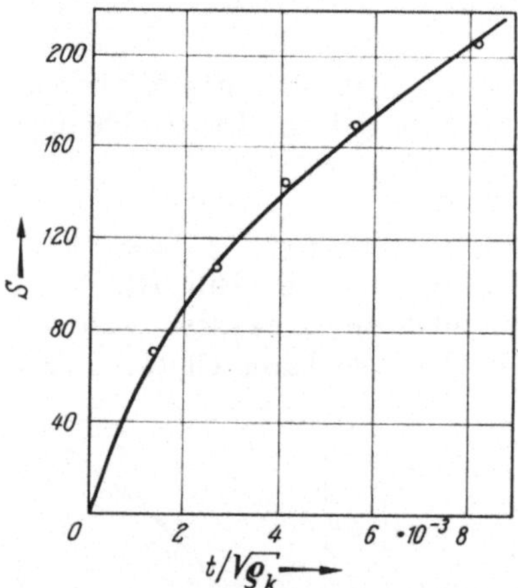

Abb. 57. Graphische Darstellung des Zusammenhanges $S = f(t/\sqrt{\varrho_k})$.

und 56 zeigen die funktionellen Zusammenhänge. Die Punkte liegen hier wieder auf einer Kurve.

Bei Änderung des Gegendruckes ergibt sich der funktionelle Zusammenhang

$$S = f\left(\frac{t}{\sqrt{\varrho_k}}\right).$$

Er wird in Abb. 57 veranschaulicht.

Aus den vorstehenden drei Funktionen läßt sich eine gemeinsame aufstellen, die die Änderungen aller Variablen erfaßt; sie lautet

$$\frac{S}{d_c} = f\left(\frac{t\sqrt{p}}{d_c\sqrt{\varrho_k}}\right). \tag{120}$$

Dieser Zusammenhang wird auf Grund von Versuchsdaten in Abb. 58 dargestellt. Die Punkte liegen auf einer Kurve, deren Gleichung in der Form

$$\frac{S}{d_c} = 7,4\left[\ln\frac{t\sqrt{p}}{d_c\sqrt{\varrho_k}}\right]^{2,4}$$

angegeben werden kann.

Nebenbei sei bemerkt, daß Gl. (120) auch im Hinblick auf die Dimensionen einwandfrei ist, da in ihr nur dimensionslose Größen auftreten.

Kürzlich ist der Verfasser mit Hilfe einer Dimensionsbetrachtung zu einer neuen Kriteriengleichung gelangt:

$$\frac{S}{d_c} = \text{konst.} \, Ho^{0,48} \times$$
$$\times Re^{0,3} \left(\frac{\varrho_b}{\varrho_k}\right)^{0,35}, \quad (121)$$

mit

$$Ho = \frac{w\,t}{d_c}.$$

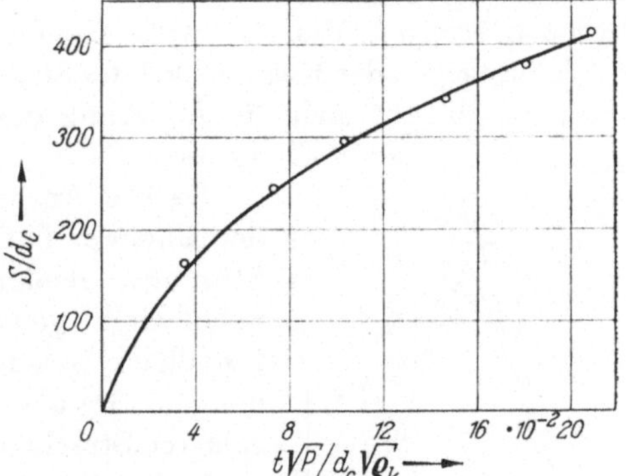

Abb. 58. Ähnlichkeitsbeziehung für die Eindringtiefe des Strahles.

Die Gl. (121) ist graphisch in Abb. 59 dargestellt. Für Einloch- und Flachsitzdüsen mit nicht allzu großem Verhältnis l/d ist konst. $= 0,2$, während für Zapfendüsen konst. $= 0,155$ ist.

Die Richtigkeit dieser Kriteriengleichung hatte der Verfasser für das Intervall $4000 < Re < 20000$ experimentell nachgewiesen. Es enthält die überwiegende Zahl der praktischen Fälle.

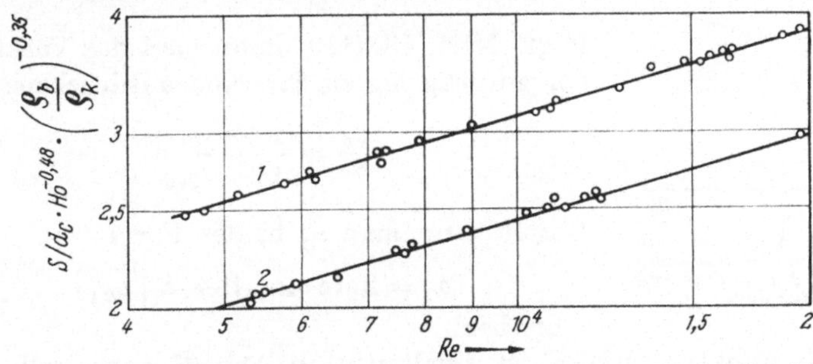

Abb. 59. Neue Ähnlichkeitsbeziehung für die Eindringtiefe von Kraftstoffstrahlen.
1 Flachsitzdüse und Einlochdüse; 2 Zapfendüse.

§ 17. Kegelwinkel des Strahles

a) Einfluß des Gegendruckes auf den Kegelwinkel des Strahles. Der Kegelwinkel des Strahles ist — bei gegebenem Gegendruck und genügend großem Verhältnis l/d — nur eine Funktion der turbulenten Pulsation. Daher kann man annehmen, daß Charakter und Turbulenzspektrum der Strömung durch die Re-Zahl bestimmt werden.

Bei praktischen Ausführungen ist das Verhältnis l/d ziemlich klein, weshalb die Strömung von der Re-Zahl nicht gekennzeichnet wird, und diese daher auch nicht als Maßstab zum Vergleich von verschiedenen Strömungszuständen herangezogen werden kann. Die Ausbildung des Eintrittsteiles sowie Gestalt und Lage der Düsennadel führen zu anfänglichen Störungen, die das Strömungsbild beachtlich verändern.

Ist hingegen der Kegelwinkel des Strahles bei gegebenem Gegendruck bekannt, so läßt sich die Änderung des Kegelwinkels annähernd bestimmen.

Da die Ausbreitung des Strahles als Folge der inneren Turbulenz und der anfänglichen Störungen erfolgt, wird die Breite des Strahles nach einer gewissen Zeit t, ungeachtet des jeweiligen Gegendruckes, denselben Wert annehmen. Da aber dann die vom Strahl zurückgelegten Strecken unterschiedlich sind, wird sich auch der Kegelwinkel ändern. In Abb. 60 ist

$$\tan\frac{\alpha_0}{2} = \frac{x}{S_0}; \qquad \tan\frac{\alpha_1}{2} = \frac{x}{S_1},$$

woraus

$$S_0 \tan\frac{\alpha_0}{2} = S_1 \tan\frac{\alpha_1}{2}$$

und

$$\alpha_1 = 2 \arctan\left[\frac{S_0}{S_1} \tan\frac{\alpha_0}{2}\right]$$

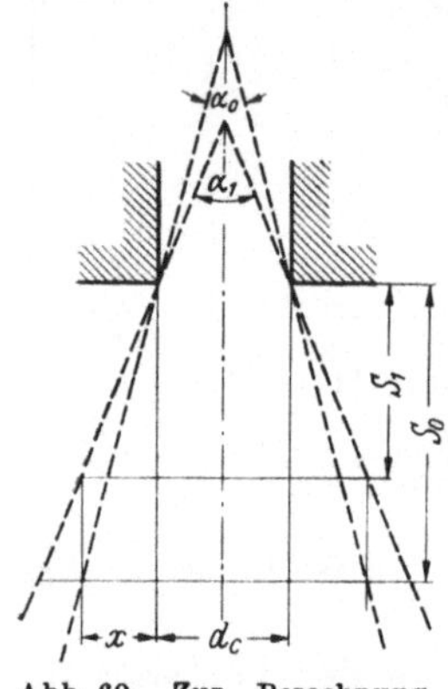

Abb. 60. Zur Berechnung des Strahlwinkels.

folgt. Nach Gl. (119) kann man das Verhältnis der zurückgelegten Strecken ausdrücken:

$$\frac{S_0}{S_1} = \frac{1 + c\sqrt{\varrho_{k1}}}{1 + c\sqrt{\varrho_{k0}}}.$$

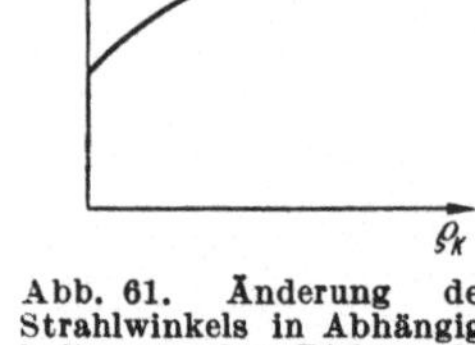

Abb. 61. Änderung des Strahlwinkels in Abhängigkeit von der Dichte des Mediums.

Damit kann man α_1 in der Form

$$\alpha_1 = 2\arctan\left[A + B\sqrt{\varrho_{k1}}\right] \qquad (122)$$

schreiben.

α_1 als Funktion von ϱ_k ist, qualitativ, in Abb. 61 dargestellt. Der Verlauf der Kurve stimmt z. B. mit den von Sass [18] veröffentlichten Versuchsergebnissen gut überein.

b) Einfluß des Düsenbohrungsdurchmessers auf den Kegelwinkel des Strahles. Mit zunehmendem Düsenbohrungsdurchmesser wächst bei ähnlicher Ausflußgeschwindigkeit die Re-Zahl bzw. die Turbulenz der Strömung. Die Erhöhung der Turbulenz verursacht eine Zunahme des Strahlwinkels, da dann die zur Hauptströmungsrichtung senkrechten Komponenten der Pulsationsgeschwindigkeit wachsen.

Die Ergebnisse der an Flachsitzdüsen durchgeführten Experimente sind Abb. 62 zu entnehmen.

In Übereinstimmung mit den theoretischen Überlegungen, zeigt die Abbildung, daß der Strahlwinkel mit dem Bohrungsdurchmesser zunimmt. Bei diesen Versuchen wurde die Ausflußgeschwindigkeit möglichst konstant gehalten.

c) Einfluß des Einspritzdruckes auf den Strahlwinkel. Mit dem Einspritzdruck ändert sich auch die Einspritzgeschwindigkeit und damit die Intensität der turbulenten Pulsation und die der anfänglichen Störungen. Leider kann über diese Abhängigkeit von der Geschwindigkeit, aus Mangel an Versuchsergebnissen, nichts Näheres gesagt werden. Jedoch ist bekannt, daß sich mit zunehmender Geschwindigkeit sowohl

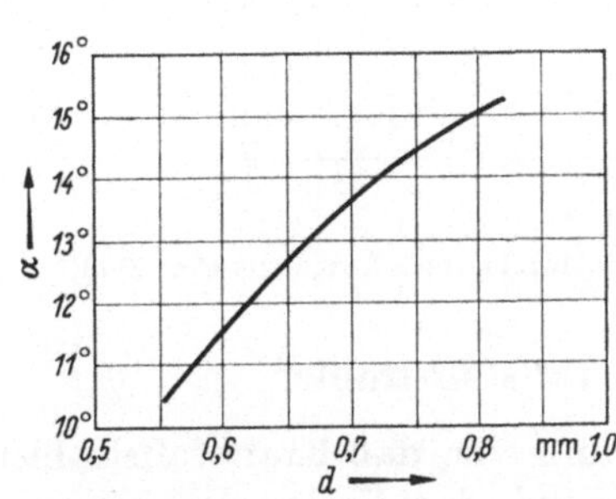

Abb. 62. Einfluß des Bohrungsdurchmessers auf den Strahlwinkel (Flachsitzdüse).

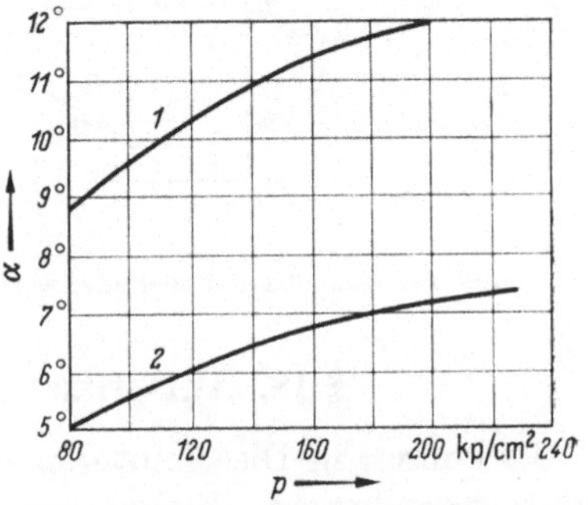

Abb. 63. Einfluß des Einspritzdruckes auf den Strahlwinkel.
1 Flachsitzdüse; *2* Zapfendüse.

die Pulsation als auch das Maß der anfänglichen Störungen erhöht, was sich in einer Erweiterung des Strahlkegelwinkels auswirkt. Zugleich wächst mit zunehmender Geschwindigkeit auch S_1 im Verhältnis zu S_0, was eine Verringerung von α zur Folge hat. Im Bereich kleinerer Geschwindigkeiten, wo das Maß und die Intensität der Turbulenz etwa proportional der Geschwindigkeit anwachsen, bewirkt die Steigerung der Geschwindigkeit eine Erhöhung des Wertes von α. Bei höheren Geschwindigkeiten bleibt α praktisch unverändert.

Einige Versuchsangaben für Zapfen- und Flachsitzdüsen sind aus Abb. 63 ersichtlich. Mit zunehmendem Einspritzdruck wächst der Strahlwinkel, bei hohen Drücken jedoch schon weniger stark.

Für Einloch- und Flachsitzdüsen kann zur Berechnung des Strahlwinkels die Methode der Dimensionsanalyse mit Erfolg angewandt werden. Der Verfasser gelangte auf Grund eigener Experimente zur folgenden Ähnlichkeitsgleichung

$$\alpha = 3 \cdot 10^{-2} \left(\frac{l}{d}\right)^{-0,3} \left(\frac{\varrho_b}{\varrho_k}\right)^{-0,1} Re^{0,7}, \tag{123}$$

die graphisch in Abb. 64 dargestellt ist.

Bei **Zapfendüsen** wird der Strahlwinkel in erster Linie vom Zapfenwinkel bestimmt. Demnach besteht der Kriterienzusammenhang

$$\alpha = \alpha_z + \text{konst.} \left(\frac{l}{d}\right)^a \left(\frac{\varrho_b}{\varrho_k}\right)^b Re^c, \tag{124}$$

wo α_z der Zapfenwinkel ist.

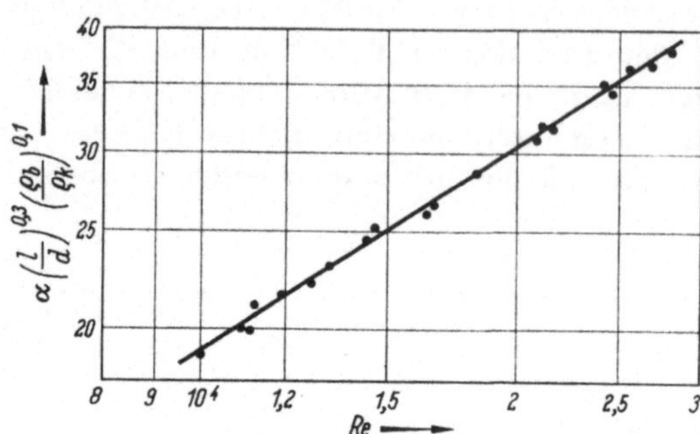

Abb. 64. Ähnlichkeitsbeziehung zwischen Strahlwinkel und REYNOLDSscher Zahl.

§ 18. Aufspritzen von Kraftstoffstrahlen

Es kommt in Dieselmotoren sehr häufig vor, daß Kraftstoffstrahlen unter irgendeinem Winkel auf die Wand des Verbrennungsraumes treffen. Das trifft besonders für Motoren mit kleinem Zylinderdurchmesser sowie für Vor- und Wirbelkammermotoren zu, wo ein bedeutender Teil des eingespritzten Brennstoffes an die Wand gelangen kann.

Bei dem neuen MAN-M-Verfahren wird der überwiegende Teil des Brennstoffes in Form eines dünnen Films an die Wand der Kolbenkammer gespritzt. Die Dicke des Kraftstoff-Films hat wesentliche Wirkung auf die Geschwindigkeit des Verdampfens und damit auf die Dynamik des Arbeitsvorganges.

Beim Spritzen an die Wand hängt die Ausbreitung und die Dicke des Kraftstoff-Films von der Einspritzmenge, vom Winkel der Aufspritzung, von der Düsenkonstruktion, vom Einspritzdruck, von der Viskosität des Brennstoffes und von dem Reibungsfaktor zwischen der Wand und dem Brennstoff ab. Der Wert des letzteren ist für das Intervall $50 < Re < 575$

$$\lambda_r = \frac{1{,}2}{\sqrt{Re}},$$

und im Bereich $575 < Re < 2 \cdot 10^4$

$$\lambda_r = 1{,}024 \sqrt[4]{Re}.$$

Wollen wir den Brennstoff auf die Wand spritzen, so müssen wir eine Ein- oder Zweilochdüse mit großem Verhältnis l/d benutzen, die wir gegen die Wand in einem geeigneten Winkel anordnen. Die Form des Films wird wesentlich vom Neigungswinkel der Düse beeinflußt.

Eine gegen die Wand sehr schräg gerichtete Düse erzeugt einen lanzettförmigen Film, während dessen Form kreisrund ist, wenn senkrecht aufgespritzt wird (Abb. 65).

Die Änderung des relativen Brennstoffstromes für verschiedene Neigungswinkel in der Funktion des Polwinkels φ ist in Abb. 66 dargestellt. Der Wert des relativen Brennstoffstromes ergibt sich aus

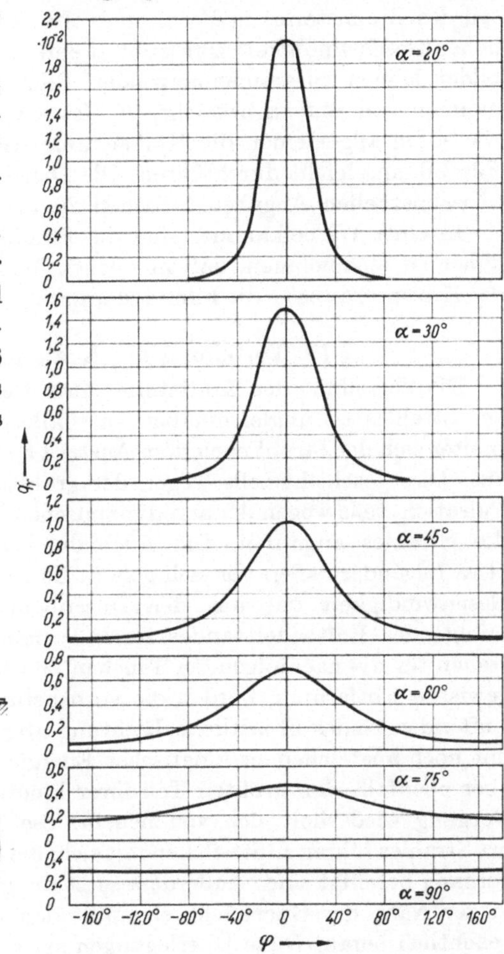

Abb. 65. Aufspritzen des Kraftstoffes unter verschiedenen Neigungswinkeln.

Abb. 66. Spezifischer Kraftstoffstrom als Funktion der Winkelstellung bei verschiedenen Neigungswinkeln.

wo

$$q = \frac{Q}{2\pi} \frac{k_0 \sin^2\alpha}{1 + \cos^2\alpha - 2\cos\alpha \cos a\,\varphi}, \qquad k_0 = \sin^{1,5}\alpha,$$

$$a = \sin^m\alpha + \frac{1 - \sin^m\alpha}{\pi}\,\varphi,$$

und Q der sekundliche Brennstoffverbrauch ist.

Der im Ausdruck a vorkommende Exponent kann für Gasöl als $m = 3{,}7$ angenommen werden.

Experimente des Verfassers zeigten, daß es auch bei einem kleinen Düsenneigungswinkel schwierig ist, auf einer ebenen Wand den Hauptteil des Brennstoffes in Form eines Films aufzutragen. Der Strahl von hoher Geschwindigkeit zerstäubt, wenn er an die Wand anprallt, und bildet keinen zusammenhängenden Film. Das wird auch durch Aufnahmen von BLUME bestätigt [9]. Ist jedoch die Wand etwas konkav, wie es im allgemeinen die Kolbenkammern auch sind, so läßt sich die Filmbildung leicht durchführen. Die Dicke des Films bewegt sich nach experimentellen Angaben zwischen 20 bis 30 μ.

In einer Wirbelkammer sind die Filmbildungsbedingungen günstig; daher ist anzunehmen, daß in solchen Motoren — vom Gesichtspunkt des Kreisprozesses — die Filmverdampfung eine wesentliche Rolle spielt.

§ 19. Verteilung des Kraftstoffes im Strahl

Die Verteilung des Kraftstoffes über die Länge und den Querschnitt des Strahles ist ungleichmäßig. Im Falle einer zylindrischen Bohrung breitet sich der Strahl nach dem Austritt aus der Bohrung kontinuierlich aus. Dies geschieht teils wegen der grobballigen, inneren, turbulenten Pulsation, teils wegen der aerodynamischen Kräfte, die an der Stirnfläche des Strahles angreifen. Die Ausbildung der Strahloberfläche dürfte etwa folgendermaßen vor sich gehen: Zu Beginn des Vorganges wird die Geschwindigkeit der aus der Düsenbohrung austretenden Teilchen infolge des Luftwiderstandes rasch vermindert, aber gleichzeitig entstehen für die nachfolgenden Teilchen günstigere Bedingungen. In einer gewissen Entfernung werden die vorn befindlichen Teilchen infolge des Luftwiderstandes in seitliche Richtung abgetrieben, wobei sie Teilchen mit noch ausreichender kinetischer Energie Platz machen. Diese büßen aber ebenfalls den größten Teil ihrer kinetischen Energie ein, und der Vorgang wiederholt sich von neuem. Die Teilchen an der Oberfläche des Strahles führen Luftteilchen mit sich, die gleichfalls am Zerstäubungsvorgang beteiligt sind. Außerdem setzt die grobballige innere Turbulenz in der Nähe der Oberfläche ebenfalls den Zusammenhalt des Strahles beachtlich herab. Diese Überlegungen zeigen, daß sich in der Mitte des Strahles ein kompakter „mittlerer Kern" beachtlicher kinetischer Energie befindet. Die Teilchen führen — in der Richtung des Mantels — Bewegungen mit abnehmender Geschwindigkeit um diesen Kern herum aus. Im Mantel des Strahles sind die kleinsten Teilchen mit geringer Geschwindigkeit zu finden. Sie sind imstande, sich rasch der Geschwindigkeit der inneren Luftströmung anzupassen, wodurch die Bedingungen für eine einwandfreie Vermischung mit der Luft erfüllt sind.

Es wurden bereits Versuche unternommen, mit dem Ziel, die Verteilung des Treibstoffes im Strahl theoretisch zu ermitteln. Diese Berechnungen haben jedoch nur Näherungswerte ergeben.

Die Kraftstoffmenge, die im Querschnitt F im Abstand x von der Düsenbohrung vorzufinden ist, sei Q, dann ist die auf die Einheit des Raumwinkels bezogene Menge des Kraftstoffes

$$f_Q = \frac{Q}{F/x^2} = Q\,\frac{x^2}{F}\ g/\text{Steradiant},\qquad (125)$$

wo F/x^2 der Körperwinkel des Strahles im Abstand x von der Düsenbohrung und F der Querschnitt des Strahles ist.

Der Betrag von f_Q ergibt den sog. Kraftstoffstrom.

Der spezifische Kraftstoffstrom ergibt sich daraus zu

$$f = \frac{Q}{Q_0}\,\frac{x^2}{F},\qquad (126)$$

wobei Q_0 die Gesamtmenge des eingespritzten Kraftstoffes ist.

Der spezifische Kraftstoffstrom charakterisiert die Verteilung eines Gramms Kraftstoff im gegebenen Querschnitt. Der spezifische Kraftstoffstrom ist über den Querschnitt nicht konstant, dies soll jedoch der Einfachheit halber hier angenommen werden. Bezeichnen wir den Kraftstoffstrom bzw. den spezifischen Kraftstoffstrom durch eine Kreisfläche mit dem Halbmesser y mit f_{yQ} bzw. f_y, dann beträgt die Kraftstoffmenge, die auf den Kreisring der elementaren Breite dy fällt (Abb. 67)

$$dQ = \frac{f_{yQ}}{x^2}\,2\pi\,y\,dy.$$

Der Kraftstoff, der durch den ganzen Querschnitt tritt, ist

$$Q = \frac{2\pi}{x^2}\int\limits_0^{b/2} f_{yQ}\,y\,dy.$$

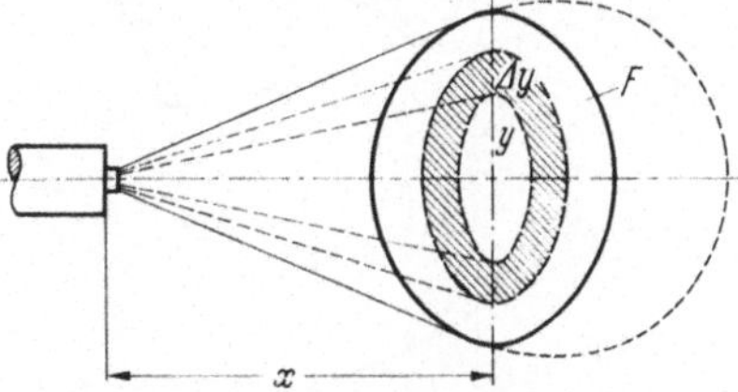

Abb. 67. Zur Berechnung der Kraftstoffverteilung im Strahl.

Die relative Menge des Kraftstoffes im gegebenen Querschnitt beträgt

$$q_k = \frac{Q}{Q_0} = \frac{2\pi}{x^2}\int\limits_0^{b/2} f_y\,y\,dy.$$

Um die Integration durchführen zu können, muß man die Funktion $f_y = f(y)$ kennen.

Da die Verteilung des spezifischen Kraftstoffstromes über den Querschnitt der Geschwindigkeit proportional ist, muß vorerst die Verteilung der Geschwindigkeit ermittelt werden.

Experimentelle Untersuchungen an freien Strahlen haben gezeigt, daß die Verteilung der Geschwindigkeit über den Querschnitt dem Gesetz

$$v_y = v_0'\,e^{-h^2 y^2}\qquad (127)$$

gehorcht (Abb. 68), in dem v_0' die Geschwindigkeit entlang der Achse des Strahles, h die Verteilungskonstante bedeutet. Letztere hängt von einer Reihe von Einflußgrößen ab. Wir können in erster Annäherung annehmen, daß

$$h^2 = \frac{c\,\mu_b\,d_c}{v_0\,\varrho_k\,x^2}$$

ist, mit c als einer Konstante. Damit läßt sich Gl. (127) in der Form

$$v_y = \frac{v_0}{\left[1 + 0{,}04 \cdot \dfrac{n}{z} \sqrt{\dfrac{\gamma_k\,\mu_k}{\gamma_b\,\mu_b}} \left(\dfrac{d_s}{d_c}\right)^{1,5} t\right]^2} \, e^{-h^2 y^2}$$

schreiben. Nach dem zuvor Gesagten kann für f_y der Ansatz

$$f_y = f_0\, e^{-h^2 y^2} \tag{128}$$

gemacht werden, wenn mit f_0 der spezifische Kraftstoffstrom entlang der Achse des Strahles bezeichnet wird.

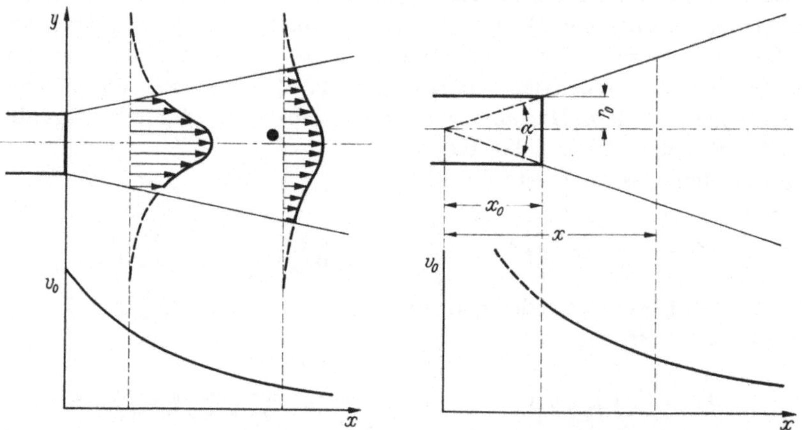

Abb. 68. Geschwindigkeitsverteilung im Strahl.   Abb. 69. Zur Berechnung der Geschwindigkeitsverteilung im Strahl.

Durch Einsetzen und Integration erhalten wir

$$q_k = \frac{2\,\pi\,f_0}{2\,h^2\,x^2}\left[1 - e^{-h^2\frac{b^2}{4}}\right]. \tag{129}$$

Es ist zweckmäßig, die Funktion $f_0 = f(x)$ experimentell zu bestimmen. Ist das aus irgendeinem Grund nicht durchführbar, so kann die folgende Berechnungsmethode angewandt werden.

Nach ABRAMOWITS [22] läßt sich die Geschwindigkeit entlang der Achse des Strahles in der Form

$$\frac{v_0'}{v_0} = \frac{0{,}96\,r_0}{a\,x} \tag{130}$$

darstellen, wo r_0 den Halbmesser der Düsenbohrung bedeutet (Abb. 69).

Dieser Ausdruck wird zweckmäßigerweise umgeformt:

$$\frac{v'}{v_0} = \frac{r_0}{\operatorname{tg}\dfrac{\alpha}{2}\,x}.$$

Analog dem zuvor Gesagten erhalten wir den spezifischen Kraftstoffstrom in der Form

$$f_0' = f_0\,\frac{r_0}{\operatorname{tg}\dfrac{\alpha}{2}\,x}.$$

Die vorstehenden Gleichungen gelten bei $x > x_0$.

Wenn Gl. (128) logarithmiert wird, erhält man

$$\ln f_y = \ln f_0 - h^2\,y^2.$$

Man sieht, daß man in einem Koordinatensystem $\ln f_y - y^2$ Geraden erhält. Es genügt also, in einem gegebenen Querschnitt zwei Wertepaare (y/f_y) durch Versuche zu ermitteln.

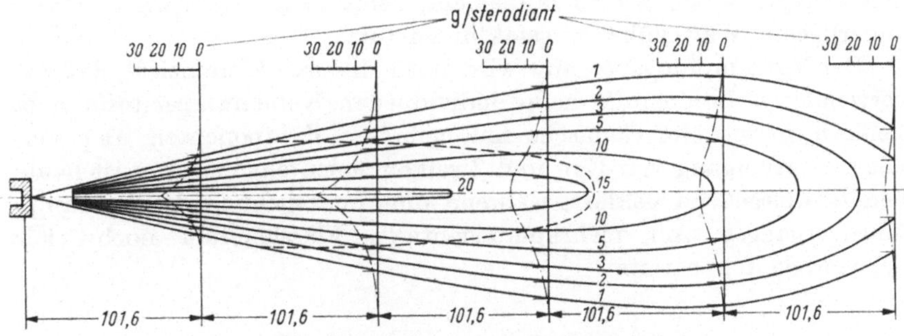

Abb. 70. Kraftstoffverteilung im Strahl [17].

Abb. 70 zeigt die charakteristischen Verteilungskurven in Abhängigkeit vom spezifischen Kraftstoffstrom. Dem Bild ist zu entnehmen, daß die Verteilung mit zunehmender Entfernung von der Düse immer besser wird. In der Nähe der Düse ist der Strahl im ganzen Querschnitt noch sehr kompakt. Er breitet sich mit zunehmender Entfernung von der Düse aus, der Zusammenhalt des mittleren Teiles nimmt ab, und über den Querschnitt wird die Verteilung immer ausgeglichener. Aus dem Bild läßt sich entnehmen, daß mit zunehmender Entfernung von der Düse die Menge des bis zu einem gegebenen Querschnitt vordringenden Kraftstoffes abnimmt. Durch Erhöhung des Gegendruckes läßt sich eine gleichmäßigere Verteilung erzielen; ebenso kann durch die Verringerung des Düsenbohrungsquerschnittes die Verteilung erheblich verbessert werden.

Die Steigerung des Einspritzdruckes bewirkt — wie Versuche zeigten — eine Qualitätserhöhung der Verteilung, während die Erhöhung der Viskosität die Verteilung des Kraftstoffes verschlechtert.

III. Verdampfungsprozesse der Brennstofftropfen

Als Betriebsstoff dient den Dieselmotoren ein Brennstoff von flüssigem Aggregatzustand, im Zylinder hingegen verbrennt ein Kraftstoffdampf-Luft-Gemisch. Deshalb muß die erforderliche Brennstoffmenge nicht nur in den Zylinder gebracht werden, sondern auch zur rechten Zeit verdampft und mit der Luft vermischt werden.

Der Verdampfungsvorgang des Kraftstoffes in Verbrennungskraftmaschinen ist sehr bedeutungsvoll, und die Verdampfungsfähigkeit eines der wichtigsten Kennzeichen des Brennstoffes.

Die Verdampfung von Brennstoff in Motoren ist ein sehr verwickelter physikalischer Vorgang. Die zur Verfügung stehende Zeit beträgt nur einige tausendstel Sekunden, deshalb wird zur Erhöhung der Verdampfungsintensität der Brennstoff in eine große Zahl kleine Teilchen zerstäubt. Da die Bewegung mit veränderlicher Geschwindigkeit erfolgt, haben wir es mit einem instationären Vorgang mit veränderlichem Wärmeübergangsfaktor zu tun.

Der Verdampfungsvorgang wird noch dadurch kompliziert, daß die verwendeten Brennstoffe keine individuellen Kohlenwasserstoffe sind, sondern verwickelte Gemische mit mehreren Komponenten. Der Verdampfungsvorgang von Ein- und Zweikomponentengemischen ist heute bereits weitgehend geklärt, während die Untersuchung des Verdampfungsvorganges von mehrkomponentigen Flüssigkeiten noch viele Schwierigkeiten bereitet.

§ 20. Wärmeübergang an Tropfen

Die Brennstofftropfen erwärmen sich rasch unmittelbar nach ihrem Zerfall. Zur Berechnung der Aufwärmzeit muß man die Wärmeübergangszahl kennen. Bei einer Ausströmgeschwindigkeit von 150 bis 200 m/s bewegt sich der durchschnittliche Durchmesser zwischen 10 bis 40 μ. Bei den heutigen Dieselmotoren beträgt der Zylinderdruck im Moment des Einspritzens 30 bis 40 at, und seine Temperatur 500 bis 600 °C. Aus diesen Werten folgt, daß sich die Re-Zahl von 3000 bis 150 in einem Geschwindigkeitsbereich von 150 bis 200 m/s ändert.

Experimente zu dieser Frage führte WIRUBOW [30] durch und bestimmte die Wärmeübergangszahl für verschiedene Tropfendurchmesser als Funktion der Re-Zahl. Die Versuchsergebnisse zeigt Abb. 71. Die Abweichung der Meßpunkte von der Geraden im Bereich $\lg Re = 2{,}8$ bis 3,1 deutet den Übergang von laminarer in turbulente Strömung an. Die Gleichung der Kurve kann in guter Näherung durch

$$Nu = 0{,}54\,Re^{0{,}5} \tag{131}$$

erfaßt werden, wo

$Nu = \alpha\, d/\lambda$ die NUSSELT-Zahl,

α die Wärmeübergangszahl,

d der Tropfendurchmesser,

λ die Wärmeleitfähigkeit der Luft ist.

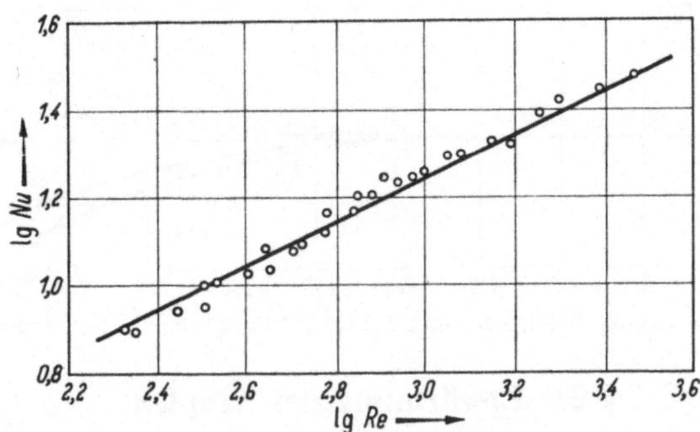

Abb. 71. Ähnlichkeitsbeziehung zwischen der NUSSELTschen und der REYNOLDSschen Zahl des Wärmeüberganges an Tropfen [30].

Es sei bemerkt, daß ULSAMER und HILPERT [26, 27] für zylindrische Körper beinahe dieselben Werte erhielten.

Aus Gl. (131) erhält man

$$\alpha_k = 0{,}54 \cdot \frac{\lambda}{\sqrt{\nu}} \sqrt{p\,\frac{w}{d}} \quad \text{kcal/m}^2\,\text{h}\,°\text{C}, \tag{132}$$

wo

ν die kinematische Viskosität der Luft bei 1 at und bei t °C,

w die Geschwindigkeit der Tropfen ist.

Wenn man die temperaturabhängigen Werte λ und ν einsetzt, erhält man für den Bereich 0 bis 300 °C

$$\alpha_k = (3{,}02 - 0{,}92 \cdot 10^{-3}\,\vartheta_k) \sqrt{p\,\frac{w}{d}},$$

und für den Bereich 300 bis 600 °C

$$\alpha_k = (2{,}86 - 0{,}40 \cdot 10^{-3}\,\vartheta_k) \sqrt{p\,\frac{w}{d}}.$$

Diese Wärmeübergangszahlen gelten für den reinen Wärmeübergang, wenn in der Umgebung der Tropfen der Unterschied des Partialdruckes der diffundierenden Stoffe gering ist. Ist das nicht der Fall, so wird der Wärmeübergang von der Bewegung des diffundierenden Stoffes beeinflußt.

Die Theorie des gemeinsamen Verlaufes von Wärmeübergang und Diffusion wurde von ACKERMANN ausgearbeitet [25]. Nach dieser Theorie kann die Wärmeübergangszahl bei Diffusion durch

$$\alpha = K_\alpha\,\alpha_k$$

ausgedrückt werden, wo

K_α der Korrekturfaktor ist, dessen Änderung als Funktion der Temperatur für Gasöl und Schweröl in Abb. 72 dargestellt ist.

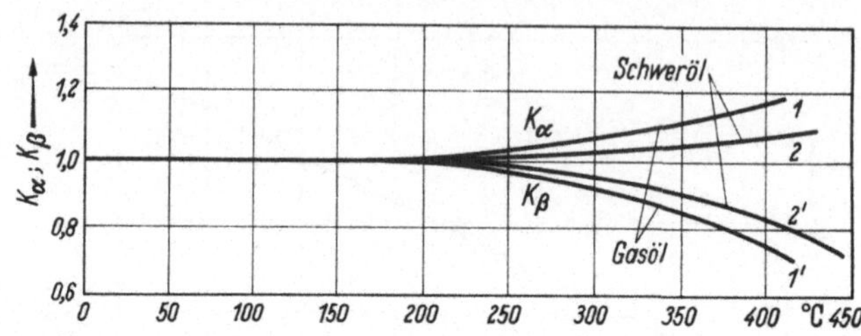

Abb. 72. Änderung der Größen K_α und K_β in Abhängigkeit von der Temperatur.

§ 21. Erwärmung der Tropfen

Zur Berechnung der Erwärmung der Tropfen wird der früher abgeleitete Zusammenhang

$$Nu = 0{,}54\,Re^{0{,}5}$$

mit den folgenden vereinfachenden Annahmen benutzt:

α) Der Erwärmungsvorgang wird als quasistationär behandelt. Dann kann der zuvor für stationäre Verhältnisse abgeleitete Zusammenhang verwendet werden.

β) Die Gültigkeit des Zusammenhanges $Nu = f(Re)$ für das Intervall $Re = 100$ bis 3000 wird ausgedehnt bis zu der Re-Zahl, die zu $Nu = 2$ gehört. Für kleine Re-Zahlen ist dann die Nu-Zahl etwas zu niedrig, jedoch entsteht kein wesentlicher Fehler.

γ) Wir nehmen an, daß sich die Tropfen — ohne zu verdampfen — nur erwärmen.

Auf Grund dieser Annahmen und der Gln. (109) und (131) kann man schreiben

$$0{,}54 \cdot \left(\frac{1}{Nu} - \frac{1}{Nu_0} \right) = k\,t,$$

oder

$$\frac{1}{\alpha} - \frac{1}{\alpha_0} = q\,t, \tag{133}$$

wo

$$q = 17{,}35 \cdot \frac{\gamma_k\,\nu_k}{\gamma_b\,\lambda\,d},$$

d. h. ein konstanter Wert ist.

Aus Gl. (133) kann die zeitveränderliche Wärmeübergangszahl der Tropfen bestimmt werden; es ist

$$\alpha = \frac{\alpha_0}{\alpha_0\,q\,t + 1}, \tag{134}$$

während der zeitliche Mittelwert

$$\bar{\alpha} = \frac{1}{t} \int\limits_0^t \frac{\alpha_0\,dt}{\alpha_0\,q\,t + 1} = \frac{1}{q\,t} \ln\left(\alpha_0\,q\,t + 1\right) \tag{135}$$

beträgt.

Das Minimum der Wärmeübergangszahl erhält man aus der Bedingung der reinen Wärmeleitung, wenn $Nu = 2$ ist:

$$\alpha_{min} = \frac{2\lambda}{d}.$$

Die Zeit, bis die Tropfen den Wert α_{min} erreichen, beträgt

$$t_1 = \frac{1}{q}\left(\frac{1}{\alpha_{min}} - \frac{1}{\alpha_0}\right). \tag{136}$$

Die zeitliche Änderung der Wärmeübergangszahl für Tropfen vom Durchmesser 10 und 20 μ zeigt Abb. 73 [30]. Wie man sieht, nimmt

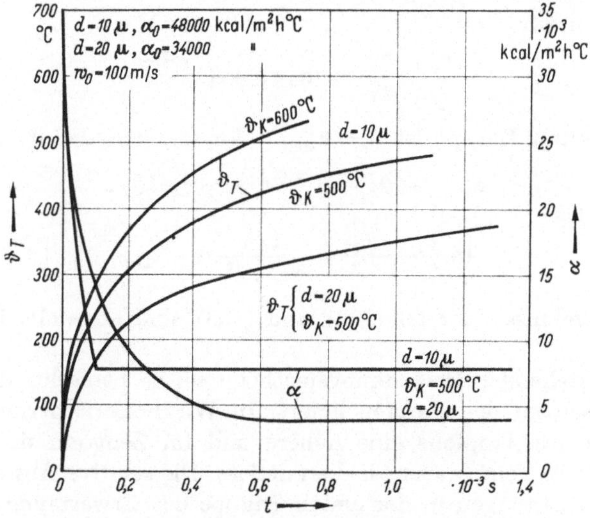

Abb. 73. Wärmeübergangszahl und Tropfentemperatur in Abhängigkeit von der Zeit für verschiedene Tropfendurchmesser und Lufttemperaturen [30].

der Wert der Wärmeübergangszahl sehr rasch ab, und nach $0{,}14 \cdot 10^{-3}$ bzw. $0{,}6 \cdot 10^{-3}$ s, setzt sich die Erwärmung mit α_{min} fort.

Im Vorgang der Erwärmung lassen sich also zwei Etappen unterscheiden:

α) Die Erwärmung der Tropfen bei veränderlicher Wärmeübergangszahl und die

β) Erwärmung mit konstanter Wärmeübergangszahl α_{min}.

Für die erste Etappe lautet die Wärmebilanz

$$\alpha\, f_T (\vartheta_k - \vartheta_T)\, dt = c_T\, g_T\, d\vartheta_T,$$

wo

f_T die Oberfläche des Tropfens,

g_T das Gewicht des Tropfens,

c_T die spezifische Wärme des Tropfens,

$\vartheta_k,\ \vartheta_T$ die Temperatur des Mediums und des Tropfens,

t die Zeit ist.

Durch Integration dieser Gleichung erhält man

$$\int\limits_0^t \frac{\alpha_0\, dt}{\alpha_0\, q\, t + 1} = c_T\, \frac{g_T}{f_T} \int\limits_{\vartheta_T'}^{\vartheta_T''} \frac{d\vartheta_T}{\vartheta_k - \vartheta_T}.$$

Unter Berücksichtigung, daß (unabhängig von der Temperatur)

$$\frac{g_T}{f_T} = \frac{\gamma_T\, d}{6} \quad \text{und} \quad \frac{\gamma_k\, \nu_k}{\lambda} = 7{,}4$$

ist, erhalten wir

$$\frac{\vartheta_k - \vartheta_T'}{\vartheta_k - \vartheta_T''} = (\alpha_0\, q\, t + 1)^{\frac{1}{21\, C_T}}. \tag{137}$$

In der zweiten Etappe ist $\alpha = \alpha_{\min} = $ konst., und damit

$$\alpha_{\min}\, f_T (\vartheta_k - \vartheta_T)\, dt = c_T\, g_T\, d\vartheta_T.$$

Hieraus folgt

$$\ln \frac{\vartheta_k - \vartheta_T''}{\vartheta_k - \vartheta_T'''} = \frac{12\,\lambda}{c_T\, \gamma_T\, d^2}\, (t - t_1). \tag{138}$$

Die Ergebnisse der Gl. (137) und (138) sind ebenfalls in Abb. 73 dargestellt.

Zu vorstehender Berechnungsmethode sei es bemerkt, daß sie die Mitteltemperatur der Tropfen liefert. In Wirklichkeit herrscht an der Oberfläche des Tropfens eine höhere und im Zentrum des Tropfens eine niedrigere Temperatur als die mittlere. Die relative Abweichung ist in beiden Richtungen in der ersten Etappe des Erwärmungsvorganges am größten (wegen des hohen Wertes von α) und verringert sich dann stufenweise. Mit Zunahme der Tropfendurchmesser steigt die Temperaturdifferenz erheblich.

Nach den Berechnungen von WIRUBOW [31] weicht die Temperatur an der Oberfläche des Tropfens, besonders bei Tropfen von kleinerem Durchmesser, nicht wesentlich von der mittleren Temperatur ab, so daß es genügt, die mittlere Temperatur zu berechnen. Das kann um so unbedenklicher geschehen, als die Berechnungen den Verdampfungsvorgang nicht berücksichtigen, der von einer Wärmeentnahme begleitet ist, und so die Temperatur der Oberfläche verringert.

§ 22. Allgemeine Gesetze der Verdampfung

Jede Flüssigkeit mit einer freien Oberfläche verdampft. Die Moleküle in der Oberflächenschicht überwinden infolge der Wärmebewegung die Kohäsionskräfte der benachbarten Moleküle, und werden — indem sie in den umgebenden Raum fliegen — zu freien Dampfmolekülen.

Aus der Flüssigkeitsoberfläche können nur die Moleküle treten, deren zur Flüssigkeitsoberfläche senkrechte Geschwindigkeitskomponente zur Überwindung der Kohäsionskräfte ausreicht.

Ist die Austrittsarbeit der Moleküle E, dann gilt für die austretenden Moleküle

$$\frac{m\,u_x^2}{2} > E,$$

wo

m die Masse der Moleküle,

u_x die zur Oberfläche senkrechte Komponente der Molekülengeschwindigkeit ist.

Der ganze Verdampfungsvorgang kann dreigeteilt werden:

α) Austritt der Moleküle aus der Flüssigkeitsoberfläche,

β) Diffusion der Moleküle in die Umgebung,

γ) Kondensation der die Flüssigkeitsoberfläche treffenden Moleküle.

Befindet sich über der Flüssigkeitsoberfläche ein Vakuum, dann wird die freie Weglänge der austretenden Moleküle praktisch nur von den Wänden des Raumes eingeschränkt. In diesem Fall findet keine Kondensation der Moleküle mehr statt, und die Geschwindigkeit der Verdampfung hat den größtmöglichen Wert.

Befindet sich über der Flüssigkeitsoberfläche ein Gas, dann prallen die austretenden Moleküle auf die Gasmoleküle, und ein Teil von ihnen gelangt auf die Flüssigkeitsoberfläche zurück. Nicht alle auf die Flüssigkeitsoberfläche treffenden Moleküle werden kondensieren, d. h., ein Molekül kann erst einige Male mit der Flüssigkeitsoberfläche zusammenstoßen, bis es von ihr absorbiert wird. Endet von einer Zahl ξ von Zusammenstößen nur einer mit der Kondensation, dann kann die Neigung der Moleküle hierzu durch den sog. Akkommodationsfaktor $a = 1/\xi$ ausgedrückt werden.

Die Akkommodationsfaktoren einiger Stoffe sind der nebenstehenden Tabelle zu entnehmen.

Der Akkommodationsfaktor variiert in weiten Grenzen; er ist besonders groß für Flüssigkeiten mit symmetrischen, nicht polaren Molekülen, und besonders klein für stark polare Moleküle.

Tabelle 1.

Stoff	a
Äthylalkohol . .	0,02
Methylalkohol .	0,04
Wasser	0,04
Chloroform . . .	0,18
Toluol	0,55
Benzol	0,9

Die Verdampfungsgeschwindigkeit kann auf Grund der kinetischen Gastheorie durch die Gleichung

$$w = \frac{N}{v-b}\left(\frac{RT}{2\pi\mu}\right)e^{\frac{l_i}{RT}}\left(1 - \frac{p}{p_s}\right) \tag{139}$$

ausgedrückt werden, wo

$N = 6{,}06 \cdot 10^{23}$ die AVOGADROsche Zahl,

v　das Molvolumen,

b　die VAN DER WAALSsche Volumenkonstante,

μ　das Molekülgewicht,

l_i　die Verdampfungswärme,

p_s　der gesättigte Dampfdruck,

p　der partielle Dampfdruck im Verdampfungsraum ist.

Zu Beginn des Verdampfungsvorganges ist der partielle Druck der Dampfphase $p = 0$, woraus folgt, daß die Verdampfung mit maximaler Geschwindigkeit beginnt. Die Verdampfungsgeschwindigkeit verringert sich mit Erhöhung von p und ist für $p = p_s$ Null.

Dann ist die Zahl der aus der Flüssigkeitsoberfläche austretenden Moleküle und die Zahl der kondensierenden Moleküle gleich; zwischen der flüssigen und der dampfförmigen Phase stellt sich ein dynamisches Gleichgewicht ein.

Die Gl. (139) kann kurz als

$$w = w_0\left(1 - \frac{p}{p_s}\right) = \frac{w_0}{p_s}(p_s - p) \tag{140}$$

geschrieben werden, und ist dann mit dem von DALTON schon im Jahre 1803 entdeckten Verdampfungsgesetz identisch, nach dem

$$w = A(p_s - p) \tag{141}$$

ist.

Ein Vergleich der Gln. (139), (140) und (141) zeigt, daß der Proportionalitätsfaktor der DALTON-Formel von dem Molekülgewicht, dem Molvolumen, der Verdampfungswärme, dem gesättigten Dampfdruck und der Temperatur des verdampfenden Stoffes abhängt.

Die Untersuchung der Verdampfungsgeschwindigkeit zeigte, daß der im Vakuum gemessene Wert immer das einige Hundertfache des in Luft gemessenen Wertes beträgt — unabhängig vom Akkommodationsfaktor. Daraus kann der wichtige Schluß gezogen werden, daß die Verdampfungsgeschwindigkeit nicht von den Verdampfungs- und Kondensationsvorgängen, sondern hauptsächlich von der Diffusion der austretenden Moleküle in die Umgebung bestimmt wird.

§ 23. Verdampfung und Diffusion

Erfolgt die Verdampfung nicht im Vakuum, dann bilden die austretenden Moleküle an der Oberfläche der Flüssigkeit eine gesättigte Dampfschicht, und diffundieren von hier in den darüberliegenden Raum.

So ist es einleuchtend, daß die Verdampfungsgeschwindigkeit mit der Diffusionsgeschwindigkeit zusammenhängt.

Schon MAXWELL und STEFAN, die die Erscheinung der Diffusion erstmals untersuchten, stellten fest, daß der Diffusionskoeffizient nicht von der Konzentration des diffundierenden Stoffes abhängt. Aus diesem Grund kann die Diffusionstheorie zur Untersuchung der Verdampfungserscheinungen verwandt werden.

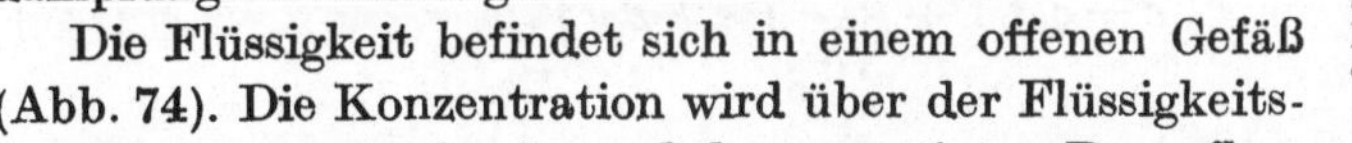

Abb. 74. Verdampfung einer Flüssigkeit im offenen Gefäß.

Die Flüssigkeit befindet sich in einem offenen Gefäß (Abb. 74). Die Konzentration wird über der Flüssigkeitsoberfläche maximal sein, und der gesättigten Dampfkonzentration entsprechen, die die Temperatur dort vorschreibt. Die durch einen beliebigen Querschnitt CD diffundierende Stoffmenge ist

$$dM = -DF\frac{dc}{dx}dt, \qquad (142)$$

wobei

D der Diffusionskoeffizient,
F der Querschnitt des Gefäßes,
dc/dx der Gradient der Dampfkonzentration in der Richtung der Diffusion ist.

Die mittlere Geschwindigkeit der Diffusion wird durch die während 1 s und durch 1 cm² Querschnitt tretende Stoffmenge bestimmt, d. h.

$$w_{Dm} = \frac{M}{Ft} = \frac{M_1}{t}, \qquad (143)$$

wo $M_1 = M/F$ die durch die Oberflächeneinheit tretende Stoffmenge ist.

Die wirkliche, momentane Geschwindigkeit der Diffusion erfaßt der Differentialquotient dM_1/dt:

$$w_D = \frac{dM_1}{dt} = -D\frac{dc}{dx} = -D\,\mathrm{grad}\,c. \qquad (144)$$

Das negative Vorzeichen bedeutet, daß die Diffusion in Richtung abnehmender Konzentrationen fortschreitet.

Die Differentialgleichungen der Diffusionserscheinung lauten für eindimensionale Diffusion

$$\frac{\partial c}{\partial t} = D\frac{\partial^2 c}{\partial x^2} \qquad (145)$$

und

$$\frac{\partial p}{\partial t} = D \frac{\partial^2 p}{\partial x^2}.$$

(146)

Demnach ist die erste partielle Ableitung nach der einen Veränderlichen (t) der zweiten partiellen Ableitung nach der zweiten Veränderlichen (x) proportional.

Diese Bedingung erfüllen eine ganze Reihe von Funktionen, so daß wir eine konkrete Lösung nur unter Berücksichtigung der gegebenen Grenzbedingungen erhalten. In unserem Fall lauten sie folgendermaßen: zur Zeit $t = 0$ ist $c = 0$ für beliebiges x. Auf der Flüssigkeitsoberfläche, d. h. für $x = 0$, ist die Konzentration ständig $c = c_s$.

Hiermit lautet die Lösung

$$c = c_s \left(1 + \frac{1}{\sqrt{\pi}} \int_0^{\frac{x}{2\sqrt{Dt}}} e^{-y^2}\, dy \right).$$

(147)

Das auftretende Integral ist als Fehlerintegral bekannt und kann durch eine Rechenentwicklung berechnet oder Tabellen entnommen

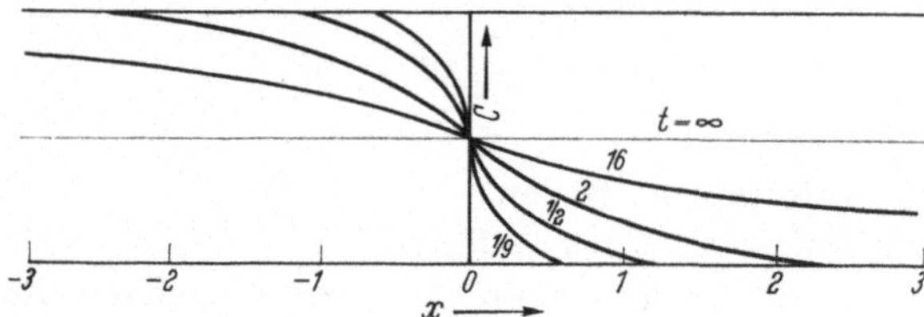

Abb. 75. Räumliche und zeitliche Diffusionsausbreitung.

werden. Es kann auch der zeitliche und räumliche Verlauf der Diffusion in Form einer Kurvenschar (Abb. 75) angegeben werden.

Es ist nachweisbar, daß bei konstanter Konzentration ($c = $ konst.) $\frac{x}{2\sqrt{Dt}} = $ konst. ist, woraus folgt, daß

$$x_1^2 : x_2^2 = t_1 : t_2,$$

d. h., die zeitliche Änderung der Konzentration erfolgt schneller, als die räumliche ($x^2/t = $ konst.).

§ 24. Verdampfungsprozeß der Tropfen

Der Verdampfungsprozeß der Tropfen unterscheidet sich wesentlich von dem an ebenen Oberflächen. Es ist schon lange Zeit bekannt, daß die Verdampfung um so schneller erfolgt, je kleiner der Tropfendurchmesser ist. Deshalb wird auch der Brennstoff in Verbrennungskraftmaschinen in eine große Anzahl von Tropfen zerstäubt.

Zur Ableitung der Verdampfungsgesetze der Tropfen machen wir einige vereinfachende Annahmen:

α) die Tropfen sind kugelförmig,

β) die Tropfen ruhen im Verhältnis zu der umgebenden Luft,

γ) der Raum, in dem die Verdampfung erfolgt, ist unendlich,

δ) der Verdampfungsprozeß ist stationär,

ε) an der Oberfläche der Tropfen ist der Dampf gesättigt.

Die Differentialgleichung der Diffusion lautet in Polarkoordinaten

$$\frac{\partial c}{\partial t} = D \frac{\partial^2 (c\,r)}{\partial r^2}, \tag{148}$$

wo r die Entfernung vom Mittelpunkt des Tropfens ist.

Da der Verdampfungsprozeß im Zeitintervall dt stationär verlaufen soll (die Änderung des Tropfenradius wird vernachlässigt), ist

$$\frac{\partial c}{\partial t} = 0,$$

und Gl. (148) liefert

$$\frac{\partial^2 (c\,r)}{\partial r^2} = 0. \tag{149}$$

Durch Integration ergibt sich

$$c = \frac{A}{r} + B, \tag{150}$$

mit den Integrationskonstanten A und B, die aus den Anfangsbedingungen bestimmt werden können. Aus $c(r = \infty) = c_\infty$ erhält man

$$B = c_\infty,$$

und die Bedingung $c(r = r_0) = c_s$ liefert

$$A = r_0(c_s - c_\infty),$$

wo

c_s die Konzentration des gesättigten Dampfes und
r_0 der Tropfenradius ist.

Aus Gl. (150) erhalten wir durch Differentiation

$$\frac{\partial c}{\partial r} = - \frac{A}{r^2}, \tag{151}$$

d. h., der Konzentrationsgradient ist dem Quadrat der vom Mittelpunkt des Tropfens gemessenen Entfernung umgekehrt proportional.

In der Zeiteinheit verdampft an der Oberfläche des Tropfens die Flüssigkeit

$$G_0 = - 4 r^2 \pi D \frac{\partial c}{\partial r}.$$

Wegen

$$-r^2 \frac{\partial c}{\partial r} = A = r_0(c_s - c_\infty),$$

ist

$$G_0 = 4 r_0 \pi D (c_s - c_\infty),\qquad(152)$$

oder, durch partielle Drücke ausgedrückt,

$$G_0 = 4 r_0 \pi D \frac{p_s - p_\infty}{R T}.\qquad(153)$$

Wenn die Konzentration im Unendlichen Null beträgt, d. h. wenn $c_\infty = 0$ ist, vereinfachen sich die Gleichungen zu

$$G_0 = 4 r_0 \pi D c_s\qquad(154)$$

bzw.

$$G_0 = 4 r_0 \pi D \frac{p_s}{R T}.\qquad(155)$$

Sie zeigen, daß die in der Zeiteinheit verdampfte Flüssigkeit nicht der Oberfläche, sondern dem Radius der Tropfen direkt proportional ist.

Aus den Gln. (154) und (155) folgt, daß

$$\frac{dF}{dt} = \text{konst.},$$

d. h., die Oberfläche der verdampfenden Tropfen nimmt linear mit der Zeit ab. Das bestätigen auch Experimente an Tropfen mit nicht allzu kleinem Durchmesser.

So konnte beispielsweise für Wasser $dF/dt = \text{konst.}$ bis zu $r_0 = 5 \cdot 10^{-4}$ mm beobachtet werden. Für kleinere Tropfen verläuft dF/dt unterproportional.

Während des Verdampfungsprozesses der Tropfen verringert sich deren Temperatur, was man bei der Berechnung der Verdampfungsgeschwindigkeit berücksichtigen muß. Die Temperatur der Tropfen hängt von der zur Verdampfung benötigten Wärme sowie von der von der Umgebung aufgenommenen Wärme ab.

Von der Umgebung durch Wärmeleitung aufgenommene Wärme beträgt, ähnlich dem Diffusionsausdruck,

$$U = 4 \pi r_0 \lambda (T_\infty - T_0),\qquad(156)$$

wo

λ　die Wärmeleitfähigkeit,

T_0　die Temperatur des Tropfens,

T_∞　die Temperatur der Umgebung ist.

Die Verdampfungswärme ist

$$U' = G_0 l_i = 4 r_0 \pi l_i D c_s.\qquad(157)$$

Für eine stationäre Verdampfung ist $U = U'$, d. h.

$$4 \pi r_0 \lambda (T_\infty - T_0) = 4 \pi r_0 l_i D c_s,$$

und daraus folgt

$$T_\infty - T_0 = \frac{l_i D c_s}{\lambda} = \frac{l_i D p_s}{\lambda R T_0}.$$ (158)

Ist der Druck des gesättigten Dampfes als Funktion der Temperatur $p_s = f(T_0)$ bekannt, dann können T_0 und p_s eindeutig bestimmt werden.

Aus den Gln. (154) (158) erhält man die Geschwindigkeit der Verdampfung:

$$w = \frac{\lambda}{l_i r_0}(T_\infty - T_0).$$ (159)

Demnach ist die Verdampfungsgeschwindigkeit der psychrometrischen Differenz $(T_\infty - T_0)$ proportional. Die Linearität dieses Zusammenhanges wurde von LEONOV [33] auch experimentell nachgewiesen.

Die in der Zeiteinheit verdampfte Flüssigkeit mit Berücksichtigung der Temperaturverringerung ist

$$G = G_0\left(1 - \frac{l_i^2 D p_s}{\lambda R T_0}\right).$$ (160)

Wir sehen, daß die Verdampfungsgeschwindigkeit kleiner ist, als ohne Berücksichtigung der Temperaturabnahme.

§ 25. Verdampfung in einer Luftströmung

Im vorhergehenden wurden die Verdampfungsprozesse einer ruhenden Flüssigkeit in einem stationären Medium untersucht. Sie wird als statischer Verdampfungsprozeß bezeichnet.

In der Praxis bewegen sich im allgemeinen der verdampfende Stoff und die Flüssigkeit gegeneinander, so daß ein dynamischer Verdampfungsprozeß vorliegt. Dann wird die Verdampfungsgeschwindigkeit nicht mehr von der molekularen Verdampfungsgeschwindigkeit, sondern von den konvektiven Strömen und der turbulenten Pulsation bestimmt.

Je rascher der Oberfläche der Tropfen die gesättigte Dampfschicht entzogen wird, um so schneller erfolgt die Verdampfung.

Der Verdampfungsprozeß im Luftstrom ist ein sehr verwickeltes Problem, deshalb macht seine Berechnung auf rein theoretischem Wege sehr große Schwierigkeiten. Die weitere Abrundung der Theorie ist als Nebenprodukt der allgemeinen Entwicklung der Theorie der Hydrodynamik und Wärmeübertragung zu erwarten.

Ähnlich wie bei der Lösung der Wärmeübergangsprobleme können die Ähnlichkeitsgesetze auch für Verdampfungsvorgänge mit Erfolg angewandt werden.

So besteht ganz allgemein zwischen den einzelnen dimensionslosen Zahlen der funktionelle Zusammenhang

$$Nu' = f(Re, Gr', Pr'),$$

wo

Nu' die NUSSELTsche Zahl für die Verdampfung,
Re die REYNOLDS-Zahl,
Gr' die GRASHOF-Zahl für Verdampfung,
Pr' die PRANDTL-Zahl für Verdampfung ist.

Wenn ein turbulenter Strom eine Zwangskonvektion aufrechthält, kann die freie Konvektion — infolge der Verdampfung — vernachlässigt werden, und in der letzten Gleichung entfällt die GRASHOF-Zahl:

$$Nu' = f(Re, Pr').$$

Diese Gleichung wird im allgemeinen in der Form

$$Nu' = K(Re)^n (Pr')^m \tag{161}$$

geschrieben. Für Verdampfungsprozesse liegt die PRANDTL-Zahl nahe bei 1, während ihr Exponent zwischen 0,3 und 0,44 variiert. So kann mit guter Näherung gesagt werden, daß

$$Nu' = K_1(Re)^n = k\,Nu \tag{162}$$

ist, wo

K bzw. K_1 Konstanten sind.

Die Verdampfung einer Flüssigkeit mit ebener Oberfläche kann folgendermaßen berechnet werden:

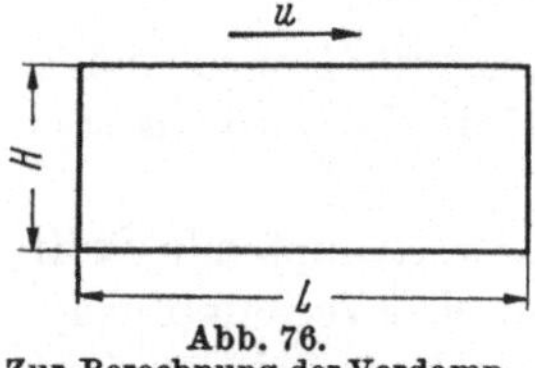

Abb. 76.
Zur Berechnung der Verdampfungsgeschwindigkeit an einer längs angeströmten Platte.

Betrachten wir die Flüssigkeitsoberfläche $F = L\,H$ (Abb. 76), über die Luft mit der Geschwindigkeit u in Richtung der Länge L streicht. Die Verdampfungsgeschwindigkeit gehorcht dann dem Gesetz

$$w = \frac{dM}{dt}\,\frac{1}{F} = \beta\,\mathrm{grad}\,c.$$

Wie zuvor schon gezeigt wurde, kann die Verdampfungszahl β durch die NUSSELTsche Zahl ausgedrückt werden:

$$Nu' = \frac{\beta L}{D}; \qquad \beta = \frac{D}{L}\,Nu';$$

damit ergibt sich

$$\frac{dM}{dt} = Nu'\,DH\,\mathrm{grad}\,c. \tag{163}$$

Nach Gl. (161) kann die NUSSELTsche Zahl durch die REYNOLDSsche und PRANDTLsche Zahl ausgedrückt werden. Der Exponent der Pr-Zahl ist etwa $m = 1/3$, während der Exponent der Re-Zahl sich — abhängig von der Re-Zahl — zwischen $n = 0{,}6$ und 0,78 ändert.

Demzufolge nimmt die Gl. (163) die Gestalt

$$\frac{dM}{dt} = K\,\frac{\mu\,DH}{R\,T}\,Pr^{0,33}\,Re^n\,(p_s - p) \tag{164}$$

an, wo

μ das Molekülgewicht der verdampfenden Flüssigkeit,

T die Temperatur der Grenzschicht ist.

Als Temperatur der Grenzschicht kann annähernd die Hälfte der Summe der Flüssigkeitstemperatur und der Lufttemperatur angenommen werden.

Führen wir die Abkürzung

$$A = \frac{dM}{dt}\,\frac{R\,T}{\mu\,D\,H\,Pr^{0,33}\,(p_s - p)} \tag{165}$$

ein, dann hat die Gl. (164) die Form

$$A = K\,Re^n \tag{166}$$

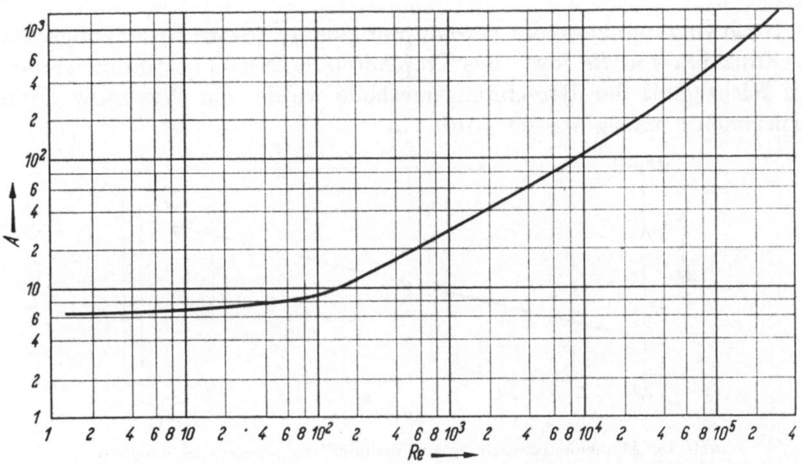

Abb. 77. Graphische Darstellung des Zusammenhanges $A = f(Re)$.

die graphisch in Abb. 77 dargestellt ist. Entnehmen wir für eine vorgegebene Re-Zahl den Wert von A der Abbildung, so kann die Verdampfungszeit einer gegebenen Flüssigkeitsschicht der Dicke h folgendermaßen berechnet werden:

Aus Gl. (165) folgt

$$\frac{dM}{dt} = A\,\frac{\mu\,D\,H\,Pr^{0,33}\,(p_s - p)}{R\,T}.$$

Da

$$\frac{dM}{dt} = F\,\gamma_b\,\frac{dh}{dt},$$

ist

$$\frac{dh}{dt} = A\,\frac{\mu\,D\,Pr^{0,33}\,(p_s - p)}{L\,\gamma_b\,R\,T}.$$

Bleiben während der Verdampfung T, D und p_s konstant, dann ist die Verdampfungszeit

$$t = \frac{h\,L\,\gamma_b\,R\,T}{A\,\mu\,D\,Pr^{0,33}\,(p_s - p)}.$$ (167)

Für kugelförmige Tropfen erhält man aus Gl. (131) die Beziehung

$$Nu = 0{,}54\,Re^{0,5},$$

und mit $k = 0{,}96$ ergibt sich

$$Nu' = 0{,}52\,Re^{0,5},$$ (168)

wo

$$Nu' = \frac{\beta\,d}{D}$$

ist.

Nach Gl. (168) kann die Verdampfungszahl β (Stoffübertragungszahl) als Funktion von Re sowie des Tropfendurchmessers bestimmt werden. Die Richtigkeit der Berechnungsmethode wurde von WIRUBOW durch Experimente nachgewiesen (Abb. 78).

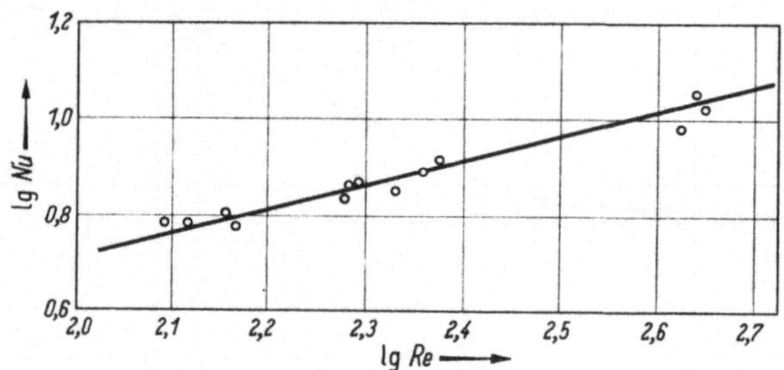

Abb. 78. Ähnlichkeitsbeziehung für Verdampfungsprozesse an Tropfen.

§ 26. Isothermer Verdampfungsprozeß von Tropfen

Aus dem Vorhergehenden war ersichtlich, daß sich wegen der hohen Wärmeübergangszahl die Oberfläche der Tropfen außerordentlich rasch erwärmt. Der Verdampfungsprozeß beansprucht viel längere Zeit und verläuft in einem verhältnismäßig engen Temperaturintervall (Abb. 73).

Deshalb wurde von WIRUBOW angenommen, daß sich die Oberfläche der Tropfen augenblicklich auf die Gleichgewichtstemperatur erwärmt, und der Verdampfungsprozeß selbst isothermisch verläuft. Aus Abb. 73 ist auch ersichtlich, daß sich der Verdampfungsprozeß im wesentlichen bei konstantem α_{min} ($Nu = 2$) abspielt, d. h. durch konvektiven Wärmeaustausch und molekulare Diffusion. Diese Annahmen gelten für Tropfen mit kleinem Durchmesser ($d < 20\,\mu$), für größere Tropfen stellen sie eine erste Näherung dar.

Wird nun für die Tropfen die Wärmebilanz aufgestellt, dann ist die von den Tropfen aufgenommene Wärmemenge

$$Q_1 = \alpha \, 4 r_0^2 \pi (\vartheta_k - \vartheta_T),\tag{169}$$

wo ϑ_k, ϑ_T die Temperatur der Luft und des Tropfens ist.

Die zur Verdampfung aufgebrachte Wärmemenge ist

$$Q_2 = \beta \, 4 r_0^2 \pi (p_s - p_0) \, l_i,\tag{170}$$

wo

β die Verdampfungszahl,

$p_s - p_0$ die partielle Druckdifferenz zwischen der Tropfenoberfläche und der Umgebung,

l_i die Verdampfungswärme

ist. Sie beträgt

$$l_i = i_s + i_t - i_0,$$

wo

i_s der Wärmegehalt des gesättigten Dampfes bei der Verdampfungs-
temperatur ist, die für Gasöl ($\gamma_b = 0{,}85$): $i_s = 60 + 0{,}56 \, \vartheta_T$,
für Schweröl ($\gamma_b = 0{,}90$): $i_s = 50 + 0{,}61 \, \vartheta_T$ beträgt,

i_t die Hälfte der zur Überhitzung des Dampfes verbrauchten Wärme

$$i_t = c_t \frac{\vartheta_k - \vartheta_T}{2},$$

und

i_0 der Wärmegehalt des flüssigen Brennstoffes bei der Einspritz-
temperatur ist, d. h.

$$i_0 = c_0 \, \vartheta_0.$$

Die spezifischen Wärmen können als konstant betrachtet werden; sie haben die Werte $c_t = 0{,}6$ und $c_0 = 0{,}5$ kcal/kg °C.

Durch Vergleich der Gln. (169) und (170) erhalten wir

$$\alpha (\vartheta_k - \vartheta_T) = \beta (p_s - p_0) \, l_i$$

oder, unter Berücksichtigung, daß im vorliegenden Fall

$$Nu = \frac{\alpha \, d}{\lambda} = 2; \qquad Nu' = \frac{\beta \, d}{D_p} = 2$$

ist, nimmt unsere Gleichung die Form

$$\lambda (\vartheta_k - \vartheta_T) = D_p \, p_s \, l_i\tag{171}$$

an, vorausgesetzt, daß $p_0 = 0$ ist.

Der hier auftretende Diffusionskoeffizient D_p ist auf den Partial-
druck bezogen; er steht mit dem auf die Konzentration bezogenen Diffusionskoeffizienten in der Beziehung

$$D_c = D_p \, R \, T_k.$$

Der Diffusionskoeffizient ändert sich mit dem Druck und der Temperatur nach den Gesetzen

$$D_c = D_{c0} \left(\frac{T_k}{273}\right)^2 \frac{p_0}{p_k} \tag{172}$$

bzw.

$$D_p = D_{p0} \left(\frac{T_k}{273}\right) \frac{p_0}{p_k}. \tag{173}$$

Der Druck des gesättigten Dampfes lautet als Funktion der Temperatur

$$p_s = A\, e^{-\frac{B}{T_k}}, \tag{174}$$

womit der Diffusionskoeffizient bei gegebenen Werten der Temperatur und des Druckes über die Gln. (172) und (173) bestimmt werden kann.

Wenn wir die letzten Ausdrücke in Gl. (171) einsetzen, können wir die Gleichgewichtstemperatur der Verdampfung bestimmen:

$$\lambda(\vartheta_k - \vartheta_T) = D_{p0} \frac{T_k}{273\,p_k}\, l_i\, A\, e^{-\frac{B}{T_k}}. \tag{175}$$

Die in dieser Gleichung vorkommenden Konstanten sind in der folgenden Tabelle aufgeführt.

Tabelle 2

	Gasöl	Schweröl
Spezifisches Gewicht [kp/m³]	850	900
Diffusionskoeffizient D_{p0} [m/h] . . .	$0{,}121 \cdot 10^{-4}$	$0{,}140 \cdot 10^{-4}$
Konstante A [kp/m²]	$6{,}0 \quad \cdot 10^7$	$2{,}76 \cdot 10^7$
Konstante B [°K].	$4{,}15 \cdot 10^3$	$3{,}97 \cdot 10^3$

Das Gewicht des in der Zeit dt verdampften Brennstoffes beträgt

$$dG = \beta\, f_T\, p_s\, dt, \tag{176}$$

wo f_T die Tropfenoberfläche ist.

Für molekulare Diffusion ist $Nu' = 2$, infolgedessen ist

$$\beta = \frac{2\,D_p}{d},$$

und damit ist nach Gl. (176) die Verdampfungsgeschwindigkeit wegen der Verringerung des Tropfendurchmessers

$$\frac{d}{dt}(d^3) = \frac{12\,D_p\,p_s}{\gamma_b}\, d = K'\, d. \tag{177}$$

Für isotherme Verdampfung ist $K' = \text{konst.}$, und die Gleichung kann integriert werden; dies liefert

$$d^2 = d_0^2 - K\, t, \tag{178}$$

wo

$$K = \frac{8 D_p p_s}{\gamma_b},$$

d_0 der anfängliche Durchmesser des Tropfens ist.

Aus der Gl. (178) kann die Abnahme der Tropfendurchmesser in Abhängigkeit von der Zeit bestimmt werden. Nach totaler Verdampfung der Tropfen ist $d = 0$, und damit wird die Verdampfungszeit

$$t_0 = \frac{d_0^2}{K}. \tag{179}$$

Die partielle Verdampfungszeit der Tropfen als Funktion des relativen Volumens der Tropfen beträgt

$$t = t_0[1 - (1 - V)^{2/3}], \tag{180}$$

wo V das verdampfte Volumen, ausgedrückt in Bruchteilen des Anfangsvolumens, ist.

Die Ergebnisse dieser Berechnung — bei Tropfen mit 10 bis 20 μ Durchmesser — sind für Gasöle und Schweröle in Abb. 79 dargestellt. Tab. 3 bringt zudem einige dieser Werte.

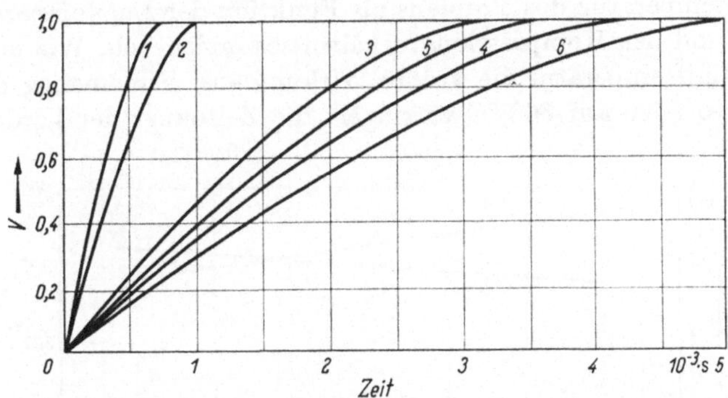

Abb. 79. Verdampfung von Tropfen mit verschiedenen Durchmessern und bei unterschiedlicher Lufttemperatur in Abhängigkeit von der Zeit.

Tabelle 3

Nr.	Brennstoffe	Luft-temperatur °C	Gleichgewicht-temperatur °C	Tropfen Durchm. μ	Luftdruck at
1	Gasöl	600	322	10	30
2	Gasöl	500	301	10	30
3	Gasöl	600	322	20	30
4	Gasöl	500	301	20	30
5	Schweröl	600	340	20	30
6	Schweröl	500	316	20	30

Die Ergebnisse stimmen größenordnungsmäßig mit den früher von WENTZEL und WIRUBOW angestellten Berechnungen [29, 30] überein,

jedoch sind unsere Kurven keine Geraden. Im Hinblick auf den Arbeits-
aufwand ist die neuere Berechnungsmethode von WIRUBOW unvergleich-
bar einfacher als die früheren, und stimmt nach experimentellen Ergebnissen auch besser mit der Wirklichkeit überein. Die Auswirkung der
einzelnen Faktoren, wie des Tropfendurchmessers, der Eigenschaften
des Brennstoffes und der
Lufttemperatur auf die
Gemischbildung überblickt
man nach einfachen Rech-
nungen.

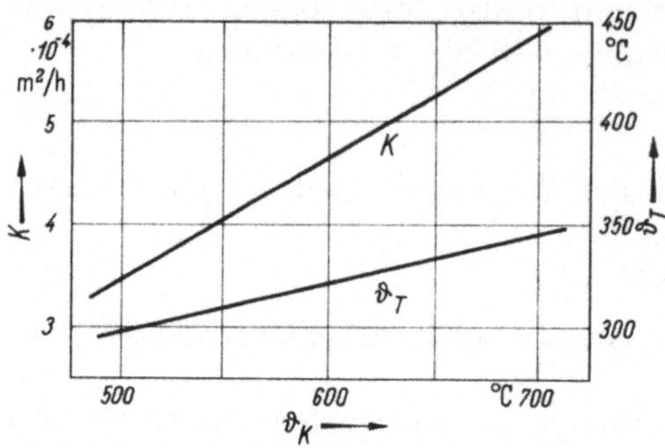

Abb. 80. Tropfentemperatur und Verdampfungsgeschwindigkeit in Abhängigkeit von der Lufttemperatur.

Gl. (178) zeigt, daß der
Faktor K die Abnahme
der Tropfenoberfläche und
damit auch die Verdamp-
fungsgeschwindigkeit cha-
rakterisiert. Aus Abb. 80,
81 und 82 ist der Gang des
Faktors K sowie der Gleich-
gewichtstemperatur des Tropfens als Funktion der Lufttemperatur, des
Druckes und des Kompressionsverhältnisses ersichtlich. Wie man sieht,
übt die Lufttemperatur die größte Wirkung aus. Ein Anstieg der Temperatur von 500 auf 600 °C verringert die Zeitdauer der Verdampfung

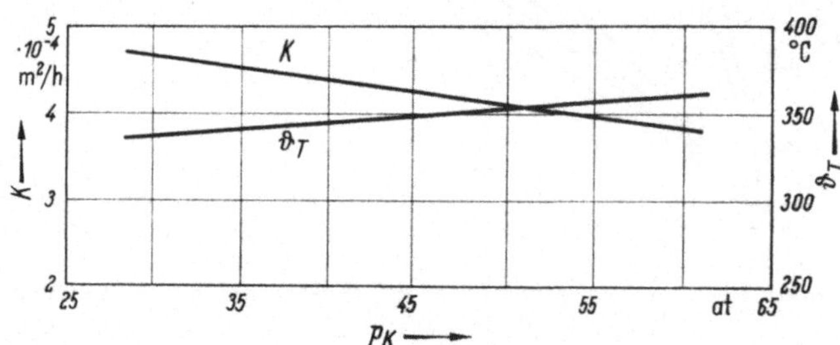

Abb. 81. Tropfentemperatur und Verdampfungsgeschwindigkeit in Abhängigkeit vom Druck.

um etwa 35%. Die Erhöhung des Druckes bei annähernd gleicher Temperatur verringert die Verdampfungsgeschwindigkeit, wogegen die Ver-
dampfungstemperatur etwas steigt (Abb. 81). Mit der Zunahme des
Kompressionsverhältnisses nimmt die Verdampfungsgeschwindigkeit zu,
die Dauer des Verdampfungsprozesses hingegen ab. Abb. 82 zeigt die
Verdampfungszeit von Tropfen mit einem Durchmesser von 20 μ als
Funktion des Kompressionsverhältnisses. Die Verringerung des Kompressionsverhältnisses von $\varepsilon = 16$ auf $\varepsilon = 10$ führt zur Zunahme der
Verdampfungszeit um etwa 33%.

Diese Methode eignet sich zur Berechnung der Verdampfungsverhältnisse des ganzen Brennstoffstrahles. Bekanntlich besteht der eingespritzte Brennstoffstrahl aus einer sehr großen Anzahl von Tropfen verschiedenen Durchmessers, deren Verteilung dem Gesetz

$$V = e^{-\xi^n} \qquad (181)$$

gehorcht, wo

$\xi = x/x_0$ der relative Durchmesser der Tropfen,

V das Gesamtvolumen des Teils der Tropfen, deren Durchmesser größer als x ist,

x_0 die „charakteristische Größe" (der Tropfendurchmesser, bei dem $V = 1/e = 0,368$ ist),

n die Verteilungskennziffer ist, die die Homogenität der Zerstäubung charakterisiert. Ihr Wert bewegt sich zwischen 2 und 4.

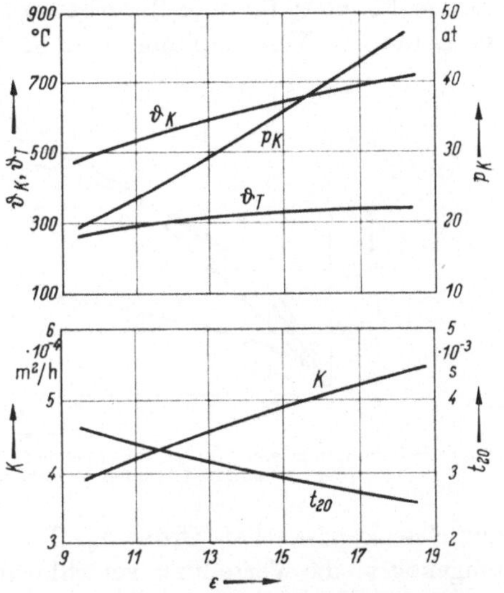

Abb. 82. Lufttemperatur, Druck, Tropfentemperatur und Verdampfungsgeschwindigkeit in Abhängigkeit vom Kompressionsverhältnis.

Die Zahl der Tropfen vom Durchmesser x im Brennstoffstrahl erhalten wir, wenn wir die differenzierte Gl. (181) durch das Volumen dieser Tropfen gleichen Durchmessers dividieren,

$$dN_x = -n \frac{6}{\pi} \frac{x^{n-4}}{x_0^n} e^{-\left(\frac{x}{x_0}\right)^n} dx. \qquad (182)$$

Der Durchmesser dieser Tropfen beträgt nach Ablauf der Zeit t infolge der Verdampfung nur noch

$$x_t = \sqrt{x^2 - Kt},$$

während das Volumen der Tropfen dann

$$V_t = \frac{\pi}{6} (x^2 - Kt)^{3/2} \qquad (183)$$

ist. Außerdem verdampfen die Tropfen, deren Durchmesser kleiner als $\sqrt{Kt}$ war, vollkommen. Die zur Zeit t noch nicht verdampfte Brennstoffmenge ist das Integral des Produktes der Gln. (182) und (183)

$$V_r = \int_{\sqrt{Kt}}^{\infty} -n \frac{x^{n-4}}{x_0^n} (x^2 - Kt)^{3/2} e^{-\left(\frac{x}{x_0}\right)^n} dx. \qquad (184)$$

Zur Integration muß noch die zeitliche Änderung der Faktoren x_0 und n bekannt sein, denn mit fortschreitender Verdampfung ist eine

Änderung der Verteilung infolge der Verdampfung der einzelnen Durchmessergruppen zu erwarten. Spezielle Untersuchungen erwiesen [31], daß x_0 und n für die am häufigsten vorkommenden Werte $n = 3$ bis 4, während der ganzen Zeit der Verdampfung als konstant betrachtet werden können; für $n = 2$ verbessert sich die Verteilung der Tropfen im Laufe der Verdampfung (n nimmt zu) bei gleichzeitiger Zunahme

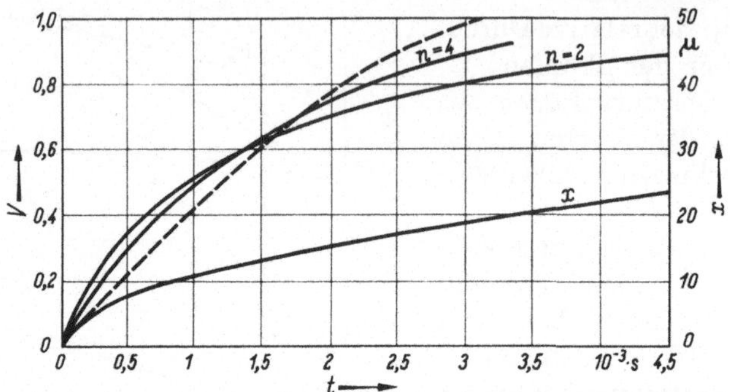

Abb. 83. Verdampfung von Tropfen verschiedener Gleichmäßigkeit; Durchmesser der vollständig verdampften Tropfen in Abhängigkeit von der Zeit [24].

der charakteristischen Größe x_0. Für anfänglich große Werte n ist es umgekehrt: die Verteilung verschlechtert sich etwas, hingegen nimmt die charakteristische Größe x_0 etwas ab.

Die Ergebnisse der Rechnung nach Gl. (184) für Gasöl sind für verschiedene Verteilungen in Abb. 83 zu sehen [31]. Die Berechnungen gelten für $\vartheta_k = 600\ °C$, $\vartheta_T = 332\ °C$, $p_k = 30$ at und einen Mediandurchmesser $20\ \mu$[1]. Die gestrichelte Kurve zeigt die Verdampfungsverhältnisse bei einem mittleren Mediandurchmesser, d. h. ohne Berücksichtigung der Verteilung. Es ist der Abbildung zu entnehmen, daß die Verdampfung des Strahles aus Tropfen von verschiedenem Durchmesser in der ersten Periode der Verdampfung schneller erfolgt, als aus Tropfen von ähnlichem Durchmesser. Gleichzeitig verlangsamt sich die Verdampfung des Strahles später stark. Diese Erscheinungen kommen um so stärker zum Ausdruck, je kleiner der Exponent n ist, d. h. je schlechter die Verteilung ist. Deshalb bietet die mit dem mittleren Durchmesser durchgeführte Berechnung nur dann annehmbare Resultate, wenn die Zerstäubung sehr homogen ist ($n = 8 - 10$). Abb. 83 ist auch der Anfangsdurchmesser der vollständig verdampften Tropfen als Funktion der Zeit zu entnehmen.

Bei diesen Berechnungen wurde die Wirkung der Zwangskonvektion außer acht gelassen. FRÖSSLINGS [32] Experimente wiesen nach, daß die

---

[1] Der Mediandurchmesser steht mit der charakteristischen Größe x_0 im folgenden Zusammenhang: $x_M = x_0 \sqrt[n]{\ln 2}$.

Verdampfungskonstante mit Berücksichtigung der Zwangskonvektion folgendermaßen geschrieben werden kann:

$$K' = K(1 + 0,276\,Sc^{1/3}\,Re^{1/2}), \qquad (185)$$

wo

$Sc = \mu/\varrho\,D$ die SCHMIDT-Zahl ist.

Für die untersuchten Gasöle, deren physikalisch-chemische Eigenschaften in der Tab. 4 enthalten sind, wurde die Verdampfungszeit mit und ohne Berücksichtigung der Zwangskonvektion als Funktion des Tropfendurchmessers (Abb. 84) vom Verfasser bestimmt. In einem logarithmischen Koordinatensystem erhalten wir Geraden.

Die Verdampfungsfähigkeit der einzelnen Gasöle unterscheidet sich erheblich. So sind die Verdampfungskonstanten der oben angegebenen drei Gasöle als Funktion des Kompressionsverhältnisses in Abb. 85 dargestellt. Bei Veränderung des Einspritzwinkels ändert sich auch das effektive Kompressionsverhältnis während der Verdampfungszeit, deshalb ist auf der Abszisse der dem jeweiligen Kompressionsverhältnis entsprechende Einspritzwinkel aufgetragen — bezogen auf das Kompressionsverhältnis $\varepsilon = 19,5$.

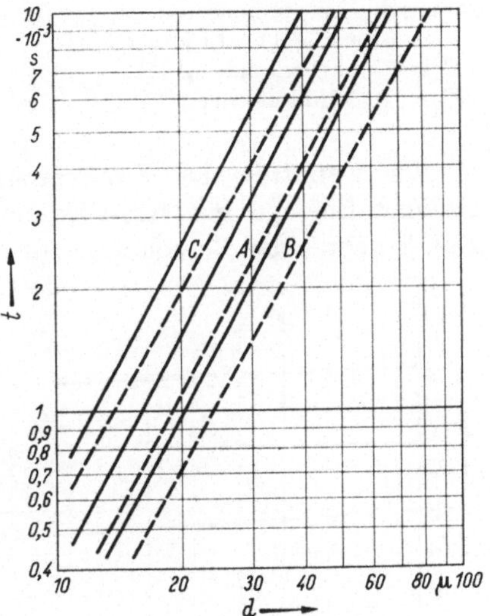

Abb. 84. „Lebensdauer" der Tropfen verschiedener Gasölsorten.

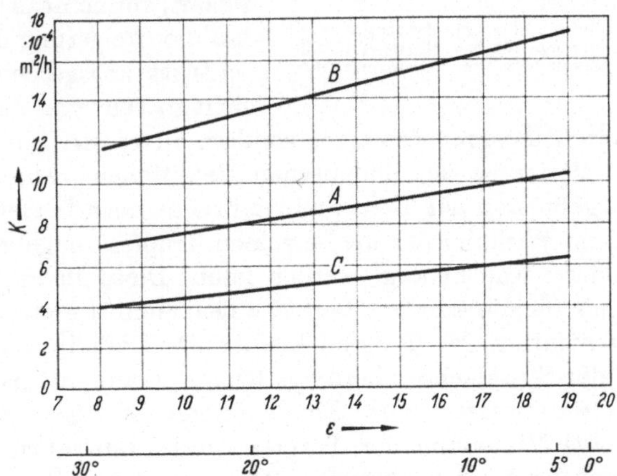

Abb. 85. Verdampfungsgeschwindigkeit verschiedener Gasölsorten als Funktion des Kompressionsverhältnisses.

8

Tabelle 4

	Gasöl-Sorten		
	A	*B*	*C*
Spez. Gewicht bei 15 °C	0,872	0,817	0,852
Flammpunkt [°C]	86	48	123
Mittlerer Siedepunkt [°C]	283,4	243,6	319,1
Cetanzahl	44	52	60
Viskosität [cSt]	5,75	3,87	5,6
Chemische Zusammensetzung:			
C in aromatischer Bindung [%]	16,6	16,4	13,3
C in Naphthenbindung [%]	42,0	18,4	14,0
C in Paraffinbindung [%]	41,4	55,2	72,7

Bei Kenntnis des Zündverzuges kann die indessen verdampfte Brennstoffmenge für verschiedene Einspritzwinkel berechnet werden. Das Ergebnis der Berechnung für die oben angegebenen Brennstoffe A, B und C ist in Abb. 86 dargestellt. Wie man sieht, wächst der während des Zündverzuges verdampfte Teil des Brennstoffes mit zunehmendem Einspritzwinkel nur sehr wenig.

Es ist durchaus bekannt, daß bei Steigerung des Einspritzwinkels auch die Geschwindigkeit der Wärmeentwicklung (die Drucksteigerungsgeschwindigkeit) zunimmt. Abb. 86 zeigt, daß die Steigerung der Wärmeentwicklungsgeschwindigkeit nicht so sehr von der Zunahme

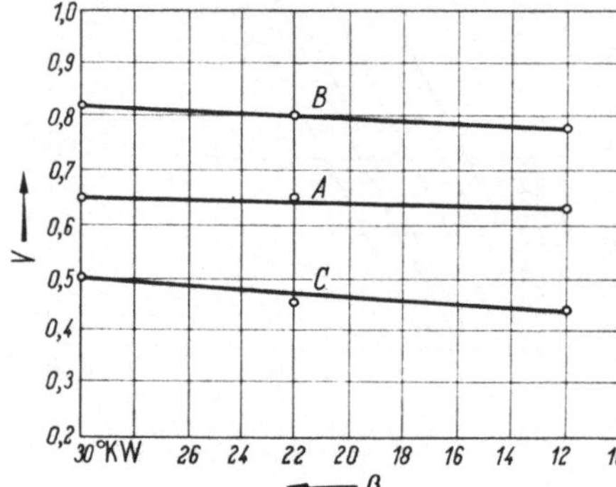

Abb. 86. Die während des Zündverzuges verdampfte Kraftstoffmenge für verschiedene Gasölsorten in Abhängigkeit von der Voreinspritzung.

der verdampften Brennstoffmenge, sondern in erster Linie von der Eigenart des Verlaufes der chemischen Reaktionen verursacht wird.

Zu den Ergebnissen der Berechnungen sei es noch bemerkt, daß sie gelten, wenn die Wirkung der die einzelnen Tropfen umgebenden Konzentrationsfelder vernachlässigt werden kann. Diese Bedingung ist im allgemeinen nur für die äußeren Bereiche des Brennstoffstrahles erfüllt, wo die Konzentration der Tropfen kleiner ist. Deshalb wird die Verdampfung in der Strahlachse allerdings länger dauern, als nach unseren Berechnungen zu erwarten wäre. Eine geordnete Luftbewegung fördert die gleichmäßige Verteilung der Tropfen, und damit auch den rechtzeitigen Verlauf der Verdampfung. Die Steigerung des Einspritzdruckes verbessert in bestimmten Grenzen sowohl die Feinheit der Tropfen als auch ihre Verteilung in bezug auf den Durchmesser und innerhalb des Strahles.

Man muß vor allem eine gute Verteilung innerhalb des Strahles anstreben. Die Frage der Verteilung nach dem Durchmesser hat zwei Seiten. Ein sehr homogener Strahl besteht aus flüssigen Tropfen von nahezu gleichen Durchmessern und einer diese umgebende Dampfschicht. Bei weniger gleichmäßiger Verteilung erhalten wir kleine Dampfnebel, und mit einer Dampfschicht umgebene größere Tropfen. Im letztgenannten Fall können die Voroxydationsprozesse etwas früher beginnen, so daß eine gewisse Verkürzung des Zündverzuges zu erwarten ist. Gleichzeitig neigt in den einzelnen Raumelementen das Gemisch zur Überreicherung, was den Verbrennungsprozeß verschlechtert.

§ 27. Verdampfungsfähigkeit von Diesel-Kraftstoffen

Eines der wichtigsten physikalischen Kennzeichen der Dieselbrennstoffe ist ihre Verdampfungsfähigkeit. Die Geschwindigkeit der Gemischbildung und die davon abhängige, maximale Drehzahl sowie das Verhalten beim Anlassen des Motors werden wesentlich von der Verdampfungsfähigkeit des Brennstoffes bestimmt.

Die Verdampfungsfähigkeit von Brennstoffen pflegt man durch die Destillationskurve zu kennzeichnen. Nach OSTWALD lautet die für die Verdampfungsfähigkeit des Brennstoffes charakteristische Z-Zahl (Siedekennziffer)

$$Z = \frac{\vartheta_{5\%} + \vartheta_{15\%} + \cdots + \vartheta_{95\%}}{10},$$

wo $\vartheta_{5\%}$, $\vartheta_{15\%} \ldots \vartheta_{95\%}$ die zur 5-, 15- ... 95%igen Destillation gehörenden Temperaturen sind.

Durch die Z-Zahl ist jedoch die Verdampfungsfähigkeit des Brennstoffes nicht eindeutig gekennzeichnet, weil sich der im Motor abspielende Verdampfungsprozeß wesentlich vom Destillationsverdampfungsprozeß unterscheidet. Bei den im Motor auftretenden Drücken kann der Brennstoff gar nicht sieden, da der kritische Druck der Kohlenwasserstoffe kleiner ist als der Kompressionsdruck. Beim üblichen Destillationsvorgang dagegen erfolgt die Verdampfung bei atmosphärischem Druck.

Die Untersuchung der Verdampfungsvorgänge der Brennstoffe unmittelbar im Motorzylinder ist eine sehr schwierige Aufgabe. Heute steht noch keine experimentelle Methode zur Verfügung, die die Trennung der einzelnen Perioden der Gemischbildung und deren Untersuchung ermöglichen würde. Deshalb muß man die Forschungen mit speziell für diese Zwecke konstruierten Apparaturen durchführen. Die Versuchseinrichtungen müssen die sich im Motor abspielenden Erscheinungen möglichst genau nachahmen.

In der letzten Zeit wurde eine solche Einrichtung von LEONOW konstruiert [33], deren schematischer Aufbau aus Abb. 87 hervorgeht. Das Zerstäuben des Brennstoffes erfolgt durch eine geschlossene Düse in eine Bombe, die sich in einem auf etwa 100 °C erwärmten Wasserraum

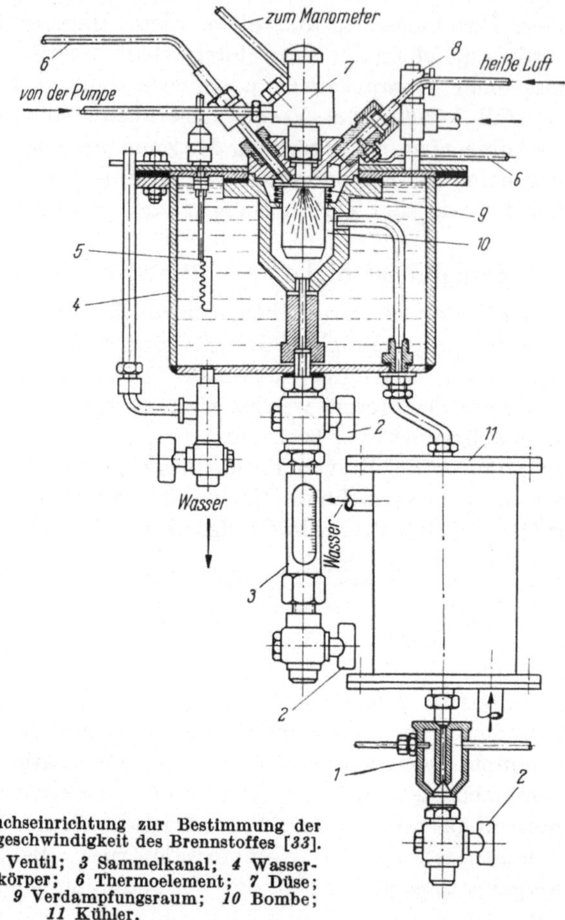

Abb. 87. Versuchseinrichtung zur Bestimmung der Verdampfungsgeschwindigkeit des Brennstoffes [33].
1 Absetzer; *2* Ventil; *3* Sammelkanal; *4* Wasserraum; *5* Heizkörper; *6* Thermoelement; *7* Düse; *8* Wasserkran; *9* Verdampfungsraum; *10* Bombe; *11* Kühler.

befindet. Die Bombe wird mit warmer Luft durchblasen, die den verdampften Brennstoff in einen Kühler mit sich führt. Der nicht verdampfte Brennstoff wird hingegen am Grund der Bombe abgeleitet. In der Bombe beträgt der Luftdruck 18 at und die Temperatur 150 °C. Zur Kennzeichnung der Verdampfungsfähigkeit diente die in Prozenten ausgedrückte verdampfte Brennstoffmenge (Verdampfungszahl).

Die Destillationskurven der untersuchten Brennstoffe sind in Abb. 88 dargestellt, während die einzelnen physikalisch-chemischen Kennzeichen und die experimentell festgestellten Verdampfungszahlen in Tab. 5 angeführt sind.

Tabelle 5

	Ligroin	Petroleum	Diesel-Brennstoffe			
			A	B	C	D
Spez. Gewicht	0,784	—	0,842	0,857	0,868	0,878
Siedepunkt [°C] . . .	125	133	182	207	211	233
Destillation						
bis 300 °C [%] . .			88,5	70	50	30
Kinetische						
Viskosität [cSt] . .	1,37		3,3	5,7	9,1	16,5
Zusammensetzung:						
Aromate [%] . . .	13,9		29,1	30,8	32,9	35,4
Naphthene [%] . .	39,9		39,3	31,1	27,5	20,0
Paraffine [%] . . .	46,2		31,6	38,1	39,6	44,6
Cetanzahl	42,0		44,1	46,9	47,3	48,6
Verdampfungszahl . .	66	50	39	31	24	21
Psychrometrische						
Differenz	24	18	12,5	9	6	4

Der am Grund der Bombe gesammelte Brennstoff wurde einer Abdampfung unterworfen; die Siedekurven hierfür sind ebenfalls in

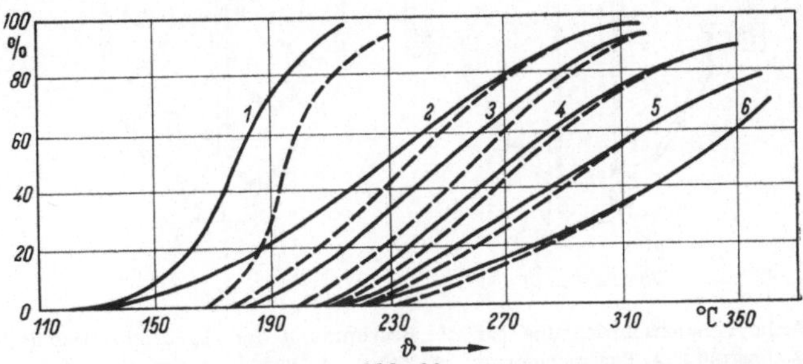

Abb. 88.
Siedekurven für verschiedene Gasöle in ursprünglichem und teilweise verdampftem Zustand [34]. *1* Ligroin; *2* Petroleum; *3* Brennstoff A; *4* Brennstoff B; *5* Brennstoff C; *6* Brennstoff D.

Abb. 88 dargestellt (gestrichelte Linien). Eine Betrachtung der Kurven zeigt, daß während der Verdampfung eine Fraktionierung des Brennstoffes erfolgt.

Die beschriebene, experimentelle Einrichtung ist prinzipiell zur genauen Bestimmung der Verdampfungsgeschwindigkeit geeignet. Wegen ihres verwickelten Aufbaus und der komplizierten Meßmethode ist sie jedoch zur universellen praktischen Anwendung nicht geeignet. Jedoch dienen die hier gewonnenen experimentellen Ergebnisse als Grundlage zur Ausarbeitung einer viel einfacheren Methode, mit deren Hilfe die Verdampfungsfähigkeit rasch und zuverlässig bestimmt werden kann.

Die Grundlage dieser neuen Methode [*33*] ist die Annahme, daß bei molekularer Diffusion der Verdampfungsvorgang isotherm verläuft. Dann ist, wie später nachgewiesen wird, die Verdampfungsgeschwindigkeit allein eine Funktion der psychrometrischen Differenz:

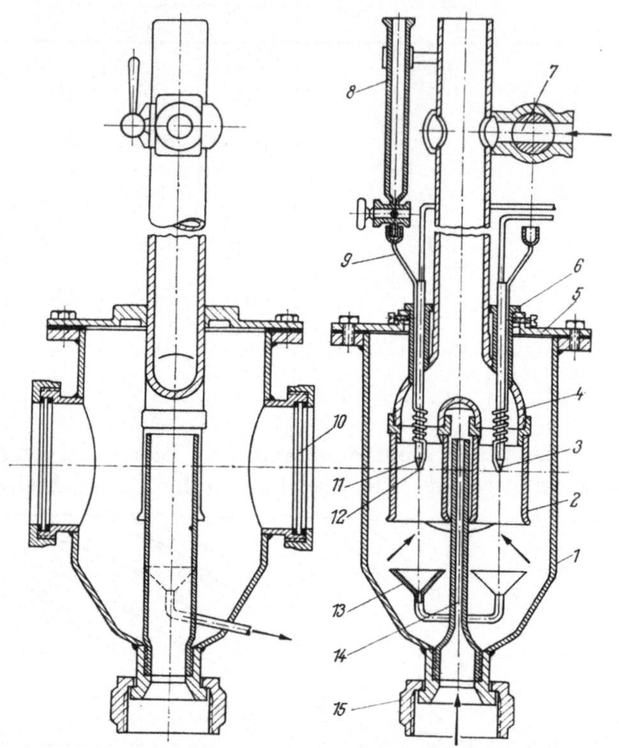

Abb. 89. Einfache Versuchseinrichtung für die Bestimmung der psychrometrischen Differenz. *1* Gehäuse; *2* Glasrohr; *3* Thermoelement; *4* Rohr; *5* Deckel; *6* Zwischenstück; *7* Ventil; *8* Meßbürette; *9* Kapillarrohr; *10* Fenster; *11* Führungsdraht; *12* Kupfernetz; *13* Ableitungstrichter; *14* Rohr für Luftzuführung; *15* Schraube.

Die Annahme des isothermen Verdampfungsprozesses wurde von Leonow [*33*] an Benzoltropfen experimentell untersucht. Es bestätigte sich die Richtigkeit der Gl. (171) und die der weiteren Berechnungen.

Die Verdampfungsgeschwindigkeit, d. h., die Menge des in der Zeiteinheit verdampften Brennstoffes, läßt sich durch die Gleichung

$$G = \beta \, f_T \, p_s$$

ausdrücken, wo f_T die Oberfläche des Tropfens ist.

Mit p_s aus Gl. (171), erhalten wir

$$G = \frac{\beta f_T \lambda}{D_p l_i} (\vartheta_k - \vartheta_T). \tag{186}$$

Für eine bestimmte Vorrichtung ist das Produkt $\beta\, f_T\, \lambda$ konstant. Das Produkt $D_p\, l_i$ hängt von den Eigenschaften des Brennstoffes ab, ist jedoch für die häufig angewandten Kohlenwasserstoffe praktisch konstant. Damit lautet Gl. (186) einfach

$$G = k(\vartheta_k - \vartheta_T), \tag{187}$$

d. h., die Verdampfungsgeschwindigkeit ist der psychrometrischen Differenz direkt proportional. Deshalb kann die psychrometrische Differenz zur Charakterisierung der Verdampfungsfähigkeit des Brennstoffes benutzt werden. Die absolute psychrometrische Differenz hängt natürlich von den Eigenschaften des Instrumentes und den experimentellen Verhältnissen ab (Temperatur, Luftgeschwindigkeit usw.). Deshalb ist es zweckmäßig, das Instrument mit einem bestimmten Kohlenwasserstoff zu eichen, um damit die Geschwindigkeit und die Temperatur der Luft ein für allemal zu ermitteln.

In Abb. 89 ist ein zur Bestimmung der psychrometrischen Differenz geeignetes Instrument zu sehen. Die Thermoelemente sind in Glasröhren eingesetzt. Bei den Schweißpunkten ist ein Kupfernetz angebracht, das den bis dorthin gelangten Brennstofftropfen hält. Die Zuführung des Brennstoffes erfolgt aus einer Meßbürette durch ein kapillares Kupferrohr. Die Kapillare ist in Form einer Rohrschlange um die Thermoelemente gedreht; dort erwärmt sich der Brennstoff auf Lufttemperatur. Die Strömungsgeschwindigkeit der Luft ist im die Thermoelemente umgebenden Rohr 2 m/s, während ihre Temperatur 150 °C beträgt.

Nachdem die Luftströmung in Bewegung gesetzt wurde, läßt man einen Tropfen auf das Netz eines der Thermoelemente gelangen. Danach werden die Millivoltmeter der Thermoelemente in

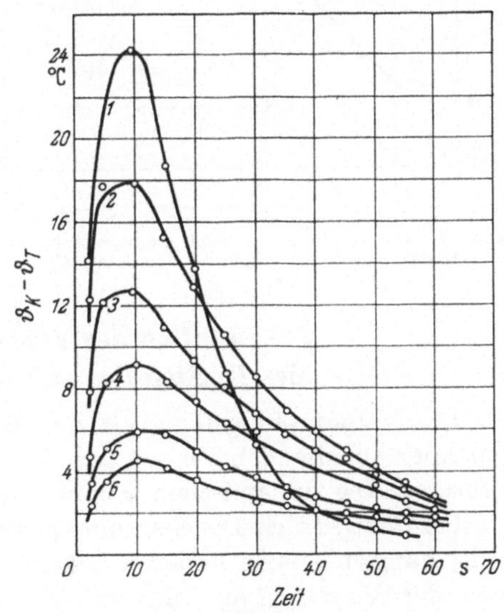

Abb. 90
Psychrometrische Differenz verschiedener Brennstoffe in Abhängigkeit von der Zeit [34].

bestimmten Zeitabständen abgelesen. Die zeitliche Änderung der psychrometrischen Differenz ist in Abb. 90 dargestellt. Bei allen Brennstoffen wurde der Maximalwert nach Ablauf von 10 s erreicht.

Die Abnahme der psychrometrischen Differenz beweist, daß während des Verdampfungsprozesses ein Fraktionieren des Brennstoffes erfolgt.

Der Maximalwert der psychrometrischen Differenz hängt von dem Dampfdruck und der Menge der im Verdampfungsprozeß dominierenden Fraktion ab. Deshalb dient dieser Maximalwert zur Kennzeichnung der Verdampfungsfähigkeit.

Die Werte der untersuchten Brennstoffe sind in Tab. 5 enthalten. Wird nun die Verdampfungszahl als Funktion der psychrometrischen Differenz dargestellt (Abb. 91), dann erhalten wir eine Gerade. Daraus folgt, daß zur Kennzeichnung der Verdampfungsfähigkeit die psychrometrische Differenz eindeutig benutzt werden kann. Außerdem sind die zuletzt beschriebene Meßmethode und Meßeinrichtung viel einfacher als die zuvor gezeigte Laborapparatur.

In Abb. 91 sind auch die Werte der OSTWALDschen Zahl Z als Funktion der psychrometrischen Differenz angegeben. Die einzelnen Punkte streuen stärker, was ein Beweis für die geringere Zuverlässigkeit dieser Methode ist.

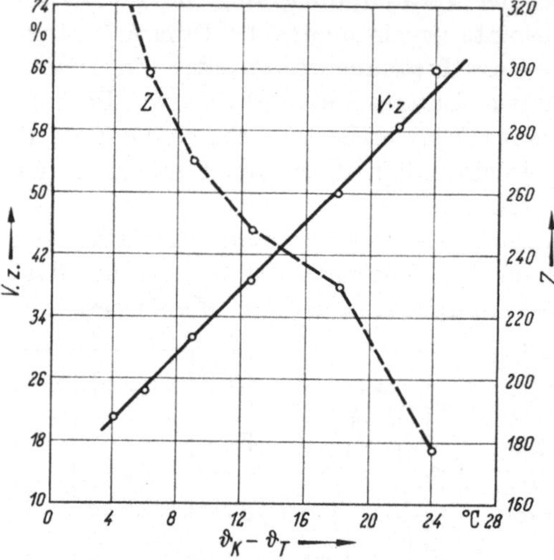

Abb. 91. Verdampfungszahl und Siedekennziffer in Abhängigkeit von der psychrometrischen Differenz.

§ 28. Einfluß der Verdampfungsfähigkeit des Kraftstoffes auf den Arbeitsprozeß

Die Verdampfungsfähigkeit des Brennstoffes beeinflußt die nacheinander ablaufenden Phasen der Gemischbildungs- und Verbrennungsprozesse. Die dynamischen Kennwerte des Kreisprozesses (maximaler Verbrennungsdruck, Druckerhöhungsgrad, Drucksteigerungsgeschwindigkeit) hängen — von anderen bekannten Faktoren abgesehen — auch von der Verdampfungsfähigkeit ab. Die während des Zündverzuges eingespritzte Brennstoffmenge bestimmt die zu erwartende Drucksteigerungsgeschwindigkeit nicht eindeutig, da sie eine verwickelte Funktion der miteinander verknüpften physikalisch-chemischen Prozesse ist.

Die Wirkung der Verdampfungsfähigkeit auf den Kreisprozeß macht sich für verschiedene Brennräume verschieden stark bemerkbar. Es ist bekannt, daß Motoren mit direkter Einspritzung auf die Brennstoffsorte und die Qualität der Zerstäubung empfindlich reagieren. In Vor-

und Wirbelkammermotoren ist die Temperatur der Kammer verhältnis-
mäßig hoch, was die Verdampfung auch weniger gut verdampfender
Brennstoffe sicherstellt. Die Wir-
belbewegung der Luft in der
Wirbelkammer wirkt im selben
Sinne.

Die Wirkung der Brennstoff-
Verdampfungsfähigkeit auf die
einzelnen Kennziffern des Arbeitsvorganges wurde von KOSTIGOW
und LEONOW [34) untersucht. Sie
sind als Funktion der Belastung
für einen Motor mit unmittelbarer Einspritzung in Abb. 92 zu
sehen. Die Angaben zu den verwendeten Kraftstoffen sind in
Tab. 5 angeführt.

Bei kleineren Belastungen
geht der Zündverzug mit der
Cetanzahl, d. h., einer höheren
Cetanzahl entspricht ein kleinerer
Zündverzug. Bei größeren Belastungen ist für den Zündverzug
die Verdampfungsfähigkeit maßgebend, so daß Brennstoffe mit
mehreren leichten Kondensaten
den kürzesten Zündverzug haben.
Das ist einleuchtend, da mit
wachsender Belastung auch die
Kompressionstemperatur wächst
und sich die einschränkende Wirkung der chemischen Vorgänge
verringert. Andererseits nimmt
die je Zyklus eingespritzte Brennstoffmenge sowie der Zusammen-

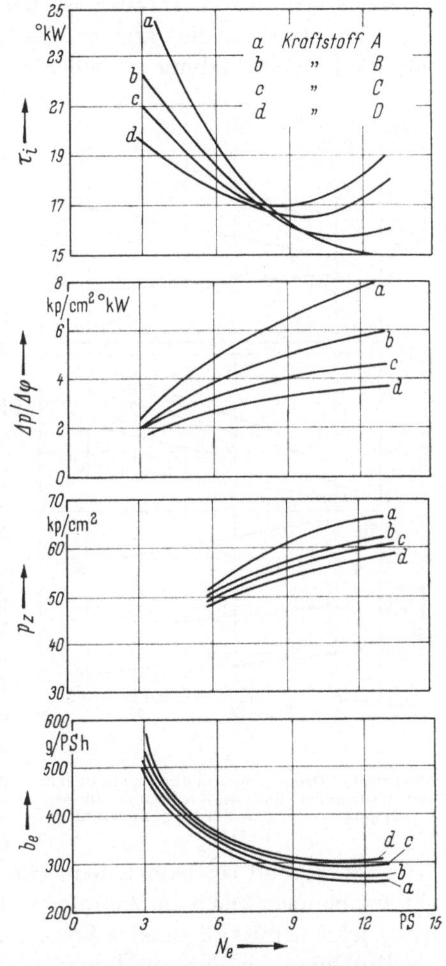

Abb. 92. Einfluß der Verdampfungsfähigkeit des
Kraftstoffes auf den Arbeitsprozeß.

halt des Strahles zu und die Verdampfungsgeschwindigkeit ab. Deshalb
kann, besonders bei schwereren Brennstoffen, eventuell der Zündverzug
abnehmen.

Die Geschwindigkeit der Druckerhöhung wächst mit zunehmender
Belastung. Die Kurven liegen in der Reihenfolge der Verdampfungsfähigkeit übereinander, d. h., nie maximale Drucksteigerungsgeschwindigkeit haben die leichteren Brennstoffe. Der Unterschied zwischen
den einzelnen Brennstoffkondensaten wächst mit der Belastung. Der

maximale Verbrennungsdruck verläuft ganz ähnlich wie die Drucksteigerungsgeschwindigkeit.

Der spezifische Verbrauch ist bei leichteren Brennstoffen, von der Belastung unabhängig, kleiner. Bei intensiver Verdampfung vollzieht sich die Gemischbildung schneller, und die Verbrennung erfolgt in der Nähe des oberen Totpunktes.

Bei einem Wirbelkammermotor hat die Verwendung der verschiedenen Brennstoffe, abgesehen von der geringen Änderung des Zündverzuges, keine wesentliche Änderung der erwähnten Parameter verursacht. Der Unterschied in der Verdampfungsfähigkeit erweist sich bei der hohen Temperatur des Brennraumes in Verbindung mit einer intensiven Luftbewegung — insbesondere bei größeren Belastungen —, nicht als entscheidender Faktor.

Aus Abb. 93 sind die Änderungen der Kennzahlen des Kreisprozesses für einen Motor mit unmittelbarer Einspritzung als Funktion der Verdampfungszahl zu entnehmen. Wie man sieht, besteht ein linearer Zusammenhang zwischen diesen Werten und der Verdampfungszahl (oder der psychrometrischen Differenz).

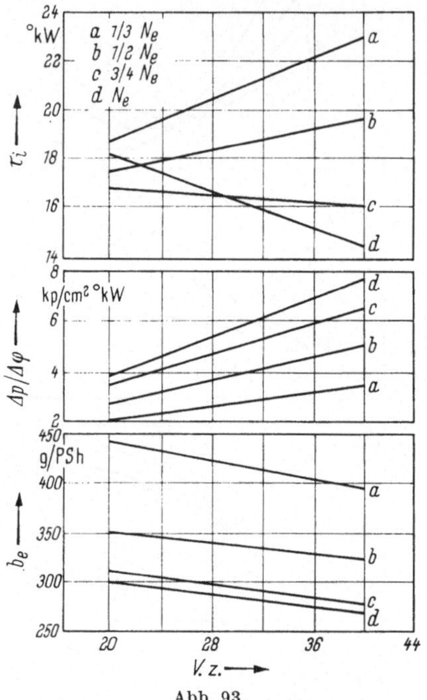

Abb. 93
Zündverzug, Drucksteigerungsgeschwindigkeit und spezifischer Kraftstoffverbrauch in Abhängigkeit von der Verdampfungszahl.

Abschließend sei jedoch bemerkt, daß sich die zuvor geschilderten Untersuchungen noch im Anfangsstadium befinden; daher wäre es verfrüht, jetzt bereits allgemeine Folgerungen zu ziehen. Ohne Zweifel haben die Probleme der Verdampfungsfähigkeit große Bedeutung für die Gemischbildung und die Verbrennungsprozesse, die weitere Versuche in dieser Richtung erfordern.

IV. Verbrennung im Dieselmotor

§ 29. Allgemeines über den Verbrennungsvorgang

Eine der wichtigsten Bedingungen für den wirtschaftlichen Betrieb von Dieselmotoren ist die rechtzeitige und vollständige Verbrennung der eingespritzten Brennstoffmenge. Demnach müßte der Konstrukteur den Verlauf des Verbrennungsprozesses kennen, um seine Aufgabe gut und zweckmäßig lösen zu können. Jedoch ist gerade der Verbrennungsprozeß der am wenigsten erforschte Teil des Dieselmotor-Kreisprozesses. Die Ursache hierfür liegt in der Verknüpfung der Vorgänge der Gemischbildung mit denen der Verbrennung, und in der Vielzahl der chemischen und physikalischen Parameter, die die elementaren Teilprozesse beeinflussen. Daher können die einzelnen Vorgänge an laufenden Motoren nur sehr schwer oder gar nicht beobachtet werden. Durch Versuche an Modellen (z. B. in Bomben) lassen sich einzelne Parametereffekte erfassen; diese Ergebnisse können vom theoretischen Standpunkt sehr nützlich sein. Leider können sie wegen der unterschiedlichen Versuchsbedingungen nicht immer auf den Motor übertragen werden. Selbstverständlich wird man versuchen, bei der Konstruktion von Modellen die Betriebsbedingungen des wirklichen Motors möglichst genau zu imitieren.

Die Ansichten über die Gemischbildung, die Verdampfung und den Verbrennungsprozeß haben sich im Laufe der Entwicklung wesentlich geändert. R. DIESEL selbst und Forscher dieser Zeit waren der Meinung, daß der Verdampfungsvorgang der Zündung vorhergeht, und daß sich die Flamme in einem Brennstoff-Luft-Gemisch ausbreitet. Später behaupteten O. ALT und K. NEUMANN, daß die Verdampfung nicht von wesentlicher Bedeutung für die Zündungs- und Verbrennungsprozesse ist und daß die Verbrennung auch in flüssiger Phase zustande kommen kann. Genauere, experimentelle [28] und theoretische [29] Untersuchungen wiesen jedoch wieder auf die große Bedeutung des Verdampfungsprozesses hin, und bestätigten, daß während des Zündverzuges ein bedeutender Teil des Brennstoffes verdampfen kann. So wurde unanfechtbar nachgewiesen, daß die Verdampfung der Brennstofftropfen eine bedeutende Rolle für den Verbrennungsprozeß spielt.

Der Verdampfungsprozeß des Brennstoffes übt eine bedeutende Wirkung auf den Verlauf der Verbrennung aus, schon weil die Verdampfung von einer örtlichen Abkühlung begleitet wird. Die einzelnen ineinandergreifenden physikalisch-chemischen Vorgänge haben zur Folge, daß das Gemisch nicht homogen ist und daß sich daher die Verbrennung von einer Verbrennung in einem homogenen Gasgemisch unterscheiden wird. Gleichzeitig mit dem Verdampfen beginnt die Diffusion des verdampften Brennstoffes, in die benachbarten Schichten des umgebenden Raumes; die Selbstzündung erfolgt dort, wo die Konzentration und Temperatur hierfür am günstigsten sind.

§ 30. Verbrennungsphasen im Dieselmotor

Die Verbrennung im Dieselmotor — vom Beginn der Einspritzung bis zum Beginn des Auspuffens — ist, wie wir sahen, ein komplizierter und komplexer Vorgang.

Obwohl die aufeinanderfolgenden Vorgänge eng voneinander abhängen und einander sogar bedingen, ist es doch zweckmäßig, die Verbrennung in Phasen zu unterteilen.

Der Gedanke der Aufteilung des Verbrennungsvorganges rührt von H. RICARDO her (1923). Er wurde von ihm auf drei geteilt: 1. In die Zeit des Zündverzuges, 2. die rasche Verbrennung und 3. das langsame Nachbrennen.

Die resultierende Geschwindigkeit der Verbrennung hängt von der Geschwindigkeit (bzw. von der Dauer) der einzelnen Phasen des Vorganges ab, und wird daher entscheidend von der langsamsten Phase bestimmt. In einigen Fällen wird die Verbrennungsgeschwindigkeit (kinetische Verbrennung) von physikalisch-chemischen Umwandlungen, in anderen Fällen von der Zufuhr der miteinander reagierenden Stoffe an den Reaktionsort bzw. der Entfernung der Verbrennungsprodukte (Diffusionsverbrennung) begrenzt.

Im folgenden wird der Verbrennungsvorgang in Übereinstimmung mit der modernsten Auffassung in vier Phasen unterteilt.

Die Zündverzugsphase dauert vom Anfang des Einspritzens bis zum Beginn der thermischen Entflammung. Drei Tatsachen charakterisieren sie im wesentlichen:

α) die Reaktionsgeschwindigkeiten sind verhältnismäßig klein und die Reaktionsprodukte Zwischenprodukte (z. B. Kaltflammenvorgänge),

β) der Brennstoff tritt ständig in den Zylinder und häuft sich bis zum Beginn der Zündung an,

γ) die Druck- und Temperaturänderung infolge der physikalisch-chemischen Vorgänge sind so gering, daß sie praktisch vernachlässigt werden können; sowohl der Druck als auch die Temperatur werden entscheidend von der Kompression bestimmt.

Der während des Zündverzuges eintretende Brennstoff erleidet eine ganze Reihe von physikalisch-chemischen Umwandlungen. Die Brennstofftropfen erwärmen sich, verdampfen und erfahren eine chemische Umwandlung, wodurch eine große Zahl aktiver Zentren entsteht. Die Zerstäubung sowie die Vermischung der Tropfen mit Luft erfolgt niemals gleichmäßig, deshalb treten die zur Selbstzündung nötigen Voraussetzungen in einzelnen Punkten oder in kleineren Volumina, aber nicht im ganzen Kompressionsraum gleichzeitig auf. Am Ende der ersten Phase entstehen im allgemeinen mehrere Zündkerne, in denen es zur Flammenbildung kommt.

Die zweite Phase der Verbrennung dauert von der thermischen Entflammung bis zur maximalen Druckentfaltung. (Bei den heutigen schnellaufenden Dieselmotoren tritt die maximale Druckentfaltung bei 6 bis 10 °KW nach dem oberen toten Punkt auf.)

Die Kennzeichen der Phase sind:

α) die plötzliche Entflammung der Zündherde,

β) die rasche Zunahme der Geschwindigkeit der Verbrennung, die am Ende der Phase ihr Maximum erreicht,

γ) die weitere Zuführung von Brennstoff — je nach Zündverzug und Einspritzdauer -- und dem damit verbundenen, raschen Anwachsen der Brennstoffkonzentration,

δ) die rasche Zunahme des Druckes und der Temperatur.

Die Vorgänge in der zweiten Phase bestimmen die Geschwindigkeit der Druckerhöhung und den maximalen Verbrennungsdruck unmittelbar. Gleichzeitig bestimmt sie den Verlauf der folgenden Phasen (z. B. die Intensität der Wärmezufuhr) und beeinflußt deshalb stark die Güte des Kreisprozesses.

Die Entflammung erfolgt zur gleichen Zeit in mehreren Punkten, weil infolge des Tropfen-Luft-Gemisches eine heterogene Temperatur- und Konzentrationsverteilung herrscht. Die Zahl der Zündkerne hängt von der Qualität der Zerstäubung und der Verteilung der Brennstofftropfen im Brennraum ab. Es wurde beobachtet, daß die Zahl der Zündkerne, die für jeden Betriebszustand große Bedeutung hat, mit der Belastung wächst. Nach der Entzündung breitet sich die Flamme nach allen Richtungen mit verschiedener Geschwindigkeit aus. Sie hängt von der Art der Verbrennung ab, die sich im vorhandenen Raum entwickeln kann. Bei einer reinen kinetischen oder einer reinen Diffusionsverbrennung liegt die Fortpflanzungsgeschwindigkeit zwischen 10 und 30 m/s. Für den dazwischenliegenden Fall, wenn Gemischbildungs- und Voroxydationsvorgänge räumlich und zeitlich miteinander abwechseln, können in einigen Bereichen die Bedingungen für eine Detonationsentflammung entstehen, so daß die Fortpflanzungsgeschwindigkeit der Flamme dann die Schallgeschwindigkeit annimmt. Da in den meisten Fällen die Zufuhr des Brennstoffes in der zweiten Phase noch andauert, brennt die Flamme weiter, nachdem sie sich über den ganzen Brennraum ausgebreitet hat.

Nach experimentellen Angaben [40] beträgt die Fortpflanzungszeit der Flamme ungefähr 30% der zweiten Phase.

In der zweiten Phase entsteht eine große Anzahl von Zwischenprodukten, die sich mit dem neu zugeführten Kraftstoff vermischen.

Die dritte Phase der Verbrennung dauert vom maximalen Druck bis zur maximalen Temperatur (20 bis 35 °KW nach dem oberen Totpunkt).

Kennzeichen der Phase:

α) die Verbrennung setzt sich mit ihrer maximalen Geschwindigkeit fort,

β) die Einspritzung hört auf, die Sauerstoff- und Kraftstoffkonzentration nimmt ab,

γ) die Konzentration der Zwischenprodukte nimmt rasch ab, die der Endprodukte dagegen zu,

δ) die Temperatur steigt auf ihren Maximalwert, der Druck verringert sich, da der Kolben zurückweicht.

In der dritten Phase der Verbrennung sind, infolge der Zunahme der Endprodukte und des Inertgases, die Vermischung und die Diffusion von großer Bedeutung. In dieser Phase wird daher die Verbrennung von der turbulenten Bewegung des Gemisches sehr begünstigt, und die Güte der Vermischung bestimmt die Dauer der Phase.

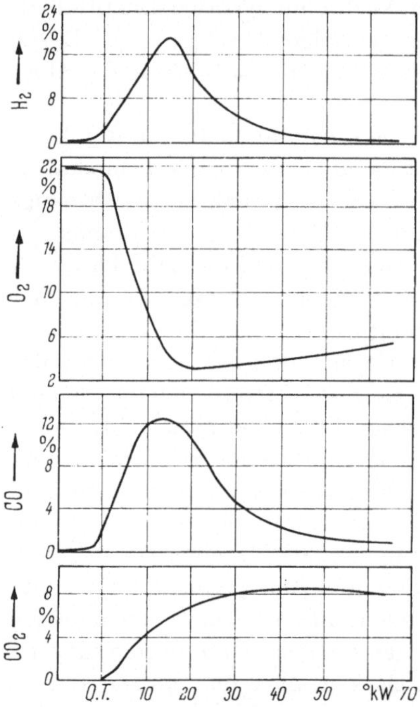

Das verschleppte Nachbrennen bildet die vierte Phase der Verbrennung, die von der maximalen Temperatur bis zum Ende der Verbrennung dauert. Versuche zeigen, daß die Verbrennung bis zum Beginn des Auspuffens und sogar noch weiter anhalten kann.

Die vierte Phase macht etwa 50% der ganzen Gemischbildungs- und Verbrennungszeit aus. In dieser Phase:

α) nimmt die Verbrennungsgeschwindigkeit ab und die Verbrennung hört langsam auf,

β) ist die Brennstoffzufuhr schon beendet, die Konzentration der Reagenten nimmt ihren Maximalwert an,

δ) der Druck und die Temperatur verringern sich infolge der Vergrößerung des Zylinderraumes.

Abb. 94. Die Änderung des H_2-, O_2-, CO- und CO_2-Gehaltes in Abhängigkeit von der Kurbelstellung in einer Dieselmaschine.

Die Dauer der vierten Phase, die im Hinblick auf die Wirtschaftlichkeit des Arbeitsprozesses möglichst kurz sein soll, hängt vor allem wieder von den Vermischungsbedingungen ab.

Die Konzentration der einzelnen Komponenten ist für einen Motor mit unmittelbarer Einspritzung in Abhängigkeit vom Kurbelwinkel in Abb. 94 dargestellt. Es sei hierzu bemerkt, daß diese Kurven für einen bestimmten Punkt des Brennraumes gelten (die Proben wurden mit einem stroboskopischen Ventil entnommen) und daß an anderen Stellen des Brennraumes ganz andere Verhältnisse herrschen können. So weist beispielsweise die Zunahme des O_2-Gehaltes ab 20 °KW nach dem oberen Totpunkt auf einen Sauerstoffüberschuß in der Nähe des untersuchten Punktes hin, mit dessen Diffusion diese Erscheinung zu erklären ist.

Die Kurven zeigen, daß sich die Verbrennung im Dieselmotor sehr rasch entwickelt und daß der CO- und CO_2-Gehalt sein Maximum nach 10 bis 15 °KW erreicht. Gleichzeitig durchläuft die Geschwindigkeit der Wärmeentwicklung ihr Maximum.

Da der Reaktionsmechanismus bis heute noch nicht bekannt ist, kann man die Differentialgleichungen der Vorgänge nicht angeben. Die für verschiedene Motoren vorliegenden Versuchsergebnisse zeigen jedoch, daß der Verlauf der einzelnen Komponenten auf empirischem Wege in guter Näherung erfaßt werden kann.

Die Änderung des CO_2-Gehaltes kann durch die Differentialgleichung

$$\frac{d(CO_2)}{d\varphi} = \frac{1}{a\,\varphi_i}\,\varphi^2\,e^{-\frac{1}{a\,\varphi_i}\,\varphi} \tag{188}$$

beschrieben werden, wo

φ_i der Zündverzug in °KW gemessen,

a eine Konstante ist.

Der Beiwert a kennzeichnet die Gemischbildungsverhältnisse, nämlich die Verteilung des Kraftstoffes, die Geschwindigkeit der Verdampfung, die Homogenität des Gemisches usw.

Die Integration dieser Gleichung ergibt

$$CO_2 = 2\,a\,\varphi\left(1 - e^{-\frac{1}{a\,\varphi_i}\,\varphi}\right) - \left(\frac{\varphi}{a\,\varphi_i} + 2\right)\varphi\,e^{-\frac{1}{a\,\varphi_i}\,\varphi}. \tag{189}$$

Den Verlauf des CO-Gehaltes, in Abhängigkeit vom Kurbelwinkel φ, kann man in der Form

$$CO = \frac{a\,b}{\varphi_i}\,\varphi^2\,e^{-\frac{1}{a\,\varphi_i}\,\varphi} \tag{190}$$

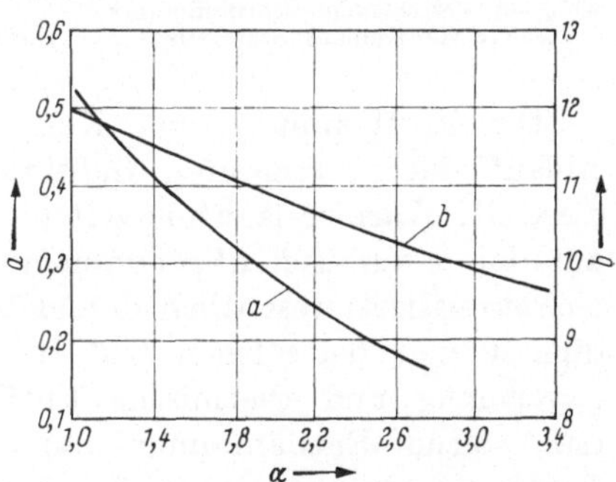

Abb. 95. Beiwerte a und b in Abhängigkeit von der Luftüberschußzahl.

angeben, wo der Faktor b die Gleichmäßigkeit des Gemisches berücksichtigt.

Differentiation dieser Gleichung ergibt die relative Geschwindigkeit der Entstehung von Kohlenmonoxyd

$$\frac{d(CO)}{d\varphi} = \frac{a\,b}{\varphi_i}\left(2 - \frac{\varphi}{a\,\varphi_i}\right)\varphi\,e^{-\frac{1}{a\,\varphi_i}\,\varphi}. \tag{191}$$

Die Beiwerte a und b hängen bei ähnlichen Motoren von der Luft-überschußzahl α (Abb. 95) ab, und nehmen mit ihr ab.

§ 31. Entflammung von Kohlenwasserstoff-Luft-Gemischen

Wie mehrere theoretische und experimentelle Untersuchungen nach-wiesen [36, 46] ist die Entflammung im Dieselmotor vom kinetischen Gesichtspunkt aus ein mehrphasiger Vorgang. Die obere Temperatur-grenze der mehrphasigen Selbstzündung liegt um so höher, je höher der Druck ist (Abb. 96, Strecke 1—2). Die Druck- und Temperatur-werte des Brennraumes fallen teilweise in diesen Bereich.

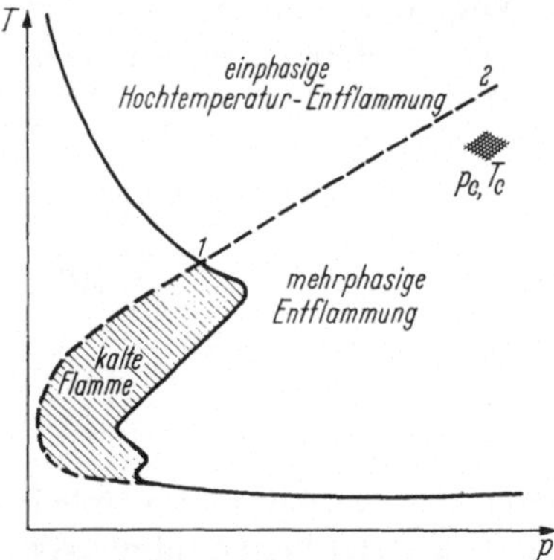

Abb. 96. Verschiedene Entflammungs-gebiete von Kohlenwasserstoffen.

Im folgenden werden die verschie-denen Selbstzündungsvorgänge der Kohlenwasserstoffe behandelt, ins-besondere im Hinblick auf den Ver-brennungsprozeß in Dieselmotoren.

a) Kettenförmige thermische Ent-flammung. Die Entflammung der Kohlenwasserstoffe ist keine eindeutig bestimmte Erscheinung. Sie wird von einigen grundlegenden Gesetzen der chemischen Kinetik bestimmt. Jedoch wird der Entflammungsvorgang wesent-lich von den physikalisch-chemischen Bedingungen bestimmt, in denen er sich entwickelt.

Die Entflammung von Kohlenwasserstoffen erfolgt immer nach Ablauf einer bestimmten Induktionszeit (Zündverzug). Überschreitet diese die Wärmerelaxationszeit (d. h. die Zeit, bei der die Temperatur auf den e-ten Teil abgenommen hat, und die die Kühlverhältnisse charakterisiert) wesentlich, dann können, bei solcher Reaktionsgeschwin-digkeit und bei solchen Kühlverhältnissen, keine progressive Selbst-erwärmung und thermische Entflammung auftreten. Daraus folgt, daß solche Entflammung dann kein einfacher thermischer Ent-flammungsvorgang sein kann. Die Entflammung kommt nur infolge bestimmter autokatalytischer Prozesse zustande, d. h. durch Selbst-beschleunigung der Reaktion unter katalytischer Wirkung der an-gehäuften Reaktionsprodukte. Bei einer langen Induktionsperiode ist jedoch auch dann eine reine, kettenartige Entflammung nicht möglich, da der Ausgangsstoff schon zu Ende gegangen sein kann, bevor die Reaktionsgeschwindigkeit den kritischen Entflammungswert erreicht hat. Dieser Widerspruch wurde von N. SEMJONOV [39] mit der Aus-arbeitung der Theorie der kettenförmigen, thermischen Entflammung gelöst. Demnach entsteht die langsame Kettenreaktion nicht durch die von aktiven Zentren ausgehenden Kettenverzweigungen (z. B. $OH + H_2 \to H_2O + H$), sondern durch den Zerfall von verhältnismäßig stabilen Zwischenprodukten. Die beim Zerfall frei werdenden Radikale beginnen neue Reaktionsketten, deren Verzweigung um so langsamer vonstatten geht, je stabiler das Zwischenprodukt ist. SEMJONOV hat diese sich langsam entwickelnde Kettenreaktion als „degenerativ verzweigende" bezeichnet. Mit zunehmender Reaktionsgeschwindigkeit wächst auch die Wärmeentwicklungsgeschwindigkeit; wenn sie die Geschwindigkeit der Wärmeabgabe überschreitet, erfolgt die progressive, thermische Beschleunigung der Reaktion und damit auch die Entflammung.

Experimente bestätigen [*37, 38, 39, 53*], daß der Entflammungsvorgang der Kohlenwasserstoffe in all seinen Erscheinungsformen als Kettenreaktion dieser Form abläuft.

b) Entflammung in verschiedenen Temperaturgebieten. Die kinetische Untersuchung von Kohlenwasserstoffen wies nach [*36*], daß in einzelnen Temperaturzonen die grundlegenden Zusammenhänge der thermischen Entflammung nicht gelten.

Nach der Theorie der thermischen Entflammung besteht zwischen dem Druck und der Temperatur der Zusammenhang

$$p\, e^{-\frac{E}{RT}} = \text{konst.},$$

wo E die Aktivierungsenergie ist; das bedeutet, daß mit abnehmender Temperatur der zur Entflammung nötige Grenzwert des Druckes wächst.

Dieser Zusammenhang ist jedoch nur für hohe Temperaturen gültig und in einem bestimmten Temperaturbereich kann man sogar das Gegenteil beobachten (Abb. 96, Strecke BC), d. h., eine Temperaturerhöhung erschwert die Entflammung. Der Zündverzug τ_i ändert sich dann mit der Temperatur nach dem Gesetz

$$\tau_i\, e^{-\frac{E}{RT}} = \text{konst.}$$

In der Praxis kann das nur bei relativ hohen (900 bis 1000 °K) und relativ niedrigen (unter 600 °K) Temperaturen beobachtet werden, während im mittleren Bereich (700 bis 900 °K) der Zündverzug so gut wie vollkommen unabhängig von der Temperatur ist, und nur in bestimmten Fällen mit der Temperatur zunimmt [*36*].

Aus der allgemeinen Theorie der Kettenreaktionen folgt, daß die Oxydationsgeschwindigkeit mit steigender Temperatur wächst. Jedoch hängt in bestimmten Bereichen die Reaktionsgeschwindigkeit entweder nicht von der Temperatur ab, oder es ist ein negativer Temperaturkoeffizient zu beobachten.

Schließlich besteht noch ein entscheidender Unterschied für die verschiedenen Temperaturbereiche. Bei hohen Temperaturen wird die Entflammung durch Selbstbeschleunigung hauptsächlich infolge verzweigender Kettenreaktionen herbeigeführt, während der Vorgang nur ganz zuletzt thermisch beschleunigt wird. Bei niedrigen Temperaturen leiten die Kaltflammenprozesse die Entflammung ein, d. h., sie verläuft mehrphasig.

c) Kaltflammprozesse. Bei niedrigeren Temperaturen (unter 600 °K) ist die Wahrscheinlichkeit der Entstehung aktiver Zentren durch den Zerfall von Molekülen gering, deshalb beginnt hier der Voroxydationsvorgang infolge der Selbstoxydation der Kohlenwasserstoffe mit einer Peroxydbildung.

Untersuchungen der Einzelheiten der Kaltflammenvorgänge (z. B. NEJMAN usw.) führten zu zwei grundsätzlichen Schlußfolgerungen:

α) Organische Peroxyde und Aldehyde entstehen in der Induktionsperiode der kalten Flamme; ihre Konzentration nimmt nach den Gesetzen der selbstbeschleunigten Kettenreaktionen zeitabhängig zu:

$$Per = \text{konst.}\ e^{qt}.$$

β) Die kalte Flamme kommt bei einer kritischen Konzentration der Peroxyde zustande, wobei diese explosionsartig zerfallen.

Experimentellen Ergebnissen zufolge entstanden die beiden Theorien von der chemischen Natur der Kaltflammenprozesse, die sich im wesentlichen in der Annahme der als Ursache der Kettenreaktion mit degenerativer Verzweigung auftretenden aktiven Produkten voneinander unterscheiden. Nach der einen Theorie dient als so ein aktives Produkt das Peroxyd, nach der anderen hingegen das Aldehyd. Laut SOKOLIK [36] müssen diese beiden Schemen (Peroxyd und Aldehyd) als Alternative, d. h. als Möglichkeiten der Entstehung von Kettenreaktionen mit degenerativer Verzweigung betrachtet werden, die unter bestimmten Bedingungen miteinander in Wechselwirkung treten.

Im folgenden zeigen wir die beiden Möglichkeiten der Oxydation der Kohlenwasserstoffe.

0. $RH + O_2 \rightarrow HO_2 + \dot{R}$ (Kohlenwasserstoffradikal)

1. $\dot{R} + O_2 \rightarrow RO\dot{O}$ (Peroxydradikal)

    Peroxydschema   Formaldehydschema

Fortsetzung der Kette:

2. $RO\dot{O} + RH \rightarrow ROOH + \dot{R}$ 2' $RO\dot{O} = R'CH_2O\dot{O} \rightarrow R'\dot{O} + HCHO$
  Peroxyd   Formaldehyd

Degenerative Kettenverzweigungen:

3. $ROOH = R'CH_2OOH \rightarrow OH + \dot{R}' + HCHO$ 3' $HCHO + O_2 \rightarrow H\dot{C}O + H_2O$

entweder   oder

4. $R'CH_2OOH + OH \rightarrow \dot{R}' + H_2O + CH_3\dot{O}$ 4' $H\dot{C}O + H_2O \rightarrow HCO\dot{O} + \dot{O}H$

5. $CH_3\dot{O} + O_2 \rightarrow CO + H_2O + \dot{O}H$ 5' $HCO\dot{O} \rightarrow CO + OH$

6. $CH_3\dot{O} + O_2 \rightarrow HCHO + H_2O$.

Hier bedeutet R das Residuum der Kohlenwasserstoffmoleküle.

Wir wollen das Peroxydschema betrachten. Zuerst entstehen aus den Kohlenwasserstoffmolekülen durch Reaktion oder Zerfall Kohlenwasserstoffradikale, die infolge ihrer freien Valenz über eine sehr hohe chemische Aktivität verfügen (0. Reaktion). Sie reagieren mit O_2 zu Peroxydradikalen (Reaktion 1), die dann zu Hydroperoxyd (ROOH, Reaktion 2) oxydiert werden.

Das Hydroperoxyd ist verhältnismäßig stabil, aber doch ein aktives Zwischenprodukt, das von Zeit zu Zeit zerfällt, wobei mehrere freie Radikale entstehen. Diese setzen neue, selbständige Reaktionsketten in Gang (Reaktion 3).

Da die durch den Zerfall der Peroxyde entstandenen, freien Radikalen beim Zusammenstoß mit weiteren Peroxydmolekülen deren Zerfall verursachen, nimmt der Prozeß einen lawinenartigen Charakter an. Wegen des exothermen Charakters dieser Reaktion verändert sich das Wärmegleichgewicht, so daß der Peroxydzerfall auch von der Erwärmung des Gemisches beschleunigt wird. Der Vorgang verläuft explosionsartig und wird von der sog. Kaltflamme begleitet.

Durch die Kaltflamme wird nur etwa 10 bis 15% der gesamten chemischen Energie freigesetzt. Es entstehen:

α) freie Radikale, die die Oxydation der Kohlenwasserstoffe weiter beschleunigen,

β) eine große Menge Formaldehyd, nicht nur nach Reaktion 3, sondern z. B. nach der Reaktion

$$\dot{C}H_3 + HO_2 \rightarrow HCH\dot{O} + H_2O \quad (100 \text{ kcal}),$$

d. h. durch freie Radikalrekombination. Die hier frei werdende Energie genügt zur optischen Anregung der Formaldehydmoleküle.

Bei der Konzentrationssteigerung der freien Radikale, spielen neben dem monomolekularen Zerfall der Peroxyde (Reaktion 3), der beträchtliche Energie erfordert, folgende Reaktionen eine wichtige Rolle

7. $ROOH + H \Big\langle \begin{matrix} H_2O + RO \\ H_2 + ROO \end{matrix}$ oder   7' $ROOH + OH \rightarrow H_2O + ROO,$

die zur Entstehung einer neuen Kette führen.

Der rein kettenförmige Entstehungscharakter der kalten Flamme erklärt sich aus der unvollständigen Umwandlung des Ausgangskraftstoffes, bei der die Zerfallsgeschwindigkeit nicht abgebremst sondern beschleunigt wird.

Versuche zeigen, daß eine Peroxydeingabe in das Gemisch immer eine Verkürzung der Induktionsperiode bewirkt. Die kritische Konzentration der Peroxyde, bei welcher ihr schlagartiger Zerfall erfolgt, nimmt mit zunehmender Temperatur ab, da eine hohe Temperatur das Zustandekommen der Reaktion 3 begünstigt (zum Aufbrechen der O—OH-Bindung ist eine Energie von etwa 60 kcal/mol erforderlich). Drucksteigerung hat einen stabilisierenden Einfluß auf die Peroxyde, weil die bimolekularen Synthesereaktionen der Peroxyde mit zunehmendem Druck die monomolekularen Zerfallsreaktionen überflügeln.

Je höher die kritische Konzentration der Peroxyde ist, um so intensiver verläuft der Kaltflammenvorgang. Die Intensität der kalten Flamme bestimmt die Gemischmenge, die am Kaltflammenvorgang teilnimmt, oder die proportionale Menge der aktiven Produkte, die hinsichtlich der weiteren Entwicklung der Reaktionsvorgänge ausschlaggebende Bedeutung hat.

Zur Kennzeichnung der Intensität der kalten Flamme dient die Drucksteigerung oder die Intensität der entstehenden charakteristischen Strahlung.

Die charakteristische Strahlung der kalten Flamme ergibt sich aus dem in ihr entstehenden aktivierten Formaldehyd; ihre Grundstrahlungsbänder fallen in das Gebiet 3600 bis 4500 Å. Die nötige Aktivierungsenergie von 76 kcal/mol wird nicht von außen zugeführt, sondern von den Radikalreaktionen mit mehr als 76 kcal/mol Wärmeeffekt geliefert. Dies sind

$$CH_3 + HO_2 \rightarrow CHOH^* + H_2O$$
$$CH_3 + CHO_3 \rightarrow CHOH^* + H_2O + CO,$$

wo eine Energie von etwa 100 kcal frei wird, oder Reaktionen des Typs

$$CH_3CO + O_2 \rightarrow CHOH^* + CO + OH,$$

bei denen die frei werdende Energie etwa 110 kcal beträgt.

Das Formaldehyd übt eine wesentliche Wirkung auf die Entflammung aus, die bei hohen und niedrigen Temperaturen entgegengesetzt ist. Bei hohen Temperaturen wird die Entflammung von Formaldehyd beschleunigt, bei niedrigen Temperaturen hingegen verzögert.

Die experimentellen Ergebnisse der letzten Jahre weisen darauf hin, daß der Kaltflammenvorgang nicht nur in reichen, sondern auch in sehr verarmten Gemischen entstehen kann. Die Kaltflammenstrahlung wurde z. B. von BASEVITS [37] auch bei einer Luftüberschußzahl von $\alpha \cong 100$ mit einem Photomultiplier registriert. Diese Tatsache kann mit Hilfe des Peroxydschemas nur schwer erklärt werden. Nach dem Peroxydschema ist nämlich die Kaltflamme die Folge eines Peroxydzerfalls bestimmter Geschwindigkeit, zu der eine genügend hohe Peroxydkonzentration nötig ist. Die zur Peroxydbildung nötige O_2-Konzentration (nach den Reaktionen 1 und 2) ist nicht größer, als die Kohlenwasserstoffkonzentration, die für Heptan eine Luftüberschußzahl von $\alpha = 0{,}09$ erfordert. Experimente bestätigen, daß vom Gesichtspunkt der Kaltflammenbildung diese Sauerstoffkonzentration optimal ist. Dann ist hingegen (nach dem Peroxydschema) die Entstehung der Kaltflamme in einem Gemisch mit $\alpha \gg 1$ vollkommen unverständlich. Zur Lösung dieses Widerspruchs schlägt SOKOLIK das folgende, einheitliche Schema vor [36]. Anfänglich wird immer ein Peroxydradikal ROO (Reaktionen 0 und 1) erzeugt, und die Oxydation erfolgt anschließend entweder nach dem Peroxyd- oder dem Formaldehydschema. Auf welchem Weg sich die Reaktion fortsetzt, hängt davon ab, ob die Peroxydradikale die Möglichkeit haben, vor ihrem Zerfall mit den Kohlenwasserstoffmolekülen zu reagieren, was von der Temperatur und der Konzentration des Gemisches entschieden wird. Die Existenz der ROO-Radikale ist um so kürzer, je höher die Temperatur und die Konzentration ist. Deshalb ist bei höheren Temperaturen ausschließlich das Formaldehydschema möglich; bei niedrigeren Temperaturen hat es nur in sehr armen Gemischen Gültigkeit.

Der Zerfall des Peroxydradikals führt zur Formaldehydbildung (Reaktion 2′), das bei Anwesenheit von O_2 die Verzweigung der Reaktionskette bewirkt (Reaktionen 3′ bis 5′), wobei wieder Formaldehyd und ein OH-Radikal entsteht. So weist das Formaldehydschema sämtliche Kennzeichen der Kettenreaktion mit degenerativer Verzweigung auf und erzeugt ebenfalls eine hohe Konzentration aktiver Radikale. Da auch hier das Formaldehyd in angeregtem Zustand vorkommt, tritt ebenfalls die für die kalte Flamme charakteristische Ausstrahlung auf. Im Gegensatz zum Peroxydschema entsteht hier eine bedeutende Menge CO, und es ist anzunehmen, daß dessen Reaktion die charakteristische, bläuliche Ausstrahlung verursacht, die dieser Erscheinung den Namen „blaue Flamme" (blue flame) gab.

Auf die Kaltflammenvorgänge, in denen nur 5 bis 10% der chemischen Energie frei werden, folgt die sog. blaue Flamme, in der schon eine größere Wärmemenge entsteht, deren Oxydationsprodukte aber noch keine Endprodukte sind.

Aus den Verbrennungsprodukten der kalten Flamme entsteht eine große Menge Formaldehyd, das als Zwischenprodukt eine Rolle bei den weiteren degenerativen Kettenverzweigungen spielt; z. B.

$$HCHO + O_2 \rightarrow HCO + HO_2$$
$$HCO \;\; + O_2 \rightarrow CO \;\; + HO_2 .$$

Die Kettenreaktion des Formaldehyds hat auch einen explosiven Charakter; dabei entsteht die blaue Flamme, in der der ursprüngliche Kohlenwasserstoff ganz zu Kohlenmonoxyd (CO) oxydiert.

Im Spektrum der blauen Flamme sowie in dem der kalten Flamme, sind die Linien von Formaldehyd (HCHO), ferner die der Radikale HCO und CH zu finden. Aber es fehlen die Linien des CC, die nur im Spektrum der Explosionsflamme auftreten.

Nach den zuvor besprochenen Reaktionen begünstigt ein geringer Sauerstoffüberschuß die Entwicklung der blauen Flamme, in der bereits eine wesentliche Wärmemenge frei wird.

Das CO-Gemisch, das in der blauen Flamme entstand, und der restliche Sauerstoff bilden eine Explosionsflamme, wenn die Temperatur hoch und die Konzentration der aktiven Zentren stark genug sind. Hiermit geht die Oxydation des Kohlenwasserstoffes dann zu Ende.

Wir können den mehrphasigen Entflammungsvorgang als eine Reihe aufeinanderfolgender Flammen deuten, wobei in den einzelnen Flammen der Ausgangskohlenwasserstoff bis zu einer bestimmten Stufe umgewandelt wird — in der kalten Flamme hauptsächlich bis zum Formaldehyd, in der blauen Flamme bis zum CO, und in der Explosionsflamme zu Endprodukten. Diese Flammen breiten sich unter Zunahme der Konzentration der aktiven Zentren und der Geschwindigkeit aus.

Unsere Betrachtungen ergeben, daß in den einzelnen Flammen verschiedene Bedingungen erfüllt sein müssen, damit möglichst gute kinetische und thermische Effekte erzielt werden, beispielsweise hinsichtlich der Zusammensetzung des Gemisches in der kalten Flamme soll es sehr reich, in der blauen Flamme etwas reicher als das stöchiometrische und in der Explosionsflamme annähernd stöchiometrisch sein.

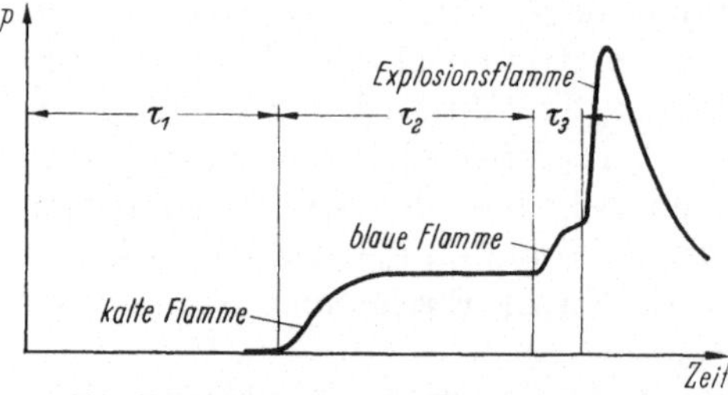

Abb. 97. Mehrphasiger Entflammungsprozeß.

Zusammenfassend kann man über den Entflammungsvorgang der Kohlenwasserstoffe sagen:

α) die Entflammung der Kohlenwasserstoffe endet mit der Entflammung von CO,

β) der mehrphasige Entflammungsvorgang von Kohlenwasserstoffen kann im allgemeinen als dreiphasig betrachtet werden (Abb. 97); er beginnt mit einer Kaltflamme, geht in die blaue Flamme über und endet mit der Entflammung von CO,

γ) die Hochtemperaturentflammung ist die Folge einer sich kontinuierlich entwickelnden, verzweigenden Kettenreaktion (durch Formaldehyd), die ebenfalls mit der Entflammung von CO endet (Abb. 98).

Der zur Entflammung nötige Druck sowie der Gesamtzündverzug (τ_Σ) hängt von der Intensität der Kaltflamme, d. h. von der Konzentration der freien Radikale ab. Mit steigender Temperatur verringert sich die Intensität der Kaltflamme, was zu einer gewissen Verlängerung der folgenden Phasen führen kann (Abb. 99).

Deshalb verringert sich der Gesamtzündverzug bei mehrphasiger Entflammung mit steigender Temperatur nicht nach der SEMJONOVschen Formel, sondern in einem bestimmten Temperaturbereich kann eine Zunahme von τ_i beobachtet werden.

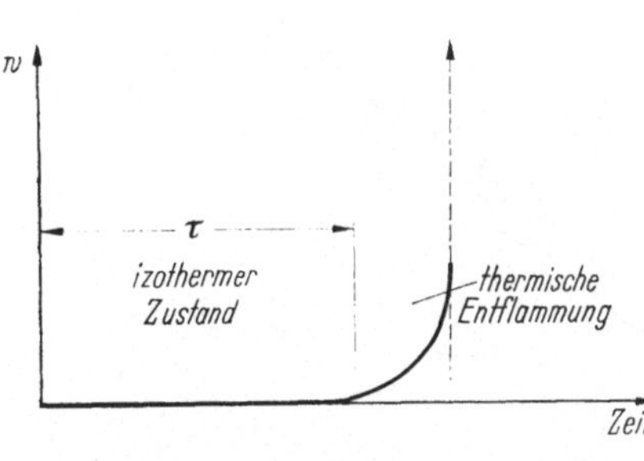

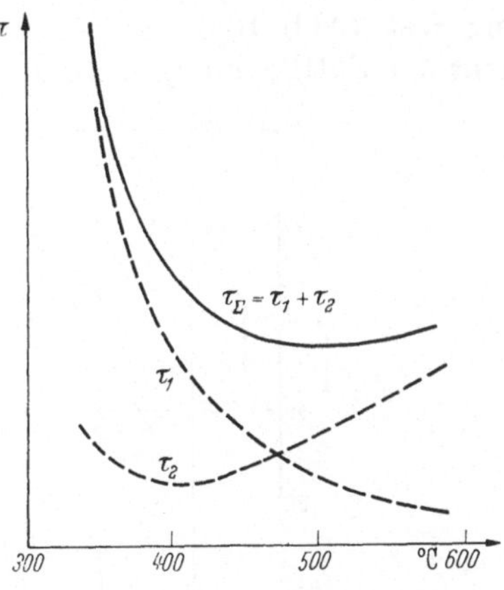

<table>
<tr><td>Abb. 98.</td><td>Abb. 99.</td></tr>
<tr><td>Einphasiger Entflammungsprozeß.</td><td>Zündverzug als Funktion der Temperatur.</td></tr>
</table>

Bekanntlich ist die in Ottomotoren häufig vorkommende Detonationsverbrennung ebenfalls die Folge eines mehrphasigen Entflammungsprozesses [40]. Daher leuchtet es ein, daß auch im Dieselmotor eine Verbrennung mit Detonationscharakter auftreten kann. Im Dieselmotor entsteht jedoch, infolge der eigenartigen Gemischbildung, ein größeres, zusammenhängendes Volumen mit homogener Gemischverteilung nur selten; daher ist die Intensität der Detonation wesentlich kleiner als in einem Motor mit Vergaser.

Zuvor wurde gezeigt, daß sich bei Ablauf des Vorganges nach dem Formaldehydschema unter bestimmten Umständen die Intensität der Peroxydkaltflamme verringert, d. h., daß die Neigung des Brennstoffes zur Detonation abnimmt. Die einschränkende Wirkung des Formaldehyds zeigt sich jedoch auch in der Verlangsamung der Verkürzung der Induktionsperiode mit der Temperatur, d. h. in der Abnahme des Temperaturkoeffizienten $\gamma_1 = E_1/R$.

Demnach ist zu erwarten, daß zwischen dem Temperaturkoeffizienten und der Cetanzahl ein bestimmter Zusammenhang besteht. Er wurde auch im Jahre 1940 von SOKOLIK [42] empirisch entdeckt, und kann mit unserer Theorie erklärt werden. Für Kohlenwasserstoffe der Paraffinreihe besteht — bei homogenen Gemischen — die Beziehung

$$OZ = 176 - 9{,}5 \cdot 10^{-3} \cdot \frac{E_1}{R},$$

wo

OZ die Oktanzahl,

E_1 die Aktivierungsenergie im Kaltflammenprozeß ist.

Für Brennstoffeinspritzung stellte man einen ähnlichen Zusammenhang fest (Abb. 100), der überzeugend beweist, daß die kinetische Natur der Entflammung in Dieselmotoren und der Detonationsverbren-

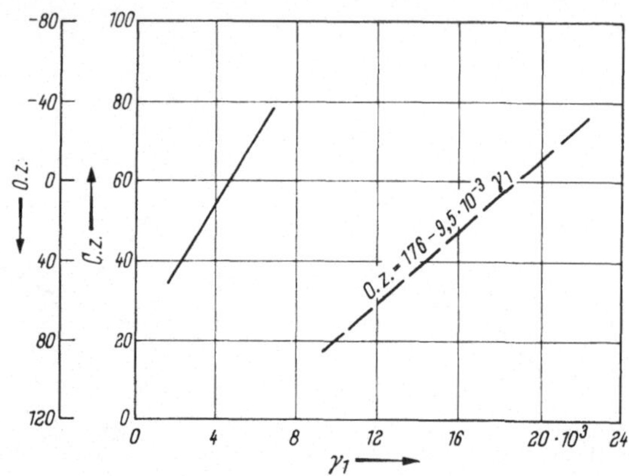

Abb. 100. Zusammenhang zwischen Cetanzahl, Oktanzahl und Temperaturkoeffizient γ_1 [42].

nung in Ottomotoren miteinander übereinstimmt [37]. Gleichzeitig ist zu sehen, daß E_1 im Falle der Einspritzung von Dieselbrennstoffen geringer ist, als für homogene Gemische. Das kann einerseits so sein, weil die Experimente in verschiedenen Druck- und Temperaturbereichen durchgeführt wurden. Andererseits muß man in Dieselmotoren auch die Wirkung der Verdampfung und die Anwesenheit der flüssigen Phase berücksichtigen. Nach den Experimenten von SERRUYS [36] ist die Peroxydbildung in Anwesenheit einer flüssigen Phase intensiver als in einer homogenen Gasphase. Der schnelle Verdampfungsvorgang wirkt sich auch besonders bei niedriger Kompression auf die Entwicklung des Kaltflammenvorganges aus, indem sich mit abnehmender Temperatur die Geschwindigkeit des Kaltflammenprozesses auch verringert — der Zündverzug dagegen wächst.

Die Intensität der Kaltflammenprozesse wird in guter Näherung von der chemischen Lumineszenz des Formaldehyds gekennzeichnet. Wie Experimente zeigen, verringert sich die Intensität der Kaltflamme nach einem bestimmten Grenzwert mit steigender Temperatur, und mit ihr auch die Aktivierungsenergie der zweiten Phase. So verringert sich die Induktionsperiode τ_2 mit steigender Temperatur langsamer nachdem dieser Grenzwert erreicht ist, was sich als ein Knick im Koordinaten-system $\lg\tau_i - 1/T$ zeigt (Abb. 101).

Unsere Betrachtungen haben gezeigt, daß der Entflammungsprozeß von Kohlenwasserstoffen in Dieselmotoren ein sehr komplexer Vorgang ist, dessen einzelne Phasen auf den Ablauf des gesamten Prozesses eine wesentliche Wirkung ausüben. Des-halb ist die für Gasöle kennzeich-nende Cetanzahl nur für die Ver-hältnisse gültig, unter denen die Experimente durchgeführt wurden. In anderen Fällen kann man — je nach Ablauf der einzelnen Pha-sen — unterschiedliche Zündverzüge bekommen, auch wenn die Kom-pressionsverhältnisse gleich sind.

d) Entflammung von homo-genen und heterogenen Gemischen. Wir sahen, daß bei mehrphasiger Entflammung im Interesse einer maximalen kinetischen und ther-mischen Wirkung verschiedene Be-dingungen in den einzelnen Phasen erfüllt sein müssen. Für die Kalt-flamme ist ein sehr reiches (äqui-molekulares) Gemisch erwünscht; in der blauen Flamme ist ein etwas reicheres als das stöchiometrische Gemisch optimal, während in der Explosionsflamme die stöchiome-trische Zusammensetzung herr-schen sollte.

Hieraus folgt, daß, wenn in irgendeiner Phase ein homogenes Gemisch auftritt, keine optimalen Bedingungen erzielt werden können, d. h., der Zündverzug des homogenen Gemisches ist länger als der eines heterogenen.

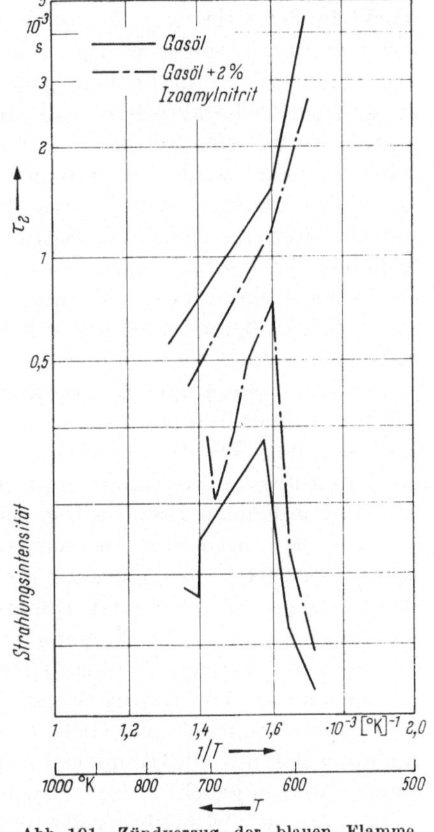

Abb. 101. Zündverzug der blauen Flamme und Strahlungsintensität der Kaltflamme in Abhängigkeit von der Temperatur.

Bei heterogenen Gemischen wird es Zonen mit reicher Gemisch-zusammensetzung geben, in denen sich die Kaltflammenprozesse unter optimalen Verhältnissen entwickeln können. Mit fortschreitender Gemischbildung wird das Gemisch immer ausgeglichener, und nimmt die optimalen Bedingungen zuerst für die blaue und dann für die

Expansionsflamme an. Die obigen optimalen Bedingungen werden erfüllt, wenn die Zeit der Gemischbildung annähernd mit der Zeit der Voroxydationsprozesse übereinstimmt. Dann erhält man einen verhältnismäßig kurzen Zündverzug und eine rasche, rauchfreie Verbrennung.

e) Entflammung und Verbrennung im MAN-M-Motor. Im Jahre 1954 brachte die Nürnberger Firma MAN einen neuen Motorentyp auf den Markt in Form des sog. M-Motors (Mittelkugel-Brennraum-Verfahren), der sich durch seinen weichen Gang, seinen wirtschaftlichen Betrieb und seine Unempfindlichkeit gegenüber den Brennstoffeigenschaften auszeichnete. Charakteristisch für die Gemischbildung ist, daß — im Gegensatz zu früheren Systemen — der Brennstoff auf die Kolbenkammerwand gespritzt wird, und daß eine Luftbewegung die Vermischung des von hier verdampfenden Brennstoffes mit der Luft gewährleistet. Der weiche und detonationsfreie Betrieb wurde von MEURER [51] in seinen früheren Veröffentlichungen mit dem von Dieselmotoren abweichenden Reaktionsmechanismus und mit von glühenden Kohlenteilchen herrührenden äußeren Zündung erklärt. MEURERS Feststellungen kann man sich jedoch schwer anschließen. Der Voroxydationsvorgang des an der Wand verdampfenden Brennstoffes beginnt, wegen der verhältnismäßig niedrigen Temperatur, mit der zuvor beschriebenen mehrphasigen Entflammung. Da die Zunahme der Induktionsperiode eine Erhöhung der Intensität des Kaltflammenprozesses — sowie auch eine Steigerung der verdampfenden Brennstoffmenge — zur Folge hat, und die Induktionsperiode durch den überschüssigen Brennstoff in der Reaktionszone gesteigert wird, schwächt eine Verminderung des in den Entflammungsprozeß gebrachten Brennstoffes — wie es beim MAN-M-Verfahren geschieht — die Neigung zum Klopfen.

Die von glühenden Kohlenteilchen herrührende Zündung ist auch schwer einzusehen. Experimenten zufolge muß die Temperatur des Glühpunktes mindestens 1000 bis 1200 °C betragen, damit es zur Zündung kommt. Die Temperatur von Teilchen mit Durchmessern von einigen Mikron gleicht sich fast augenblicklich der Temperatur der Umgebung an, die viel niedriger als 1000 °C ist. Es taucht zudem die Frage auf, wie der Hauptteil des Brennstoffes vor der Entflammung geschützt wird?

MEURER nimmt auch hinsichtlich der Rauchbildung einen neuen Standpunkt ein. Seiner Meinung nach wird die Rauchbildung nicht aus Mangel an Sauerstoff, sondern durch den reaktionskinetischen Mechanismus der Verbrennung verursacht. Demnach gelangt mit Steigerung der Reaktionsgeschwindigkeit und der Temperatur immer weniger Sauerstoff in den Reaktionsbereich, bis schließlich der Peroxydoxydationsvorgang infolge Sauerstoffmangels aufhört. Das führt zum Kracken des Brennstoffes und dadurch zur Ausscheidung von freier

Kohle, die nach Meurers Meinung nur in folgender Reaktion verbrennen kann:

$$C + H_2O \rightarrow CO + H_2.$$

Zum Ablauf dieser Reaktion ist die Anwesenheit einer genügenden Menge von Verbrennungsprodukten (H_2O) nötig. Vom Gesichtspunkt dieses Schemas

α) ist die Steigerung der Temperatur, die in der ersten Phase der Reaktion günstig ist, in den weiteren Phasen nicht erwünscht,

β) muß der thermische Zerfall des Brennstoffes unter allen Umständen verhindert werden, was durch Verlangsamung der Voroxydationsvorgänge erreicht werden kann.

Die Verringerung der Oxydationsgeschwindigkeit zur Verhinderung der Rauchbildung zieht sich als Grundgedanke durch die Überlegungen, und ist die Grundlage der Konstruktionsprinzipien des M-Verfahrens, bei dem die Wand des Brennraumes — nach Meurers Meinung — die Rolle des stufenweise arbeitenden Vergasers (intermittent carburator) spielt. Diese Wand sichert die langsame und gleichmäßige Voroxydation des Brennstoffes.

Der Rauch in den Auspuffgasen ist nach Meurer eine Folge der Voroxydationsvorgänge; er soll entstehen, wenn in der Reaktionszone die Geschwindigkeit des Krackens und die der Sauerstoffzufuhr nicht übereinstimmen. Zur Bestätigung seiner Ansichten führt Meurer an, daß unmittelbar nach der Entflammung im Spektrum CC-Linien erscheinen, die für den Zerfall der CC- und CH-Bindungen sprechen.

Wir sind jedoch der Ansicht, daß diese Überlegungen irrtümlich sind. Die nach der Entflammung beobachteten CC-, CH- und OH-Linien sind nämlich das charakteristische Spektrum einer Kohlenwasserstoffflamme, und zeigen nur, daß sich in der gewöhnlichen Explosionsflamme CC-, CH- und OH-Radikale bestimmter Konzentration in angeregtem Zustand befinden. Man kann daraus jedoch nicht auf den Zerfall des CC-Radikals schließen. Außerdem hat der von Meurer angenommene Reaktionsmechanismus, der zum Ausscheiden von freier Kohle führt, noch einen inneren Widerspruch. Der einzig mögliche exotherme Prozeß ist die Oxydation des Brennstoffes; daher ist eine wesentliche Steigerung der Temperatur in der Reaktionszone nur im Falle einer Sauerstoffzufuhr möglich. Hört die Sauerstoffzufuhr auf, dann steigt auch die Temperatur nicht mehr, so daß wir gar keinen Grund haben, die Zunahme der „Disproportion" zwischen den beiden Vorgängen zu erwarten, die die Grundlage dieser Theorie der Rauchbildung ist.

Untersuchen wir nun die Möglichkeiten der Rauchbildung im Entflammungsprozeß und in der Grundphase der Verbrennung! In einem mehrphasigen Entflammungsprozeß wäre das Kracken nur möglich, wenn das Kohlenwasserstoffradikal zerfällt, bevor es mit dem Sauerstoff in eine Reaktion treten kann (Reaktion 1). Im Dieselmotor ist die Temperatursteigerung im Entflammungsstadium eine Funktion der für die blaue und die Explosionsflamme nötigen Sauerstoffzufuhr; deshalb darf ein weitgehendes Kracken des Brennstoffes nicht erwartet werden. In der Tat konnten weder in der blauen Flamme noch in der Kaltflamme niedrigere Produkte des Kohlenwasserstoffzerfalls nicht gefunden werden [36].

Demnach muß die Ursache der Rauchbildung in der Grundphase der Verbrennung gesucht werden. Nach der Entflammung eines bestimmten Volumens schreitet eine turbulente Flammenfront im heterogenen Gemisch fort, indem bei einer durchschnittlichen Luftüberschußzahl von $\alpha = 1{,}3$ bis $1{,}5$ sauerstoffarme Zone entstehen können. In

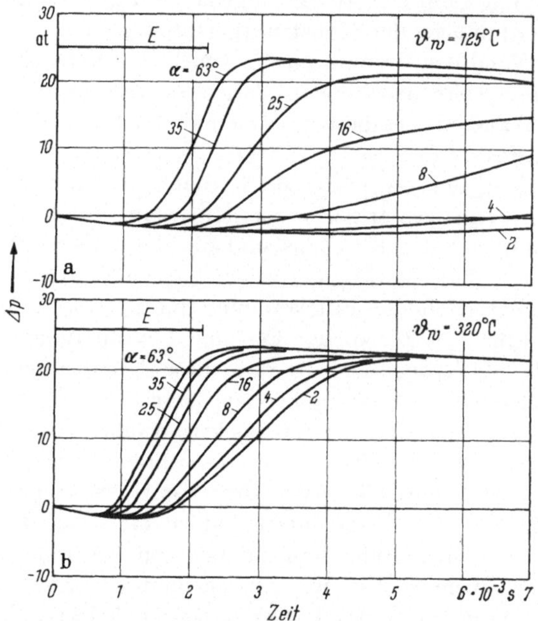

Abb. 102. Druckverlauf für verschiedene Aufspritzwinkel α als Funktion der Zeit. Wandtemperatur 125 bzw. 320 °C [65].

diesen Zonen kann beim Passieren der Flamme freie Kohle ausgeschieden werden — ähnlich wie bei der Diffusionsflamme. Das zeigt wieder, daß die einzige Möglichkeit zur Verhinderung einer Rauchbildung die vollkommene Vermischung des Brennstoffes mit der Luft ist.

Der weiche Gang des MAN-M-Motors erklärt sich hauptsächlich durch den Verlauf der Gemischbildung. Wegen der verhältnismäßig niedrigen Temperatur am Anfang des Vorganges verdampft bis zu Beginn der Zündung nur ein kleinerer Teil des Brennstoffes, was eine niedrige Drucksteigerungsgeschwindigkeit zur Folge hat. Nach Beginn der Verbrennung nimmt die Verdampfung sofort außerordentlich zu, so daß der rechtzeitige Ablauf der Verbrennung gesichert ist.

Der Verlauf des Verbrennungsprozesses wird in erster Linie von der Kammerwandtemperatur und der Menge des an die Wand gespritzten Brennstoffes bestimmt [65]. In Abb. 102 sind die in einer Dieselbombe durchgeführten Versuchsergebnisse von PISCHINGER bei einer Wandtemperatur von $\vartheta_W = 125$ und 320 °C für verschiedene Aufspritzungen dargestellt. Bei großen Winkeln, wenn praktisch kein Brennstoff an die Wand gelangt, ist ihr Einfluß gering. Bei intensiver Aufspritzung ($\alpha = 2°$ bis $8°$) beeinflußt die Wandtemperatur die Geschwindigkeit der Gemischbildung und der Verbrennung entscheidend.

Die Kurven der Verbrennungsgeschwindigkeit sind für eine Wandtemperatur von $\vartheta_W = 320$ °C in Abb. 103 dargestellt. Das Diagramm zeigt, daß mit Verkleinerung von α die je Zeiteinheit entstehende Verbrennungswärme

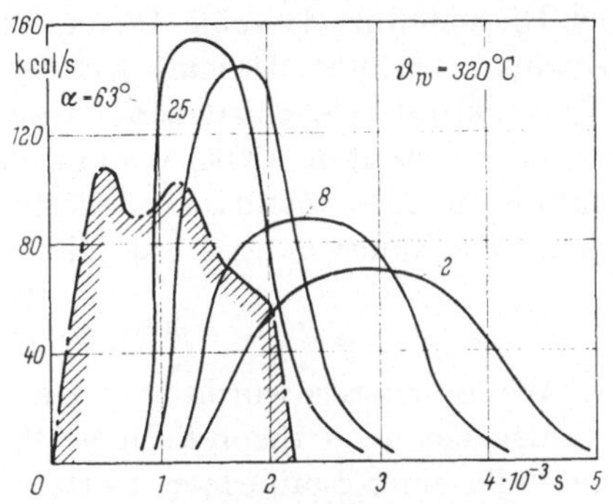

Abb. 103. Wärmeentwicklungsgesetz bei verschiedenem Aufspritzwinkel [65].

ab- und dementsprechend die Verbrennungsdauer zunimmt. Das gibt eine Möglichkeit, das Verbrennungsgesetz des Motors im Sinne einer Geräuschverminderung zu beeinflussen.

Eine weitere wichtige Erkenntnis aus PISCHINGERS Versuchen ist, daß sich der Zündverzug mit α ändert. Je kleiner der Aufspritzwinkel wird, um so länger dauert der Zündverzug. Auch dies ist ein Mittel zur Verminderung des Verbrennungsstoßes, der Kraftstoff in zwei oder mehreren Strahlen eingespritzt wird, die verschiedene, freie Strahllänge haben.

Im wesentlichen verläuft der Verbrennungsmechanismus in Glühkopfmotoren ähnlich. Nach der Einspritzung in der Nähe des unteren Totpunktes, erfolgt die Verdampfung des Brennstoffes in dem verhältnismäßig ruhigen Medium an der Glühkugel. Der Brennraum ist von einem Rauchgas erfüllt, dessen Sauerstoffkonzentration minimal ist, und nur zur Einleitung der Voroxydationsvorgänge ausreicht. Die thermische Entflammung der aktiven Zwischenprodukte kann erst dann erfolgen, wenn frische Luft vom Kolben in die Kammer gedrückt wird. Da die Mundöffnung des Brennraumes so ausgebildet ist, daß sie in der Kammer keine eindeutige Luftbewegung hervorbringt, erfolgt die Vermischung der aktiven Produkte mit der Luft nicht kontinuierlich. Daraus erklärt sich der harte, detonationsartige Verbrennungsvorgang dieser Motoren.

§ 32. Zündverzug im Dieselmotor

Der in den Brennraum eingespritzte Brennstoff entflammt nicht sofort, sondern erst nach Ablauf einer bestimmten Zeit. Diese Zeit wird als Induktionsperiode oder Zündverzug bezeichnet.

Während des Zündverzuges gelangt der Brennstoff in den Brennraum, löst sich in feine Tropfen auf und verdampft z. T. auch. Im verdampften Brennstoff beginnen die Voroxydationsvorgänge, die schließlich zur thermischen Entflammung führen.

Der Zündverzug ist ein wichtiges Kennzeichen des Kreisprozesses im Dieselmotor, da seine Dauer die dynamischen Charakteristiken des Zyklus beeinflußt. Deshalb hat die Bestimmung des Zündverzuges als Funktion der verschiedenen Parameter große Bedeutung.

Zuerst stellten NEJMAN und JEGOROV [49] auf Grund einer größeren Zahl gemessener Zündverzugswerte eine empirische Formel zur Berechnung des Zündverzuges auf (Methan, $T > 1000\ °K$):

$$p^{1,8}\,\tau_i\,e^{-\frac{41\,000}{T}} = \text{konst.}$$

Wenig später wurde von SEMJONOW [39] die Richtigkeit dieses Ausdruckes auch theoretisch bestätigt. Während der Zündverzugszeit, im Falle einer isothermen Kettenreaktion, ist die Reaktionsgeschwindigkeit nach SEMJONOW

$$w = A\,e^{\varphi\tau},$$

mit

$$\varphi = \text{konst.}\,p^n\,e^{-\frac{E}{RT}}.$$

Da während des Zündverzuges sich der Druck und die Temperatur nicht wesentlich ändern, kann A und sogar die Reaktionsgeschwindigkeit selbst als nahezu konstant angenommen werden, d. h.

$$w = A\,e^{\varphi\tau} = \text{konst.},$$

daraus folgt

$$p^n\,\tau_i\,e^{-\frac{E}{RT}} = \text{konst.} \tag{192}$$

Es sei bemerkt, daß dieser Ausdruck nur für Hochtemperatur-Entflammungsprozesse gültig ist (s. oben), wenn der Vorgang mit einer isothermen Kettenreaktion beginnt.

Während eines mehrphasigen Entflammungsprozesses kann keine konstante Reaktionsgeschwindigkeit angenommen werden, und außerdem ändert sich die Dynamik der einzelnen Phasen infolge der veränderlichen Druck- und Temperaturverhältnisse ständig, was sich auch auf die Zündverzugszeit auswirkt. Das Ineinanderfließen der verschiedenen Phasen der Gemischbildung sowie der Voroxydationsprozesse kompliziert das sowieso verwickelte Bild noch mehr. Außerdem ist, wie wir schon früher sahen, die Wirkung der Temperatur und des Druckes bei mehrphasigen Entflammungsprozessen in den verschiedenen Temperaturbereichen verschieden.

Die Tatsache, daß ein jeder Forscher andere Exponenten in Gl. (102) angibt, kann mit der zuvor beschriebenen Unsicherheit erklärt werden. So gibt WOLFER [57] $n = 1{,}19$ (mit $E/R = 4650$ und konst. $= 0{,}44 \cdot 10^{-3}$) und SERBINOW [47] $n = 0{,}3$ bis $0{,}5$ an. Nach TOLSTOW [48] ist hingegen $n = 0{,}5$, und nach den neuesten experimentellen Ergebnissen von SWIRIDOW [46] ergeben sich im uns interessierenden Temperaturbereich Werte von $1{,}0$ bis $1{,}2$.

Einige Forscher [48, 58] benutzen die Gl. (192) in der Form

$$\tau_i = \frac{c\sqrt{T}}{p^n}\, e^{\frac{E}{RT}}.$$

Bei der Verarbeitung experimenteller Angaben ist es zweckmäßig, die Werte im Koordinatensystem $\lg \tau_i - 1/T$ darzustellen. Dann ergibt die Tangente der Kurven den virtuellen Wert der Aktivierungsenergie — unter Berücksichtigung des Maßstabes.

Der virtuelle Wert der Aktivierungsenergie bewegt sich bei Voroxydationsprozessen den Experimenten zufolge zwischen 5100 und 6000 kcal/mol, abhängig von der Zusammensetzung des Brennstoffes.

Der Mangel aller bisherigen Arbeiten liegt in der Einbeziehung von Prozessen in den Zündverzug, während derer gar keine chemischen Reaktionen ablaufen (Zerfall des Strahles in Tröpfchen, Verdampfung von Kraftstoff in minimaler Menge). Deswegen mußte man mit einer Aktivierungsenergie rechnen, deren Größe von der tatsächlichen grundsätzlich abweicht. Ferner ist Gl. (192) strenggenommen nur für einphasige, sich im Hochtemperaturgebiet abspielende Entflammungsvorgänge gültig, während bei der mehrphasigen Entflammung (also auch in Dieselmotoren) die verschiedenen Aktivierungsenergien der einzelnen Teilprozesse und ihre Druckabhängigkeit nicht zum Ausdruck gebracht werden können. Bei unserer Versuchsarbeit haben wir auch gemerkt, daß der Gesamtzündverzug keine eindeutige Auswertung der dynamischen Verbrennungskennwerte $(dp/d\varphi,\ \lambda)$ erlaubt, weil diese auch von den relativen Zeiten der einzelnen Teilzündverzüge beeinflußt werden.

Nach Ansicht des Verfassers ist es zweckmäßig, besonders bei theoretischen Untersuchungen, den Gesamtzündverzug folgendermaßen aufzuteilen:

$$\tau_i = \tau_{\text{phys}} + \tau_1 + \tau_2 + \tau_3,$$

wobei

τ_{phys} der physikalische Zündverzug, d. h. die Zeitdauer, die zur Gestaltung des Strahles, zum Zerfall in Tröpfchen und zur Verdampfung einer geringen Kraftstoffmenge notwendig ist,

τ_1 der Zündverzug der kalten Flamme,

τ_2 der Zündverzug der blauen Flamme,

τ_3 der Zündverzug der Explosionsflamme ist.

Die eindeutige Bestimmung des Zündverzuges der blauen Flamme ist mit den heutigen Meßmethoden nicht möglich, deswegen scheint es zweckmäßiger τ_i in der Form

$$\tau_i = \tau_{\text{phys}} + \tau_1 + \tau_{2,3}$$

zu schreiben, wobei

$\tau_{2,3}$ Gesamtzündverzug der blauen und der Explosionsflamme ist.

Die Größe des physikalischen Zündverzuges hängt in gewissem Maße vom Zerstäubungsdruck und von der Temperatur des Mediums ab. Für den Zerstäubungsdruck bei unseren Versuchen (125 at) kann er mit $0,5 \cdot 10^{-3}$ s als konstant angenommen werden.

τ_1 und $\tau_{2,3}$ können experimentell bestimmt werden. τ_1 ergibt sich durch Subtraktion des physikalischen Zündverzuges von der Zeit vom Anfang des Einspritzens bis zum Erscheinen der kalten Flamme. $\tau_{2,3}$ wird auf Grund des Strahlungseffektes vom Beginn der kalten Flamme bis zum Beginn der Explosionsflamme gemessen.

Mit Gl. (192) kann man τ_1 und $\tau_{2,3}$ getrennt ausdrücken; dann ist

$$\tau_i = \tau_{\text{phys}} + \frac{c_1}{p^{n_1}} e^{\frac{E_1}{RT}} + \frac{c_2}{p^{n_2}} e^{\frac{E_2}{RT}}, \tag{193}$$

wobei c_1 und c_2 Konstanten sind.

Die charakteristischen Strahlungskurven der Kaltflammenvorgänge sind in Abb. 104a und b gezeigt. In der Kurve a folgt der zu Beginn der Kaltflamme auftretenden Strahlungsspitze eine verhältnismäßig lange Periode mit geringer Strahlungsintensität, nach einer steilen Strecke (die wahrscheinlich das Auftreten der blauen Flamme andeutet), nimmt die Kurve einen praktisch senkrechten Verlauf (Explosionsflamme). Im Diagramm b ist die Zeit nach der ersten Spitze kurz, dafür aber die Strahlungsintensität höher. Man kann beobachten, daß einer geringen Kaltflammenintensität ein langer Zündverzug $\tau_{2,3}$ und einer großen Kaltflammenintensität ein kurzer Zündverzug $\tau_{2,3}$ entspricht.

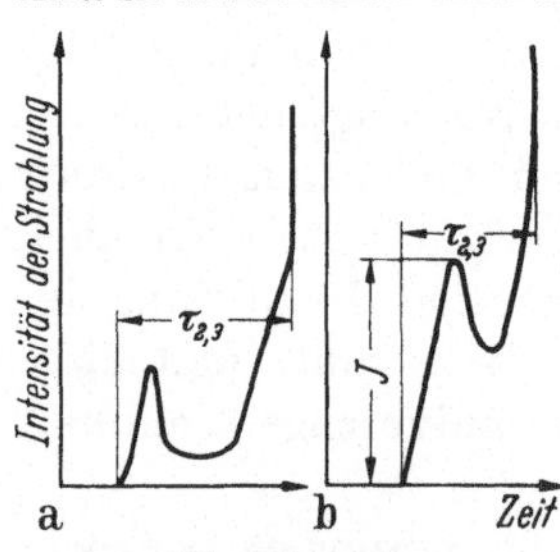

Abb. 104 a u. b.
Typische Strahlungskurven für Kaltflammenstrahlung.
a) in Motoren mit unmittelbarer Einspritzung, b) in Vor- und Wirbelkammermotoren.

Die unterschiedlichen Teilzündverzüge verschiedener in Tab. 4 angegebener Gasöle sind in Abhängigkeit vom Einspritzwinkel in Abb. 105 dargestellt. Auf Grund theoretischer Überlegungen und Versuchsbeobachtungen haben wir die Zeitdauer des physikalischen Zündverzuges mit $0,5 : 10^{-3}$ s gewählt. τ_1 und $\tau_{2,3}$ wurden unmittelbar durch Messungen bestimmt.

Mit abnehmendem Voreinspritzwinkel, d. h. bei Zunahme des Druckes und der Temperatur werden die Zündverzüge sowohl der kalten Flamme

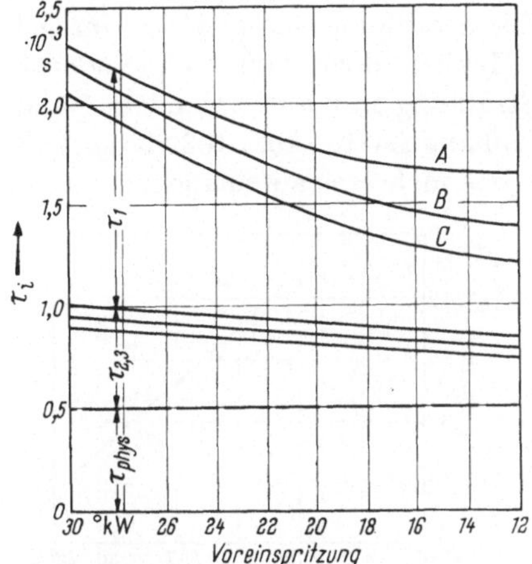

Abb. 105. Verlauf von Zündverzügen in Abhängigkeit von der Voreinspritzung.

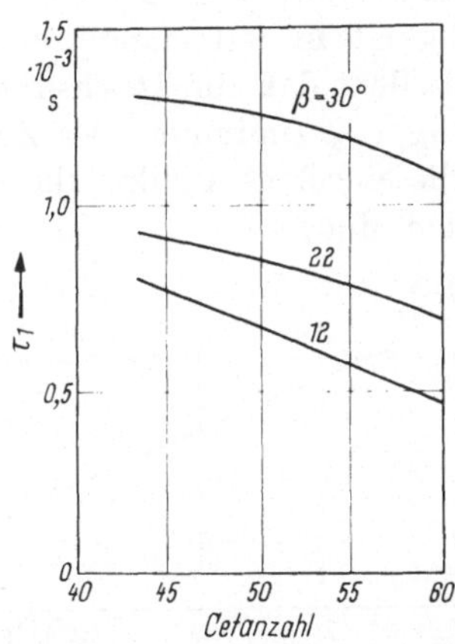

Abb. 106. Zusammenhang zwischen dem Zündverzug der Kaltflamme und der Cetanzahl für verschiedene Einspritzwinkel.

als auch der Explosionsflamme abnehmen. Die Abnahme ist bei Kraftstoffen mit verschiedenen Cetanzahlen unterschiedlich. Abb. 106 zeigt den Zündverzug der kalten Flamme über der Cetanzahl für verschiedene Voreinspritzwinkel. Die Änderung bei großen Voreinspritzungen, d. h. bei verhältnismäßig niedrigen Drücken und Temperaturen, ist nicht bedeutend.

Mit der Verminderung der Voreinspritzung erhöht sich die Empfindlichkeit des Kraftstoffes im Hinblick auf die Cetanzahl.

Abb. 107 zeigt den Zündverzug der Explosionsflamme über die Cetanzahl. Im dargestellten Bereich können wir einen linearen Verlauf feststellen, und $\tau_{2,3}$ nimmt mit steigender Cetanzahl ab.

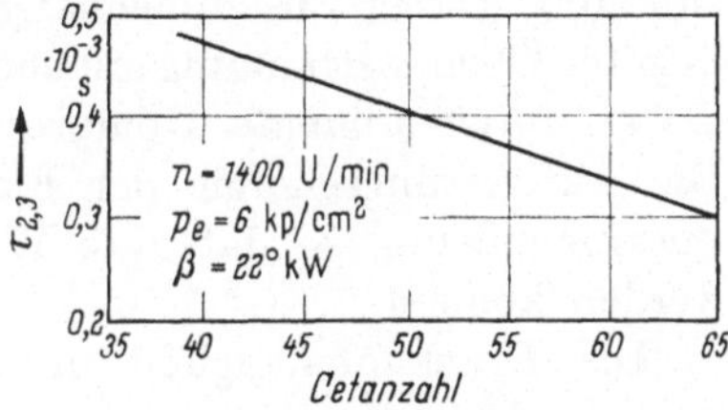

Abb. 107. Zusammenhang zwischen dem Zündverzug der blauen Flamme und der Cetanzahl.

Man kann sehen, daß der Zündverzug der Explosionsflamme ein wesentlicher Teil des Gesamtzündverzuges ist. In dieser Zeit entstehen die Verbrennungsprodukte der kalten Flamme als Zwischenprodukte; dies sind aktivierte, hochkonzentrierte freie Radikale und andere

Zersetzungsprodukte. Je größer die Dauer des Zündverzuges ist, um so höhere Konzentration der aktiven Produkte stehen für die Explosionsflamme zur Verfügung, und um so größer werden die Wärmeentwicklung und die Geschwindigkeit der Drucksteigerung.

Ein eindeutiger Zusammenhang besteht zwischen der Strahlungsintensität der kalten Flamme und dem Zündverzug der Explosionsflamme. Zwar zeigt die Intensität der Strahlung eine gewisse Unregelmäßigkeit in aufeinanderfolgenden Zyklen, doch läßt sich eindeutig feststellen, daß die Intensität der Strahlung mit abnehmendem Zündverzug $\tau_{2,3}$ zunimmt. Der Zusammenhang ist in Abb. 108 dargestellt, wo die einzelnen Punkte die Mittelwerte mehrerer aufeinanderfolgender Zyklen sind.

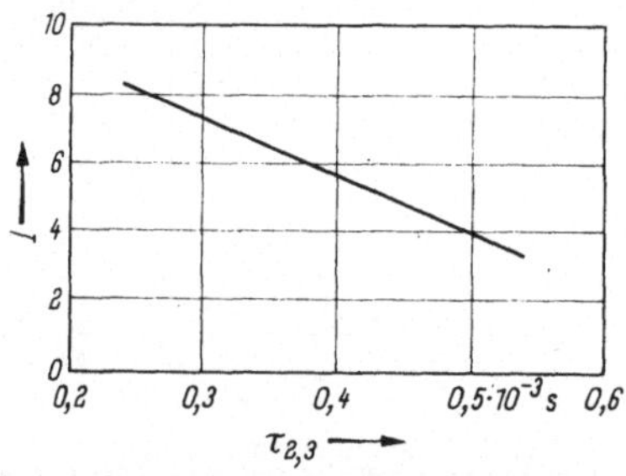

Abb. 108. Zusammenhang zwischen der Strahlungsintensität und dem Zündverzug der blauen Flamme.

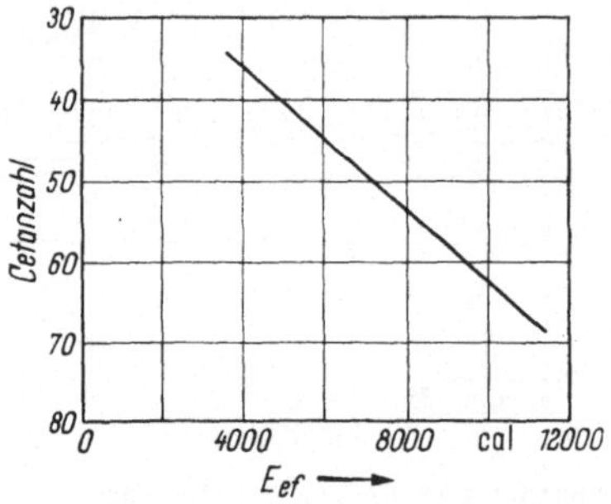

Abb. 109. Aktivierungsenergie der Kaltflamme als Funktion der Cetanzahl.

Eine Bearbeitung der Versuchsergebnisse nach Gl. (193) zeigt, daß die Aktivierungsenergie der kalten Flamme mit steigender Cetanzahl zunimmt. Dieser Zusammenhang ist in Abb. 109 gezeigt. Wir sind hier in guter Übereinstimmung mit den Versuchsergebnissen von SOKOLIK [37], die er durch adiabate Kompression verschiedener Kraftstoffe erhielt. Die Aktivierungsenergie der Explosionsflamme zeigt einen ähnlichen Zusammenhang, so daß ihre Werte in erster Näherung übernommen werden können.

Die Druckabhängigkeit des Zündverzuges weicht in den beiden Teilperioden wesentlich voneinander ab. Während des Zündverzuges der kalten Flamme ist der Exponent des Druckes $p\,n_1 = 0,7$; dagegen verläuft die Druckabhängigkeit des Zündverzuges der Explosionsflamme mit dem Exponenten $n_2 = 1,8$. Beispielsweise kann der Gesamtzündverzug für den Kraftstoff mit der Cetanzahl 52 durch die Gleichung

$$\tau_i = 0,5 \cdot 10^{-3} + 0,135 \cdot 10^{-3} \cdot \frac{e^{\frac{7800}{RT}}}{p^{0,7}} + 4,8 \cdot 10^{-3} \cdot \frac{e^{\frac{7800}{RT}}}{p^{1,8}}$$

beschrieben werden.

Jetzt verstehen wir auch, warum der für den gesamten Zündverzug angegebene Druckexponent bei den verschiedenen Forschern zwischen $n = 1,0$ und $n = 1,2$ variiert: er ist abhängig vom Verhältnis $\tau_{2,3}/\tau_1$, d. h. vom Überwiegen des einen oder des anderen Teilvorganges.

Neuerdings wurde der Versuch gemacht mit der Dimensionsanalyse eine neue empirische Formel zur Bestimmung des Zündverzuges aufzustellen [50].

Bei Motoren mit unmittelbarer Einspritzung hängt der Zündverzug von der Cetanzahl, dem Verdichtungsverhältnis, dem Einspritzwinkel, der Drehzahl und ferner vom Druck und der Temperatur ab, d. h.

$$\tau_i = f(CZ, \varepsilon, \beta, n, p_e, T_e).$$

Die hier auftretenden Parameter können dimensionslos gemacht werden mit:

$$\varphi_i = \tau_i n; \qquad \lambda = \frac{p_e}{p_0}; \qquad \pi = \frac{T_e}{T_0},$$

wird

$$\varphi_i = f_1(CZ, \varepsilon, \beta, \lambda, \pi). \tag{194}$$

Nach der Theorie der Dimensionsanalyse kann die Gl. (194) für ähnliche Prozesse als das Produkt von Potenzfunktionen geschrieben werden

$$\varphi_i = A\, CZ^k\, \varepsilon^l \beta^m\, \lambda^n\, \pi^p,$$

wo die Konstanten A, k, l, m, n, p auf Grund experimenteller Daten zu bestimmen sind.

Die Verarbeitung experimenteller Angaben liefert den Zusammenhang

$$\varphi_i = \frac{\beta^{0,6}}{CZ^{0,9}\, \varepsilon^{1,25}\, \lambda^{0,4}\, \pi^{3,2}} \cdot 4{,}11 \cdot 10^3.$$

Diese Formel gilt, wie schon früher erwähnt, für schnellaufende Motoren mit unmittelbarer Einspritzung [50].

§ 33. Einfluß physikalisch-chemischer und hydrodynamischer Faktoren auf den Entflammungs- und Verbrennungsprozeß

Der Ablauf des Verbrennungsvorganges wird im wesentlichen von der chemischen Zusammensetzung des Brennstoffes sowie von dem im Brennraum herrschenden Druck und der Temperatur bestimmt. Die Massengeschwindigkeit der Verbrennung (die Verbrennungsgeschwindigkeit des Brennstoffes), d. h. die Geschwindigkeit der Wärmeentwicklung, hängt jedoch von einer ganzen Reihe physikalisch-chemischer und hydrodynamischer Faktoren ab.

Die Klärung dieser Zusammenhänge ist sehr bedeutsam, da augenblicklich die Erhöhung der Drehzahl von Dieselmotoren zur Schlüsselfrage geworden ist. Mit Erhöhung der Drehzahl verringert sich die der Gemischbildung zur Verfügung stehende Zeit, jedoch muß nach wie vor der Brennstoff rechtzeitig und vollkommen verbrennen. Die Verlängerung des Zündverzuges ist zwar bis zu einer gewissen Grenze durch die Wahl eines größeren Einspritzwinkels ausgleichbar, aber die Zeitdauer der Grundphase der Verbrennung, in Kurbelwinkeln gemessen, kann nicht zunehmen.

Untersuchungen an Dieselmotoren zeigten, daß die Dauer der Grundphase der Verbrennung bei guter Gemischbildung nicht wesentlich mit der Drehzahl zunahm.

Deshalb kann man annehmen, daß, ähnlich wie in den Ottomotoren, die turbulente Pulsation während bestimmter Phasen der Verbrennung für die Beschleunigung des Vorganges große Bedeutung hat.

Im Dieselmotor hat die Temperaturänderung noch eine weitere Wirkung: nämlich bei Steigerung der Temperatur ändert sich auch das Verhältnis der chemischen Reaktionszeit zur Gemischbildungszeit $(\tau_{chem}/\tau_{Gemischb.})$.

Überschreitet die Geschwindigkeit der chemischen Reaktion die der Vermischung (bei hohen Temperaturen) wesentlich, so handelt es sich um eine Diffusionsverbrennung. Der in der Strahlenschale verdampfende Brennstoff fängt an, gegen die benachbarten Teile zu diffundieren, wenn an den Grenzoberflächen — die einen hohen Brennstoff- und Sauerstoffkonzentrationsgradienten haben — die Verbrennung schon beginnt. Die weitere Vermischung erfolgt bereits in der Flammenzone, so daß die Verbrennungsgeschwindigkeit von der Diffusionsintensität bestimmt wird. Die Kennzeichen der Verbrennung sind: kurzer Zündverzug, verzogene Verbrennung, im Rauchgas sind keine unverbrannten Zwischenprodukte zu finden.

Im anderen Extremfall ist die Zeit der Vermischung viel kürzer als die der chemischen Reaktion. Dann bildet sich bis zur Entflammung ein gleichmäßiges Gemisch, und vom Flammenkern aus schreitet die Verbrennung ähnlich wie im Ottomotor fort. Der Vorgang ist von einer weichen, rauchlosen Verbrennung gekennzeichnet.

Zwischen den beiden Extremfällen kann aber auch die Zeit der Vermischung mit der chemischen Reaktionszeit nahezu übereinstimmen. Dann ist charakteristisch, daß sich die Vermischung und der Oxydationsvorgang zu gleicher Zeit abspielen, und aufeinander einwirken. In diesem Fall wird ein bedeutender Teil des Brennraumes von einem mit aktiven Teilchen gesättigten Gemisch eingenommen, das im Laufe der Voroxydation die Bedingungen zur detonationsartigen Verbrennung erzeugt. Die Verbrennung erfolgt mit hoher Drucksteigerungsgeschwindigkeit. Das Verhältnis $\tau_{chem}/\tau_{Gemischb.}$ kann sich infolge von mehreren Faktoren ändern. So hängt z. B. die Geschwindigkeit der Gemischbildung in bedeutendem Maße von der Intensität der Turbulenz, aber weniger von der Temperatur ab. Die Geschwindigkeit der Reaktion hingegen hängt im wesentlichen nur von der Temperatur ab.

Die für die besprochenen Verbrennungstypen charakteristischen Druckkurven sind in Abb. 110 zu sehen. Bei niedriger Temperatur erfolgt die Wärmeentwicklung und die Druckerhöhung langsam nach einer S-Kurve. Für hohe Temperaturen ist ein kurzer Zündverzug, eine steile Druckerhöhung und ein langsames Nachbrennen charakteristisch. Im mittleren Temperaturbereich ist eine rasche Druckerhöhung und eine für die Detonationsverbrennung charakteristische Druckwellenschwingung ohne Nachbrennen wahrnehmbar.

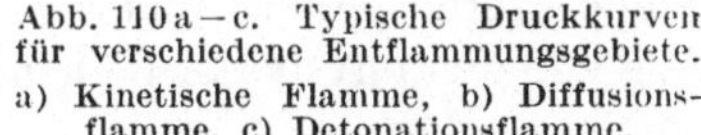

a) Einfluß der Anfangstemperatur. Der Mechanismus und die Dauer der Voroxydationsvorgänge, und damit der Zündverzug, hängen wesentlich von der zu Beginn der Einspritzung auftretenden Gemischtemperatur ab. Wenn sich dabei die Geschwindigkeit der Vermischung nicht wesentlich ändert, kann das Verhältnis $\tau_{\text{chem}}/\tau_{\text{Gemischb.}}$, abhängig von der Anfangstemperatur, einen unterschiedlichen Verlauf haben.

Die von SWIRIDOW [46] in einer Dieselbombe experimentell gefundenen Ergebnisse sind in Abb. 111 zu sehen. Der Zündverzug nimmt mit der Temperaturerhöhung ab, währenddem sich auch die Aktivierungsenergie verringert. Wenn man diese Kurven im Koordinatensystem $\lg \tau - 1/T$ darstellt, erhält man die Aktivierungsenergie.

Die Länge der Grundphase der Verbrennung τ_2 hängt in verschiedenen

Abb. 110a—c. Typische Druckkurven für verschiedene Entflammungsgebiete.
a) Kinetische Flamme, b) Diffusionsflamme, c) Detonationsflamme.

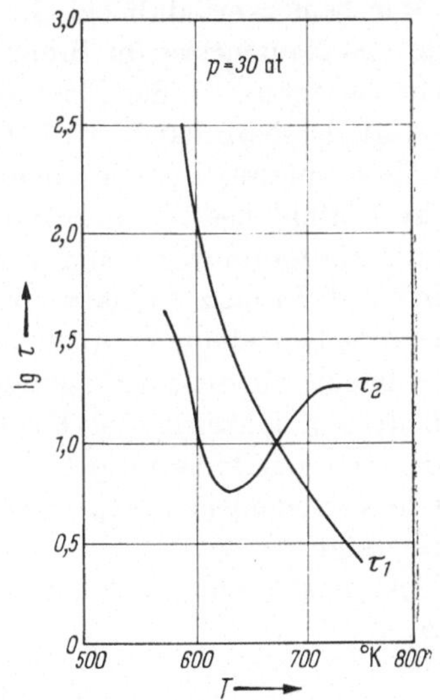

Abb. 111
Zündverzug und Verbrennungszeit in Abhängigkeit von der Temperatur.

Bereichen unterschiedlich von der Temperatur ab. Mit zunehmender Temperatur (bis etwa 650 °K) verringert sich τ_2, um dann wieder zu wachsen. Die maximale Verbrennung mit maximaler Geschwindigkeit erfolgte also bei diesen Experimenten etwa bei 650 °K gemäß der in Abb. 110 dargestellten Druckkurve. Nach SWIRIDOW wurde nämlich hier das Verhältnis $\tau_{\text{chem}}/\tau_{\text{Gemischb.}}$ erreicht, das die Bedingungen der detonationsartigen Verbrennung erfüllt.

Es ist sehr interessant, daß die maximale Kaltflammenintensität von SOKOLIK [37] bei derselben Temperatur gemessen wurde (s. Abb. 101), und daß der Knick der Zündverzugskurve im Koordinatensystem $\lg\tau - 1/T$ ebenfalls bei diesem Wert erfolgte.

Deshalb muß angenommen werden, daß die maximale Intensität der Kaltflammenprozesse auch zur Entwicklung der kurzen, detonationsartigen Verbrennung beiträgt.

Bei gewöhnlichen Dieselmotoren ($\varepsilon = 14$ bis 18) ist die Temperatur der Luft zur Zeit der Einspritzung 800 bis 900 °K, d. h. höher als der zur maximalen Kaltflammenintensität gehörende Wert von 650 °K. Das bedeutet jedoch nicht, daß sich bei dieser Temperatur die Detonationsverbrennung nicht entwickeln könnte. Abweichend von SWIRIDOWS Versuchen kann die Bedingung $\tau_{\text{chem}} = \tau_{\text{Gemischb.}}$ auch für andere Temperaturen gelten, und schließlich wird die Dynamik der Verbrennung von den physikalisch-chemischen und hydrodynamischen Faktoren gemeinsam bestimmt.

Wir bemerken, daß bei Glühkopfmotoren ($\varepsilon = 5$ bis 6) die Temperatur des Rauchgases im Brennraum etwa 650 °K ist, was — nach dem zuvor Gesagten — die Entwicklung der Detonationsverbrennung begünstigt. Deshalb hat hier die Gemischbildung und damit die Regelung der Verbrennung eine besondere Bedeutung.

b) Einfluß des Anfangsdruckes. Die Wirkung des Anfangsdruckes auf die Entflammungs- und Verbrennungsvorgänge ist noch heute eine nicht vollkommen geklärte Frage. Die experimentellen Ergebnisse widersprechen einander auch oft [47, 57], teilweise wegen der unterschiedlichen Versuchsbedingungen. Eine Änderung des Anfangsdruckes verändert gleichzeitig die Form des eingespritzten Brennstoffstrahles sowie auch die Dynamik der Zerstäubung und der Gemischbildung, was sich in verschiedenen experimentellen Einrichtungen auf verschiedene Weise zeigt.

Bekanntlich hängt der Zündverzug vom Druck nach dem Zusammenhang

$$\tau_i \sim \frac{1}{p^n}$$

ab, d. h., der Zündverzug ist der n-ten Potenz des Druckes umgekehrt proportional. WOLFER [57] gibt $n = 1{,}19$ an, während sich bei SERBINOW [47] dieser Wert zwischen 0,35 und 0,50 bewegt. In dieser Frage bedeuten die neuesten Experimente von SWIRIDOW [46] einen bestimmten Fortschritt, denen zufolge der Einfluß des Druckes auf den Zündverzug in verschiedenen Temperaturbereichen verschieden ist. Demnach wächst τ_i mit steigendem Druck unter 600 °K, zwischen 600 und 700 °K beeinflußt der Druck den Zündverzug praktisch nicht, während im Temperaturbereich 700 bis 900 °K τ_i mit dem Druck abnimmt (Abb. 112).

Im letztgenannten Temperaturbereich bewegt sich n zwischen 1,0 und 1,2. Ähnliche Resultate haben auch andere Forscher erhalten [*59, 62, 70*]. Zur vollen Klärung dieses Problems wären jedoch noch weitere Versuchsangaben nötig.

c) **Die Homogenität des Gemisches.** Die Feinheit und Gleichmäßigkeit der zerstäubten Brennstofftropfen haben wesentlichen Einfluß auf den Zündverzug. Die

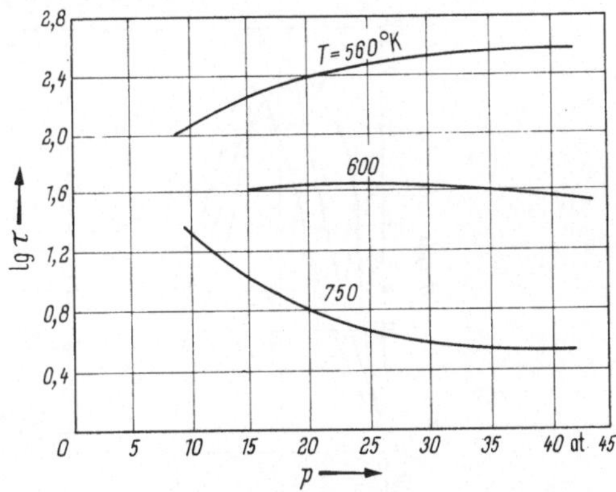

Abb. 112. Zündverzug für verschiedene Temperaturen in Abhängigkeit vom Druck [*46*].

Feinheit der Tropfen begrenzt die Verdampfungsgeschwindigkeit, während die Gleichmäßigkeit der Tropfen die Ausbildung der Konzentrationsfelder beeinflußt. Bei ganz gleichmäßigen Tropfen ist das Auftreten einer homogenen Konzentration wahrscheinlich, was im Hinblick auf die Entflammung ungünstig ist.

In Abb. 113 ist die Änderung des Zündverzuges als Funktion der Drehzahl für Brennstoffstrahlen verschiedener Feinheit und Verteilung dargestellt. Die Verteilungskurven der einzelnen Strahlen sind in Abb. 114 dargestellt. Wie man sieht, ist der Zündverzug am kürzesten für eine genügend feine jedoch nicht zu gleichmäßige Zerstäubung.

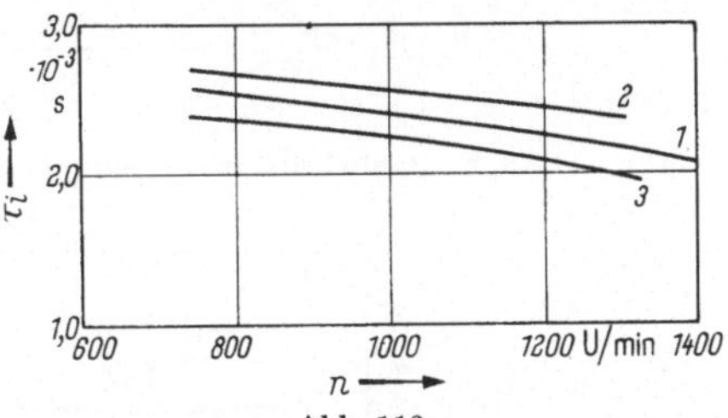

Abb. 113
Zündverzug in Abhängigkeit von der Drehzahl bei verschiedener Tropfengleichmäßigkeit.

Die rasche Verdampfung einer hohen Zahl kleiner Tropfen sichert den schnellen Beginn der Reaktionsvorgänge. Das Gesamtvolumen der kleinen Tropfen ist jedoch nicht groß, und die gröberen Tropfen erzeugen Konzentrationsunterschiede. Diese Konzentrationsungleichmäßigkeit, die im Laufe der Zeit immer mehr abnimmt und sich einer stöchiometrischen Zusammensetzung nähert, sichert in den verschiedenen Phasen der Voroxydation die optimalen Konzentrationsverhältnisse: ein reiches Gemisch für die Kaltflammenprozesse, ein etwas reicheres als das stöchiometrische Gemisch für die blaue Flamme. Bei der Düse

Nr. 2 ist die Zahl der kleinen Tropfen verhältnismäßig gering, und infolge der Verlangsamung des Verdampfungsprozesses erhalten wir den längsten Zündverzug.

Ähnliche Versuchsergebnisse wurden vom Verfasser gefunden; sie

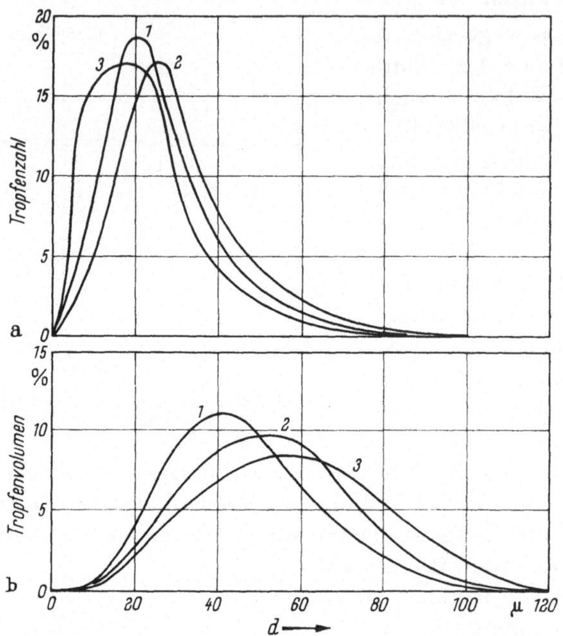

Abb. 114a u. b. Häufigkeitskurven der Tropfenkenngrößen bei verschiedenen Düsentypen.

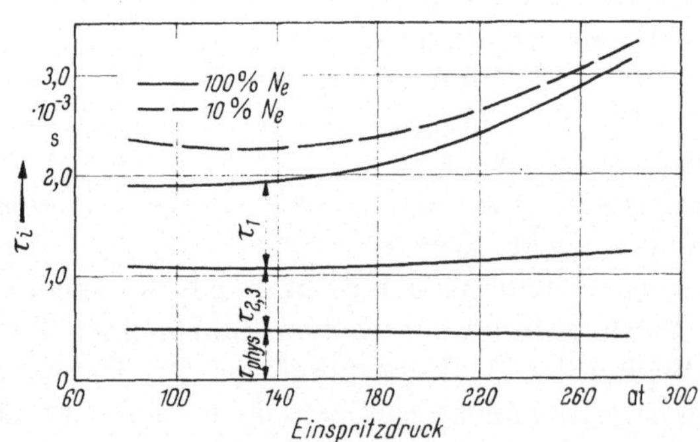

Abb. 115. Einfluß des Einspritzdruckes auf den Zündverzug in einem Motor mit unmittelbarer Einspritzung.

sind in Abb. 115 und 116 wiedergegeben. Bei Steigerung des Einspritzdruckes nimmt die Gleichmäßigkeit des Gemisches und damit der Zündverzug zu.

d) Hydrodynamische Faktoren. Die Erhöhung der Drehzahl von Dieselmotoren wurde eine Schlüsselfrage, besonders in der Fahrzeugtechnik. Mit zunehmender Drehzahl steht immer weniger Zeit zur Gemischbildung und Verbrennung zur Verfügung, deshalb müssen diese Vorgänge auf irgendeine Art beschleunigt werden. Das Wachsen des Zündverzuges (in Kurbelwinkeln) kann durch die Wahl eines größeren

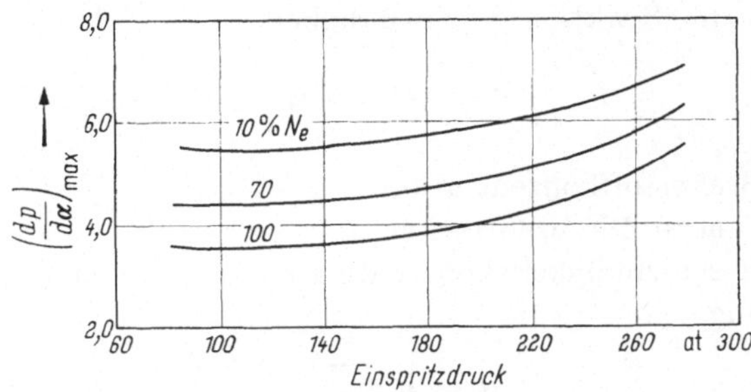

Abb. 116. Drucksteigerungsgeschwindigkeit in Abhängigkeit vom Einspritzdruck.

Einspritzwinkels bis zu einer gewissen Grenze ausgeglichen werden, die Verzögerung und Verschleppung der Verbrennung vermindert jedoch schon die Wirtschaftlichkeit des Kreisprozesses.

Die bisherigen Beobachtungen zeigten, daß bei guter Gemischbildung die Dauer der Verbrennung nicht wahrnehmbar mit Steigen der Drehzahl zunahm; deshalb muß angenommen werden, daß, ähnlich wie bei den Ottomotoren, die Grundphase der Verbrennung auch hier von der Turbulenz beschleunigt wird. Leider können wir nur auf eine einzige Arbeit verweisen [46], in der zur Bestätigung dieser Annahme ein Versuch gemacht wurde. Die Messungen bewiesen, daß in der Grundphase der Verbrennung die Brenngeschwindigkeit mit der Turbulenz wächst. Der Zündverzug verringert sich auch in gewissem Maße, jedoch konnte man hier keinen eindeutigen Zusammenhang feststellen.

Bei diesem Experiment wurde die Struktur und Intensität der Turbulenz nicht bestimmt; deshalb kann die beschleunigende Wirkung der Turbulenz quantitativ nicht angegeben werden.

Es besteht kein Zweifel, daß die Untersuchung des Einflusses hydrodynamischer Faktoren eine der wichtigsten experimentellen Aufgaben der nahen Zukunft ist.

§ 34. Verbrennungsgeschwindigkeit.
Berechnung des Indikatordiagramms

Die theoretische Konstruktion des Indikatordiagramms des Dieselmotors ist nur bei Kenntnis der Massengeschwindigkeit der Verbrennung möglich. Deshalb befaßten sich mehrere Forscher mit der analytischen

Bestimmung dieser Größe [61, 62]. Die Massengeschwindigkeit der Verbrennung hängt von den Gesetzen des Verlaufes der chemischen Reaktionen ab, und deshalb nahmen diese Rechnungen ihren Ausgang in den Zusammenhängen der chemischen Dynamik. Zur Vereinfachung des gesamten Verbrennungsvorganges wurde angenommen, daß er sich aus elementaren, bimolekularen Reaktionen zusammensetzt. Mit dieser Annahme ist die Reaktionsgeschwindigkeit

$$w = - \frac{d c_b}{d t} = k\, c_b\, c_{O_2}, \qquad (195)$$

wo

c_b die Brennstoffkonzentration,
c_{O_2} die Sauerstoffkonzentration,
k die Geschwindigkeitskonstante ist, deren Wert durch die Beziehung

$$k = k_0\, e^{-\frac{E}{R T}}$$

gegeben ist.

INOSEMZEW [62] nimmt an, daß die Verbrennung in einer heterogenen Phase beginnt, und in einer homogenen Phase endet.

Für beide Grenzfälle der Verbrennung bestimmte er den k_0-Wert, der für homogene Phase

$$k_0' = 11{,}15 \cdot \frac{\mu_b}{\gamma_b\, r_b} \sqrt{\frac{T}{\mu_{O_2}}},$$

und für die heterogene Phase

$$k_0'' = 2{,}7 \cdot 10^{10} \sqrt{\frac{\mu_b + \mu_{O_2}}{\mu_b\, \mu_{O_2}}\, T}$$

lautet, wo

μ_b, μ_{O_2} das Molekülgewicht des Brennstoffes bzw. des Sauerstoffes,
r_b der Tropfenradius ist.

Die dazwischenliegenden Werte k_0 wurden von INOSEMZEW nach der Formel

$$k = A\, e^{B \varphi}$$

berechnet, in der die Konstanten A und B aus den Grenzbedingungen bestimmt werden müssen.

Die Gleichung der Verbrennung kann nun folgendermaßen abgeleitet werden. Wenn das Einspritzgesetz als Funktion des Kurbelwinkels $\sigma = f(\varphi)$ bekannt ist, wird die Konzentration des Brennstoffes

$$c_b = \frac{(\sigma - x)\, B_0}{\mu_b\, V},$$

wo

B_0 die je Zyklus eingespritzte Brennstoffmenge,
V das momentane Zylindervolumen,
x der verbrannte Teil des Brennstoffes ist.

Die Sauerstoffkonzentration beträgt

$$c_{O_2} = \frac{(\alpha - x)\,0{,}21\,L_0\,B_0}{V},$$

wo

α die Luftüberschußzahl,
L_0 der theoretische Luftbedarf ist.

Durch Einsetzen dieser Werte in Gl. (195) erhält man

$$\frac{dc_b}{dt} = k\,\frac{(\sigma - x)}{\mu_b\,V}\,\frac{(\alpha - x)\,0{,}21\,L_0\,B_0}{V},$$

ferner

$$\frac{dc_b}{dt} = \frac{B_0}{\mu_b\,V}\,\frac{dx}{dt} = 6\,n\,\frac{B_0}{\mu_b\,V}\,\frac{dx}{d\varphi},$$

und daraus folgt

$$\frac{dx}{d\varphi} = k\,\frac{0{,}21\,L_0\,B_0}{n}\,\frac{(\sigma - x)\,)\alpha - x)}{V}.$$

Diese Differentialgleichung wurde von K. NEUMANN [*61*] für kleine Intervalle $(\varphi_2 - \varphi_1)$ integriert, wenn die Werte k, V und σ als konstant angenommen werden können. Für das Ende des Intervalls erhielt er

$$x_2 = \frac{\sigma\,\dfrac{\alpha - x_1}{\sigma - x_1} - \alpha\,e^{-\Phi\,\Delta\varphi}}{\dfrac{\alpha - x_1}{\sigma - x_1} - e^{-\Phi\,\Delta\varphi}}, \tag{196}$$

mit

$$\Phi = \frac{0{,}21\,L_0\,B_0\,k\,(\alpha - \sigma)}{6\,n\,V}.$$

Wenn wir annehmen, daß die Geschwindigkeitskonstante eine Funktion der Kurbelstellung ist, kann die Differentialgleichung integriert werden. Durch Einführen einer neuen Veränderlichen

$$z = \alpha - x; \quad dz = -dx$$

erhalten wir die BERNOULLIsche Differentialgleichung

$$\frac{dz}{d\varphi} = -\frac{0{,}21\,L_0\,B_0}{6\,n}\,\frac{k(\varphi)}{V(\varphi)}\,[(\sigma + \alpha)\,z + z^2],$$

und daraus

$$z = \alpha - x = e^{\int \Phi\,d\varphi}\left[C + \frac{0{,}21\,L_0\,B_0}{6\,n}\int \frac{k(\varphi)}{V(\varphi)}\,e^{\int \Phi\,d\varphi}\,d\varphi\right].$$

Wenn die Geschwindigkeit der Wärmeentwicklung, d. h. die Funktion $x = f(\varphi)$, bekannt ist, dann kann das Indikatordiagramm konstruiert werden. Nach dem ersten Hauptsatz der Thermodynamik ist

$$dQ = c_v\,dT + A\,p\,dV.$$

Wenn von Verlusten abgesehen wird, ist

$$dQ = B_0\,H_u\,dx.$$

Damit erhalten wir nach einfachen Umformungen die Gleichung

$$\frac{dp}{d\varphi} = \frac{\varkappa - 1}{A\,V}\,\frac{B_0\,H_u\,dx}{d\varphi} - \varkappa\,\frac{P}{V}\,\frac{dV}{d\varphi}\,, \tag{197}$$

und mit den Abkürzungen

$$V = \frac{V_h}{2}\,f(\varphi)\,,$$

$$f(\varphi) = \frac{\varepsilon + 1}{\varepsilon - 1} - \cos\varphi + \frac{\lambda}{2}\sin^2\varphi\,,$$

ergibt sich daraus

$$\frac{dp}{d\varphi} + \varkappa\,\frac{f'(\varphi)}{f(\varphi)}\,p = \frac{2\,B_0\,H_u\,(\varkappa - 1)}{A\,V_h}\,\frac{dx}{f(\varphi)\,d\varphi}\,.$$

Aus dieser Gleichung erhält man für kleine Zeitintervalle

$$p_2\,f(\varphi_2)^\varkappa - p_1\,f(\varphi_1)^\varkappa = \frac{2\,B_0\,H_u\,(\varkappa - 1)\,\varDelta x}{A\,V_h}\,f(\varphi_{1,2})^{\varkappa - 1}\,. \tag{198}$$

Der polytrope Exponent ändert sich in jedem Intervall mit der Temperatur und der Gaszusammensetzung.

Die am Ende des Intervalls auftretende Temperatur T_2 kann folgendermaßen bestimmt werden. Nach der Zustandsgleichung ist

$$p_2\,V_2 = 848\,M'\,T_2,$$

wo M' die Molzahl während der Verbrennung ist.

Wenn M die Molzahl während des Kompressionshubs, d. h. zu Beginn der Verbrennung, $\mu = M'/M$ die wirkliche Moländerung und $V_2 = (V_h/2)\,f(\varphi_2)$ ist, dann wird

$$T_2 = \frac{V_h\,f(\varphi_2)\,p_2}{848 \cdot 2\,\mu\,M}\,,$$

mit

$$M = B_0\,L_0\,\alpha\,(1 + \gamma_r)\,,$$

$$\mu = 1 + \frac{0{,}0664}{\alpha\,(1 + \gamma_r)}\,x\,,$$

wo γ_r der Restgaskoeffizient ist.

Zu diesen Berechnungsmethoden sei bemerkt, daß sie nur für regelbare Verbrennungsprozesse benutzt werden können, bei denen der Zündverzug wesentlich kürzer als die Einspritzdauer ist.

Auch dann kann die Berechnung noch erhebliche Abweichungen gegenüber dem tatsächlichen Ablauf zeigen, weil der Verbrennungsvorgang nicht als Summe elementarer bimolekularer Reaktionen betrachtet werden kann.

Neuerdings führt man, um die Berechnung zu vereinfachen, Versuche zur Bestimmung der Verbrennungsfunktion mit Hilfe halbempirischer Formeln durch [63]. So wurden von WIEBE unter der Annahme, daß die relative Dichte der aktiven Zentren sich mit der Zeit nach der Potenzfunktion

$$\varrho = k_2 \, t^m$$

ändert, die Beziehungen

$$x = 1 - e^{-6{,}9\left(\frac{t}{t_z}\right)^{m+1}} \tag{199}$$

bzw.

$$w = \frac{dx}{d\,(t/t_z)} = 6{,}9\,(m+1)\left(\frac{t}{t_z}\right)^m e^{-6{,}9\left(\frac{t}{t_z}\right)^{m+1}} \tag{200}$$

abgeleitet, wo

t_z die Verbrennungszeit,

x der Anteil der verbrannten Brennstoffmenge,

m der für die Verbrennung charakteristische Exponent ist.

Für Dieselmotoren ändert sich der Exponent m zwischen 0,1 und 1,0. In den Abb. 117 und 118 sind die

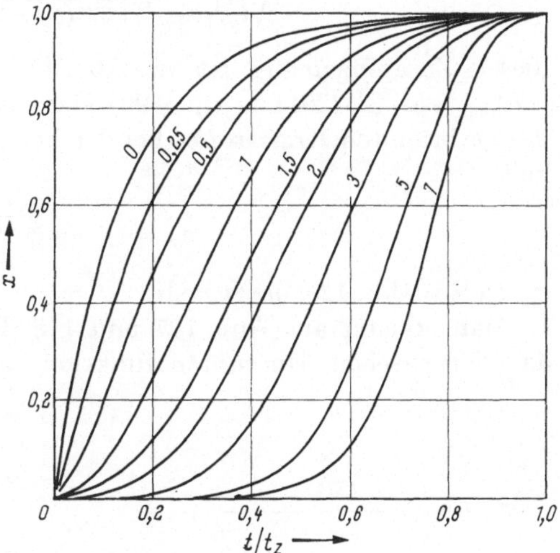

Abb. 117. Durchbrennfunktion nach WIEBE für verschiedene m-Werte.

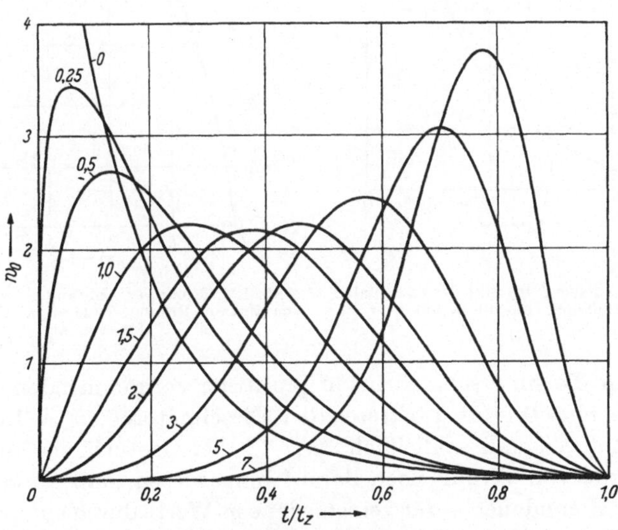

Abb. 118. Brenngeschwindigkeitskurven nach WIEBE für verschiedene m-Werte.

Kurven $x = f(t/t_z)$ und $w = f(t/t_z)$ für verschiedene Exponenten m zu sehen. Die Bearbeitung experimenteller Ergebnisse zeigt, daß die oben angeführten Gleichungen die Dynamik der Verbrennung mit genügender Genauigkeit beschreiben.

Im Verbrennungsgesetz ist der Zeitpunkt der größten Umsetzungsgeschwindigkeit noch von Interesse, deshalb wird Gl. (200) noch differenziert. Nach einigen Umformungen erhält man

$$\left(\frac{t}{t_z}\right)_{\text{max}} = \left[\frac{m}{6,9\,(m+1)}\right]^{\frac{1}{m+1}} ; \tag{201}$$

dieser Zusammenhang ist in Abb. 119 graphisch dargestellt. Wird $(t/t_z)_{\text{max}}$ aus Gl. (201) in Gl. (199) eingesetzt, so ergibt sich der Anteil des verbrannten Kraftstoffes bei der höchsten Umsetzungsgeschwindigkeit:

$$x_m = 1 - e^{\frac{-m}{m+1}}, \tag{202}$$

x_m ist in Abb. 120 dargestellt.

Man erkennt aus Abb. 117 und 118 die große Anpassungsfähigkeit der WIEBEschen Durchbrennfunktion und des WIEBEschen Brenn-

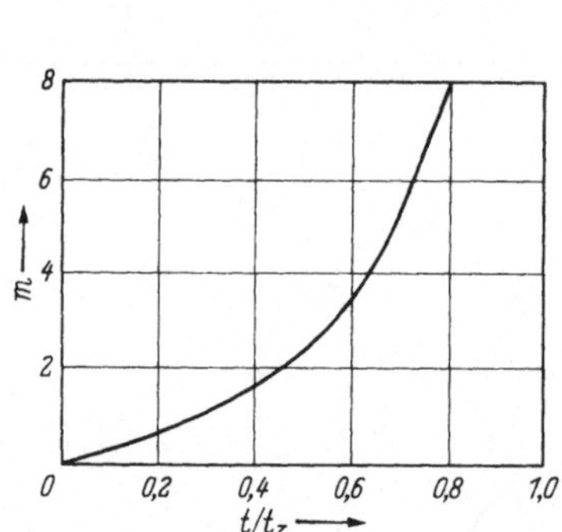

Abb. 119. Bezogener Zeitpunkt der maximalen Brenngeschwindigkeit als Funktion von m.

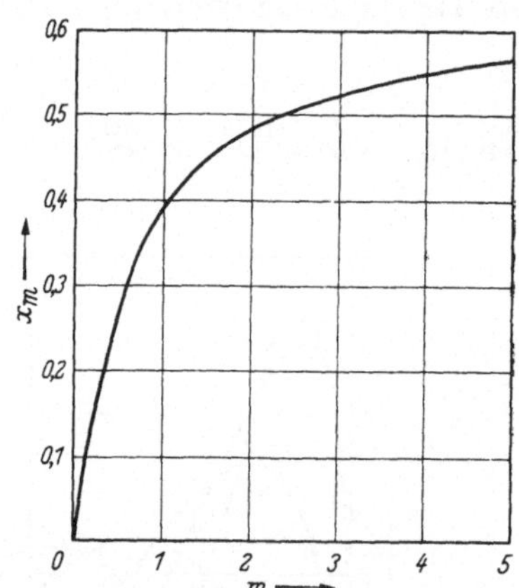

Abb. 120. Relativer Abbrand x_m zur Zeit der maximalen Brenngeschwindigkeit als Funktion von m.

gesetzes an die unterschiedlichsten praktisch vorkommenden Verläufe. Die Werte $m = 0,1$ bis $1,0$ treten bei Dieselmotoren, $m = 1,0$ bis $3,0$ bei Ottomotoren und schließlich $m > 4,0$ bei Gasturbinen auf.

Es wurde von WIEBE noch darauf hingewiesen, daß — bei gleichbleibender Brenndauer — für verschiedene m-Werte durch entsprechende Einstellung eines optimalen Zündbeginns wieder die gleichen Ergebnisse zu erzielen sind. Abb. 121 zeigt verschiedene Brenngesetze, die im oberen Totpunkt alle den gleichen Wert ergeben.

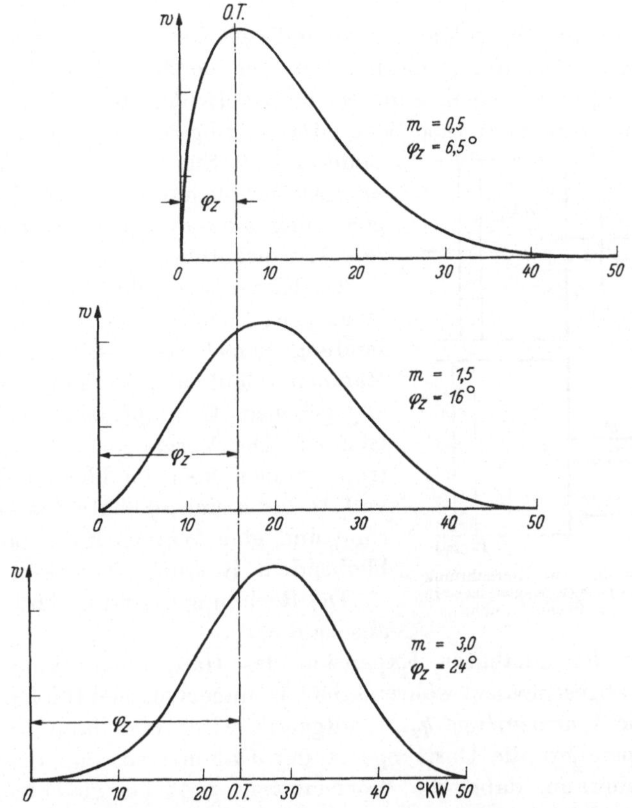

Abb. 121. Drei Brenngesetze mit gleichen Ergebnissen im oberen Totpunkt.

§ 35. Berechnung des Wärmeentwicklungsgesetzes in unterteilten Brennräumen. Verfahren von Csóka

Das Studium der Indikatordiagramme von Motoren mit unterteiltem Brennraum zeigte, daß der Druckunterschied zwischen der Kammer und dem Hauptbrennraum nach dem oberen Totpunkt noch längere Zeit verhältnismäßig groß bleibt. Das weist darauf hin, daß die Wärmeentwicklung in der Kammer noch weiter andauert. Das kommt vor, wenn der Druck im Hauptbrennraum — nach dem ersten Ausblasen der Kammer — den Kammerdruck überschreitet, und dadurch das weitere Ausblasen aus der Kammer verhindert wird.

Das Ausblasen des in der Kammer zurückbleibenden Kraftstoffes wird möglich, wenn der Druck im Hauptbrennraum — infolge der

Verschiebung des Kolbens — unter den Kammerdruck sinkt. Die Verbrennung erfolgt wegen der Verschleppung mit schlechtem Wirkungsgrad.

Zur zahlenmäßigen Untersuchung dieser Erscheinungen ist es zweckmäßig, eine Berechnungsmethode zu verwenden, der leicht meßbare Größen zugrunde liegen. Eine solche veröffentlichte CSÓKA [*68*]. Das Grundprinzip dieser Methode ist die Darstellung der polytropen Zustandsänderung als Summe zweier einfacherer, aufeinanderfolgender Zustandsänderungen, einer adiabaten und einer isochoren mit Wärmezufuhr.

Die Kammer und der Hauptbrennraum stehen zwar jederzeit miteinander in Verbindung, jedoch lassen sich die in beiden Räumen ablaufenden Vorgänge nach dem angegebenen Grundprinzip voneinander trennen. Die Vorgänge sind zwar polytrop, können aber im kleinen Zeitintervall Δt durch eine adiabate Zustandsänderung und eine Wärmezufuhr bei gleichbleibendem Rauminhalt ersetzt werden.

Die Rechnungen sind in Abb. 122 veranschaulicht:

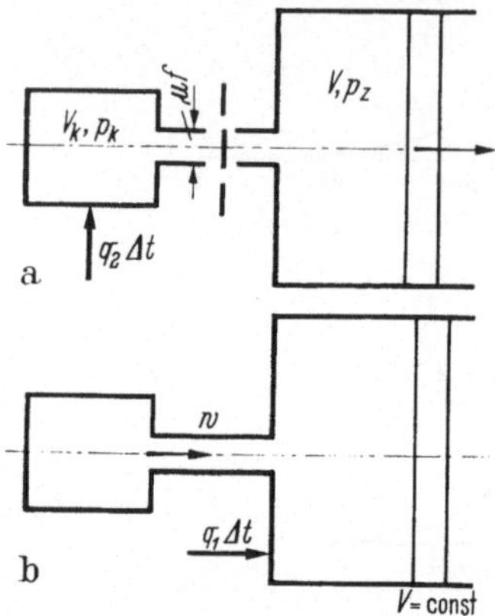

Abb. 122a u. b. Zur Berechnung des Wärmeentwicklungsgesetzes in unterteilten Brennräumen.

α) bei der adiabaten Expansion des Hauptbrennraumes ist die Kammer abgeschlossen, während dem Kammervolumen infolge Wärmezufuhr die Wärmemenge $q_2 \Delta t$ mitgeteilt wird; und dann

β) expandiert die Gasmenge in der Kammer so, daß das Gas im Hauptbrennraum dabei die Wärmemenge $q_1 \Delta t$ bei gleichbleibendem Volumen aufnimmt.

Demzufolge kann die Wärmezufuhr in den Hauptbrennraum angegeben werden. Die Druckänderung infolge der adiabaten Expansion ist

$$\Delta p_z' = -\varkappa p_z \frac{\Delta V}{V},$$

oder bei Kenntnis des Zusammenhanges $V = V(t)$

$$\Delta p_z' = -\varkappa p_z \frac{dV}{dt} \frac{\Delta t}{V}. \tag{203}$$

Der zweite Teilvorgang während der Zeitdauer Δt ist die Wärmezufuhr bei $V = $ konst., und gleichzeitig eine adiabate Expansion im Kammerraum. Die Änderung des inneren Wärmegehaltes im Hauptbrennraum verursacht die Wärmezufuhr und die Energie, die in dem aus der Kammer strömenden Gas enthalten ist.

Bezeichnen wir die Zustandsgrößen im engsten Querschnitt mit p, ϱ und T, so ist die aus der Kammer in den Hauptbrennraum übergegangene Wärmemenge

$$q_w = \mu f w \varrho c_p T = \mu f w \frac{c_p}{R} p.$$

Im unterkritischen Bereich $(M < 1)$ ist $p = p_z$ und daher

$$q_w = \mu f w \frac{c_p}{R} p_z.$$

Wenn $p_k < p_z$ ist, so entsteht eine Strömung in entgegengesetzter Richtung und statt p_z muß man $p_z (p_k/p_z)^{1/\varkappa}$ schreiben.

Wenn die in der Zeiteinheit in den Hauptbrennraum eingeführte Wärmemenge mit q_1 [kcal/s] bezeichnet wird, so ist die Zunahme des Wärmegehaltes

$$V \Delta (c_v \varrho_z T_z) = \frac{c_v}{R} V \Delta p_z'' = q_1 \Delta t + \mu f w \frac{c_p}{R} p_z \Delta t,$$

und daraus folgt

$$\Delta p_z'' = \frac{\varkappa - 1}{A} \frac{q_1 \Delta t}{V} + \varkappa \frac{\mu f w p_z}{V} \Delta t. \tag{204}$$

Für die resultierende Druckänderung erhält man

$$\Delta p_z = \Delta p_z' + \Delta p_z'',$$

und mit Hilfe der Gln. (203) und (204) kann man für q_1 die Beziehung

$$q_1 = \frac{A}{\varkappa - 1} \left[V \frac{dp_z}{dt} + \varkappa p_z \frac{dV}{dt} - \varkappa \mu f w p_z \right] \tag{205}$$

aufstellen. Die gesamte Wärmemenge ist durch die Gleichung

$$Q = \sum q_1 \Delta t \tag{206}$$

gegeben.

Das die Kammer beherrschende Wärmeentwicklungsgesetz wird nach der oben geschriebenen Methode berechnet.

Die elementare Druckänderung, infolge der Wärmezufuhr bei $V =$ konst., ist

$$\Delta p_k' = \frac{R}{c_v} \frac{q_2 \Delta t}{V_k}; \tag{207}$$

hingegen erhält man für die Druckänderung infolge der adiabaten Expansion

$$\Delta p_k'' = -\varkappa p_k \frac{\mu f w \left(\dfrac{p_z}{p_k} \right)^{1/\varkappa}}{V_k} \Delta t, \tag{208}$$

oder bei Strömung in entgegengesetzter Richtung

$$\Delta p_k'' = \varkappa p_k \frac{\mu f w}{V_k} \Delta t.$$

Die resultierende Druckänderung kann mit Hilfe der Gln. (207) und (208) in der Form

$$\Delta p_k = \Delta p_k' + \Delta p_k''$$

oder

$$\Delta p_k = \frac{R}{c_v}\,\frac{q_2\,\Delta t}{V_k} - \varkappa\,p_k\,\frac{\mu f w \left(\frac{p_z}{p_k}\right)^{1/\varkappa}}{V_k}\,\Delta t$$

dargestellt werden. Daraus folgt das Wärmeentwicklungsgesetz der Kammer:

$$q_2 = \frac{A}{\varkappa - 1}\left[V_k \frac{dp_k}{dt} + \varkappa\,p_k \left(\frac{p_z}{p_k}\right)^{1/\varkappa} \mu f w \right]. \tag{209}$$

Aus den Gln. (205) und (209) erhält man das Gesamtwärmeentwicklungsgesetz

$$q = q_1 + q_2$$

in der Form

$$q = \frac{A}{\varkappa - 1}\left[V \frac{dp_z}{dt} + \varkappa\,p_z \frac{dV}{dt} + V_k \frac{dp_k}{dt} - \varkappa\,\mu f w \left(p_z - p_k \left(\frac{p_z}{p_k}\right)^{1/\varkappa}\right)\right]. \tag{210}$$

Die in dieser Gleichung auftretenden Größen p_k, p_z und dp_z/dt, dp_k/dt können z. B. mit einem piezoelektrischen Indikator direkt gemessen werden. Einige Schwierigkeiten mag die Bestimmung der Strömungsgeschwindigkeit machen. Letztere läßt sich mit der MACH-schen Zahl

$$M^2 = \frac{2}{\varkappa - 1}\left[\left(\frac{p_k}{p_z}\right)^{\frac{\varkappa - 1}{\varkappa}} - 1\right]$$

ausdrücken; es ist

$$w = Ma,$$

mit a als der Schallgeschwindigkeit.

Die genaue Untersuchung des letzten Gliedes der Gl. (210) zeigt, daß es die $(\varkappa - 1)$-fache kinetische Energie des strömenden Gases ist. Diese Energie macht nur 2 bis 5% der zugeführten Gesamtwärme-menge aus und kann im allgemeinen vernachlässigt werden. Dann lautet Gl. (210) wesentlich vereinfacht

$$q = \frac{A}{\varkappa - 1}\left[V \frac{dp_z}{dt} + \varkappa\,p_z \frac{dV}{dt} + V_k \frac{dp_k}{dt}\right]. \tag{211}$$

In Motoren mit unmittelbarer Einspritzung ist $V_k = 0$; daher nimmt für sie das Wärmeentwicklungsgesetz die einfache Form

$$q = \frac{A}{\varkappa - 1}\left[V \frac{dp_z}{dt} + \varkappa\,p_z \frac{dV}{dt}\right] \tag{212}$$

an. Die mit diesen Gleichungen durchgeführten Rechnungen sind für einen Fahrzeugdieselmotor in Abb. 123 dargestellt.

Wie man sieht, hat der Verlauf der Verbrennung einen pulsierenden Charakter, der eine Verschleppung der Verbrennung und einen schlechten Wirkungsgrad zur Folge hat.

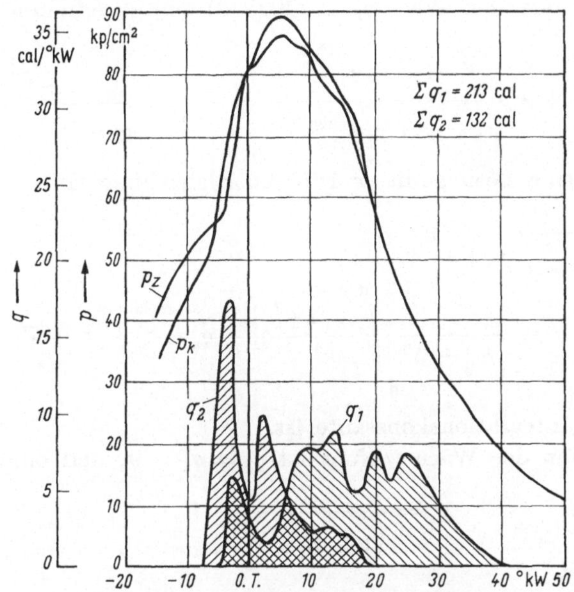

Abb. 123. Berechnetes Brenngesetz in der Vorkammer und im Hauptbrennraum eines Diesel-motors (Steyr-Csepel-Fahrzeug-Diesel) [68].

Die Differentialgleichung des thermischen Gleichgewichtes und die Bedingung für den optimalen Wirkungsgrad des Motors.

Die sich in der Kammer und im Hauptbrennraum abspielenden Vorgänge stehen in engem Zusammenhang miteinander; sie beeinflussen sich gegenseitig. Die beiden Vorgänge bestimmen gemeinsam den Wirkungsgrad des Motors.

Zur Untersuchung der Wechselwirkung der beiden Räume drücken wir $\varkappa\,\mu\,f\,w$ nach Gl. (205) aus, und erhalten durch Einsetzen in Gl. (209) die Differentialgleichung

$$\frac{dp_z}{dt} + \frac{\varkappa p_z \dfrac{dV}{dt} + V_k \left(\dfrac{p_z}{p_k}\right)^{\frac{\varkappa-1}{\varkappa}} \dfrac{dp_k}{dt}}{V} - \frac{\dfrac{\varkappa-1}{A}\left[q_1 + \left(\dfrac{p_z}{p_k}\right)^{\frac{\varkappa-1}{\varkappa}} q_2\right]}{V} = 0,$$

$$(213)$$

die das thermische Gleichgewicht des Motors, abgesehen von den Verlusten, angibt.

Um dp_k/dt zu eliminieren, führen wir die Abkürzung

$$\frac{p_z}{p_k} = x$$

ein; damit wird

$$p_k = \frac{p_z}{x}; \qquad \frac{dp_k}{dt} = p_k' = \frac{p_z'\,x - p_z\,x'}{x^2}.$$

Setzen wir nun den Wert p_k' in Gl. (213) ein, so erhalten wir

$$p_z' + x\,p_z\,\frac{V' - \dfrac{1}{x}\,V_k\,x^{-\frac{x+1}{x}}\,x'}{V + V_k\,x^{-\frac{1}{x}}} = \frac{x-1}{A}\,\frac{q_1 + q_2\,x^{\frac{x-1}{x}}}{V + V_k\,x^{-\frac{1}{x}}}. \qquad (214)$$

Die allgemeine Lösung dieser Differentialgleichung lautet

$$p_z = \frac{C}{\left(V + V_k\,x^{-\frac{1}{x}}\right)^x} +$$

$$+ \frac{1}{\left(V + V_k\,x^{-\frac{1}{x}}\right)^x} \int_0^t \frac{x-1}{A}\left(q_1 + q_2\,x^{\frac{x-1}{x}}\right)\left(V + V_k\,x^{-\frac{1}{x}}\right)^{x-1} dt,$$

$$(215)$$

wo C eine Integrationskonstante ist.

Zu Beginn der Wärmezufuhr ist $q_1 = q_2 = 0$, und damit

$$p_z = \frac{C}{\left(V + V_k\,x^{-\frac{1}{x}}\right)^x}.$$

Daraus folgt

$$C = p_z\,V^x + p_k\,V_k^x = p_0\,V_0^x,$$

wobei $V_0 = V_h + V_c$ das Gesamtvolumen des Zylinders ist. Durch Einsetzen von C in Gl. (215), erhält man für p_z

$$p_z = \frac{1}{\left(V + V_k\,x^{-\frac{1}{x}}\right)^x} \times$$

$$\times \left[p_0\,V_0^x + \frac{x-1}{A}\int_0^t \left(q_1 + q_2\,x^{\frac{x-1}{x}}\right)\left(V + V_k\,x^{-\frac{1}{x}}\right)^{x-1} dt\right]. \qquad (216)$$

Mit Hilfe der Gl. (216) kann man die optimale Bedingung für ein Verbrennungsgesetz im Hinblick auf den thermischen Wirkungsgrad bestimmen.

Bekanntlich lautet der thermische Wirkungsgrad des Kreisprozesses

$$\eta_t = \frac{Q_1 - Q_2}{Q_1},$$

wo

$$Q_1 = \int_0^t (q_1 + q_2)\,dt \quad \text{die zugeführte Wärmemenge,}$$

Q_2 die abgeführte Wärmemenge ist.

Q_1 kann für einen gegebenen Motor als konstant angenommen werden, so daß nur noch Q_2 betrachtet werden muß. Offensichtlich ist der Wirkungsgrad η_t um so höher, desto kleiner die abgeführte Wärme Q_2 ist. Deshalb muß man den extremalen (minimalen) Wert von Q_2 suchen.

Die mit den Auspuffgasen abgeführte Energie ist

$$Q_2 = G_0\, c_v (T_{za} - T_0).$$

Es ist zu fordern, daß

$$Q_2 = \frac{1}{V_0^{\varkappa-1}} \int\limits_0^t \left(q_1 + q_2\, x^{\frac{\varkappa-1}{\varkappa}}\right) \left(V + V_k\, x^{-\frac{1}{\varkappa}}\right)^{\varkappa-1} dt = \text{Min}. \qquad (217)$$

Die Gleichung bedeutet geometrisch, daß die Bedingung des optimalen Wirkungsgrades erfüllt ist, wenn das Integral der Produkte $(q_1 + q_2\, x^{\varkappa-1/\varkappa})$ und $(V + V_k\, x^{-1/\varkappa})^{\varkappa-1}$ nach der Zeit einen Mindestwert erreicht.

Für Motoren mit unmittelbarer Einspritzung ist $q_2 = 0$, wodurch sich die Forderung nach Gl. (217) zu

$$\frac{1}{V_0^{\varkappa-1}} \int\limits_0^t q\, V^{\varkappa-1}\, dt = \text{Min}. \qquad (218)$$

vereinfacht.

§ 36. Dynamische Zykluskennwerte

Die die Dynamik des Verbrennungsvorganges kennzeichnende Faktoren sind die mittlere und die maximale Drucksteigerungsgeschwindigkeit sowie der Druckerhöhungsgrad λ.

Es ist schon seit langem bekannt, daß die Geschwindigkeit der Drucksteigerung um so größer ist, je länger der Zündverzug im Verhältnis der Einspritzdauer dauert. Jedoch sind konkrete quantitative Zusammenhänge hierüber allein in der Arbeit von TOLSTOW [48] für Motoren mit direkter Einspritzung zu finden. Auf Grund einer größeren Zahl experimenteller Angaben, gelang es festzustellen, daß die dynamischen Zykluswerte in bestimmtem Zusammenhang mit der Dauer des Zündverzuges sowie dem dynamischen Faktor σ stehen. Letzterer drückt die relative Menge des während des Zündverzuges eingespritzten Brennstoffes aus, d. h., er lautet

$$\sigma = \frac{q_\tau}{q_\Sigma}, \qquad (219)$$

wo

q_τ die Menge des während des Zündverzuges eingespritzten Brennstoffes,

q_Σ die je Zyklus eingespritzte Menge ist.

Die experimentell gefundenen Zusammenhänge sind in den Abb. 124, 125 und 126 dargestellt.

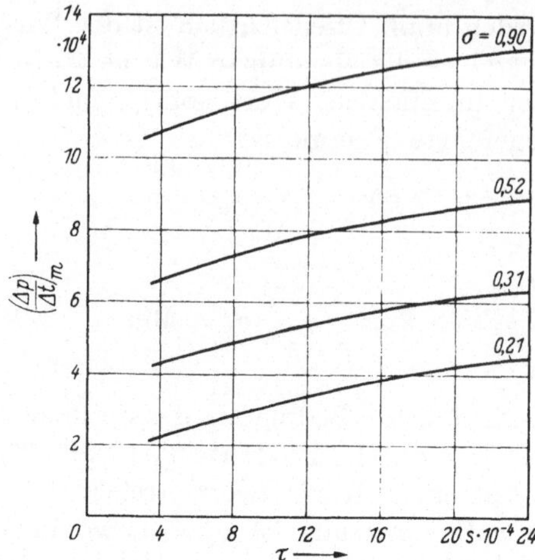

Abb. 124. Mittlere Drucksteigerungsgeschwindigkeit in Abhängigkeit vom Zündverzug für verschiedene σ-Werte.

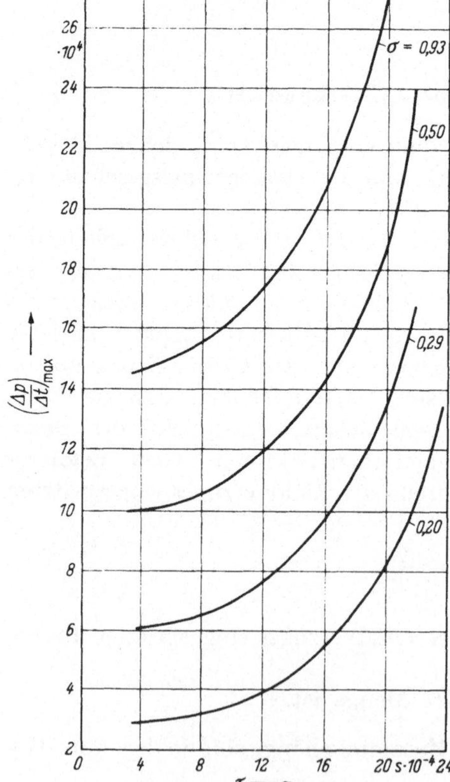

Abb. 125. Maximale Drucksteigerungsgeschwindigkeit in Abhängigkeit vom Zündverzug für verschiedene σ-Werte.

Der Zündverzug τ_i wirkt sich bei konstanten q_τ-Werten nur wenig auf $(\Delta p/\Delta t)_m$ und λ, jedoch auf die maximale Drucksteigerungsgeschwindigkeit in größerem Maße aus. Der Einfluß von τ_i steht bei konstanter Voreinspritzung mit der Änderung der zweiten Phase der Verbrennung in Zusammenhang.

Der Faktor σ hat eine wesentlich größere Wirkung auf die dynamischen Zykluskennwerte. Das ist auch verständlich, da bei Steigerung des Wertes σ zur Zeit der Entflammung mehr Brennstoff zur Verfügung steht. Gleichzeitig wird für die rasche Verbrennung des Kraftstoffes durch den kinetischen Charakter des Verbrennungsvorganges gesorgt.

Die in den Abbildungen gezeigten Kurven können im Zündverzugsintervall $\tau_i = 8{,}0$ bis $22 \cdot 10^{-4}$ s durch die empirischen Formeln

$$\left(\frac{\Delta p}{\Delta t}\right)_m = d + a\,\tau_i^n,$$

$$\left(\frac{\Delta p}{\Delta t}\right)_{max} = D + b\,e^{k\,\tau_i},$$

$$\lambda = c + m\,\tau_i$$

dargestellt werden, wo

$$a = 1{,}1 \cdot 10^6; \quad k = 1{,}8 \cdot 10^3;$$

$$n = 0{,}6$$

ist. Die Werte b, c, d, D und m sind veränderlich, deren Abhängigkeit vom σ in Tab. 6 angegeben ist.

Tabelle 6

σ	b	C	d	m	D
0,2	$1,5 \cdot 10^3$	1,18	$1,4 \cdot 10^4$	180	$2,5 \cdot 10^4$
0,3	$2,05 \cdot 10^3$	1,25	$3,3 \cdot 10^4$	250	$5,8 \cdot 10^4$
0,4	$2,5 \cdot 10^3$	1,28	$4,5 \cdot 10^4$	350	$7,8 \cdot 10^4$
0,5	$2,8 \cdot 10^3$	1,29	$5,6 \cdot 10^4$	440	$9,4 \cdot 10^4$
0,6	$3,1 \cdot 10^3$	1,30	$6,7 \cdot 10^4$	520	$10,9 \cdot 10^4$
0,7	$3,3 \cdot 10^3$	1,31	$7,8 \cdot 10^4$	580	$12,0 \cdot 10^4$
0,8	$3,5 \cdot 10^3$	1,33	$8,9 \cdot 10^4$	630	$13,0 \cdot 10^4$
0,9	$3,7 \cdot 10^3$	1,34	$10,0 \cdot 10^4$	670	$13,8 \cdot 10^4$

Es ist interessant, daß in den Zusammenhängen nicht die Größe $dp/d\varphi$, sondern dp/dt auftritt. Daraus folgt, daß in der ersten Phase der Entflammung die Turbulenz keine wesentliche Bedeutung hat. Die erwähnten Versuchsergebnisse haben die Richtigkeit dieser Tatsache bestätigt, für Motoren mit direkter Einspritzung, in denen keine intensive Luftbewegung auftritt. Sonst können sich die Zykluskennwerte infolge der Luftbewegung wesentlich ändern.

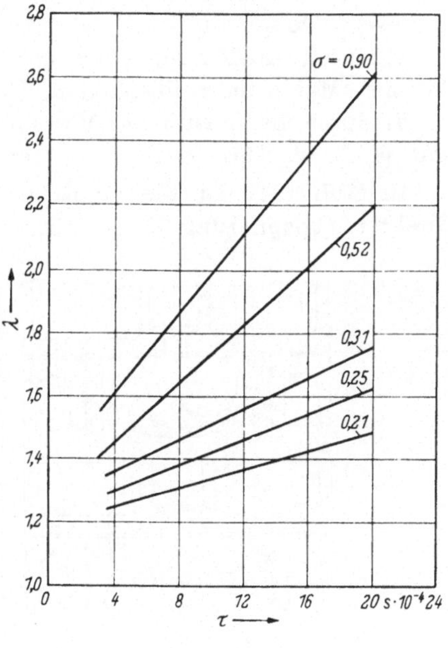

Abb. 126
Drucksteigerungsverhältnis in Abhängigkeit vom Zündverzug für verschiedene σ-Werte.

V. Gemischbildungsablauf in verschiedenen Brennräumen

§ 37. Allgemeines über die Gemischbildung

Unter der Gemischbildung versteht man die Gesamtheit der voneinander abhängigen Teilprozesse, die im Brennraum ein mehr oder weniger gleichmäßiges Brennstoff-Luft-Gemisch entstehen lassen. Die

Gemischbildung beginnt mit der Zufuhr des Brennstoffes in den Brennraum mit Hilfe des Einspritzsystems. Der durch die Düsenbohrung austretende Brennstoffstrahl zerfällt in eine größere Zahl kleiner Tropfen. Die Tropfen verteilen sich unter der Wirkung verschiedener hydrodynamischer Faktoren (geordnete Luftbewegung, turbulente Pulsation) immer mehr im Brennraum, und ihre Verdampfung beginnt.

Die charakteristischen Eigenschaften des Gemischbildungsprozesses hängen hauptsächlich von der Gestalt des Brennraumes ab. Brennräume können im Hinblick auf das Gemischbildungsverfahren in zwei Hauptgruppen unterteilt werden:

α) solche mit unmittelbarer Einspritzung und

β) unterteilte Brennräume.

In Brennräumen mit unmittelbarer Einspritzung kann die gute Gemischbildung

α) durch Ausbildung einer geordneten Luftbewegung (geschirmte Ventile, Mulde im Kolbenboden, Drallkanal-Saugrohr usw.) oder

β) durch die vollständige Verteilung des Brennstoffes im Brennraum mit Hilfe der Düse erreicht werden.

In Abb. 127c ist die typische Anordnung für einen Motor mit direkter Einspritzung dargestellt. Im Brennraum kommt keine ge-

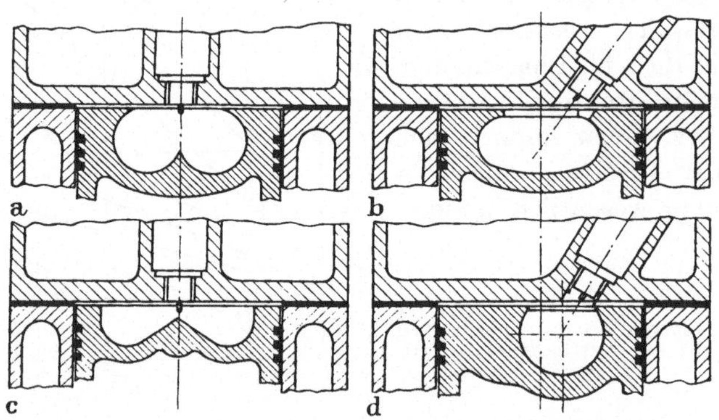

Abb. 127 a—d. Brennräume mit unmittelbarer Einspritzung.

ordnete Luftbewegung zustande, und eine Mehrlochdüse muß in Verbindung mit einem verhältnismäßig hohen Einspritzdruck für die gute Verteilung des Brennstoffes sorgen.

In den Brennräumen dieses Typs sind die hydraulischen Verluste vernachlässigbar gering, die intensiv gekühlte Oberfläche des Brennraumes ist minimal, so daß hiermit ein sehr kleiner Kraftstoffverbrauch erreicht werden kann. Ihr Nachteil hingegen liegt in der Empfindlichkeit gegen die Qualität des Brennstoffes und die Güte der Zerstäubung.

Der Verbrennungsdruck und die Drucksteigerungsgeschwindigkeit sind im allgemeinen hoch.

Das Bestreben zur Überwindung dieser Nachteile führte zur Gestaltung verschiedener Kolbenkammermotoren, deren grundsätzliche Ausführungen in Abb. 127a, b und d dargestellt sind. Um eine gute Gemischbildung zu erzielen, wird hier auch die Bewegung der in die Kolbenmulde strömenden Luft benutzt. Außerdem begegnen wir häufig geschirmten Ventilen, die einen Luftwirbel in der vertikalen Achse erzeugen. Die Schirmung der Ventile verringert den volumetrischen Wirkungsgrad; daher versucht man neuerdings dieselbe Wirkung mit entsprechender Führung des Saugkanals zu erreichen.

Die hydraulischen Verluste sind auch bei Kolbenkammern nicht wesentlich, und in Anbetracht der nicht intensiven Kühlung der Kolbenkammer, kann man auch hier gute Verbrauchswerte erhalten.

Gleichzeitig können die dynamischen Zykluskennwerte günstiger sein, jedoch reagieren sie auf einige Einflußgrößen recht empfindlich.

Die Motoren mit unterteilten Brennräumen bilden die andere Gruppe der Dieselmotoren (Abb. 128). Dazu gehören Aggregate nach dem Wirbelkammer-, Vorkammer und Luftspeicherverfahren (welch letztere heute immer seltener werden).

Bei diesen Verfahren wird die gute Gemischbildung durch die Luftströmung während des Kompressions- bzw. Expansionshubes (Aus-

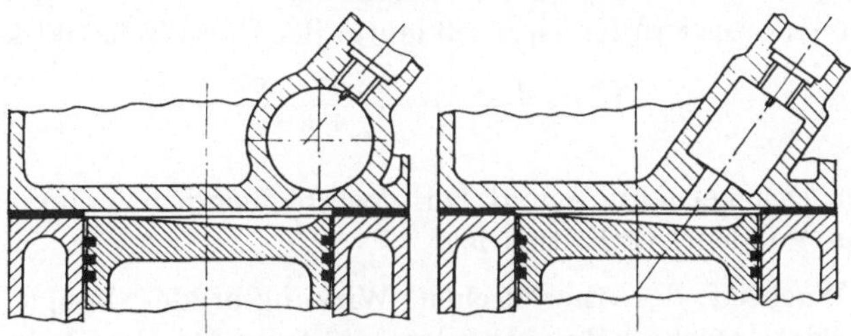

Abb. 128. Unterteilte Brennräume.

blasen) gesichert. Sie sind nicht empfindlich gegen die Brennstoffqualität und die Zerstäubungsgüte, wie die Motoren mit direkter Einspritzung. Der Luftausnutzungsgrad kann bei diesen Verfahren sehr gut sein ($\alpha = 1{,}1 \sim 1{,}3$), wodurch ein hoher effektiver Mitteldruck erzielt wird. Die dynamischen Zykluskennwerte sind ebenfalls günstig.

Ihr Nachteil hingegen besteht — infolge der Ausbildung des Brennraumes — im Auftreten zusätzlicher hydraulischer und Wärmeverluste, die in Motoren mit direkter Einspritzung nicht entstehen. Deshalb wird der spezifische Kraftstoffverbrauch hier im allgemeinen höher als bei Strahleinspritzung liegen. Da die Bedingungen zum Anlassen ungünstig sind, werden Glühkerzen benötigt.

§ 38. Brennräume mit unmittelbarer Einspritzung

In Motoren mit unmittelbarer Einspritzung erfolgt die Einfuhr des Brennstoffes direkt in den Hauptbrennraum. Seine Verteilung im Brennraum, die Prozesse der Gemischbildung und der Verbrennung, die schließlich die Wirtschaftlichkeit des Arbeitsprozesses bestimmen, hängen von einer ganzen Reihe von Einflußgrößen ab. Diese Faktoren haben hauptsächlich konstruktiven Charakter; die wichtigsten davon sind:

α) das Kompressionsverhältnis,

β) der Rauminhalt der Brennkammer (bei Kolbenkammermotoren),

γ) die Form des Brennraumes,

δ) die konstruktive Gestaltung der Düse,

ε) der Neigungswinkel der Düse,

v) das Einspritzgesetz,

η) die Form und die Abmessungen der Kolbenmulde.

Die optimale Verknüpfung dieser Faktoren sichert den wirtschaftlichen Betrieb des Motors.

Im folgenden soll die Wirkung dieser Faktoren auf den Arbeitsprozeß untersucht werden.

a) Kompressionsverhältnis. Aus der Theorie der Verbrennungsmotoren ist bekannt, daß mit wachsendem Kompressionsverhältnis der thermische Wirkungsgrad des Kreisprozesses zunimmt.

Für einen SABATHÉ-Kreisprozeß lautet der thermische Wirkungsgrad

$$\eta_t = 1 - \frac{1}{\varepsilon^{\varkappa-1}} \, \frac{\lambda \varrho^\varkappa - 1}{(\lambda - 1) + \varkappa \lambda (\varrho - 1)} \, .$$

wo

λ der Druckerhöhungsgrad bei gleichbleibendem Volumen.

ϱ das Volldruckverhältnis ist.

Das Wachsen des thermischen Wirkungsgrades hängt von der Änderung des Druckerhöhungsgrades λ und des Druckverhältnisses ab. Zwischen diesen Faktoren und der übertragenen Wärmemenge besteht der Zusammenhang [70]

$$\frac{q_1 + q_2}{c_v T_c} = \lambda - 1 + \varkappa \lambda (\varrho - 1);$$

nach Einsetzen der Temperatur T_c aus der Beziehung

$$T_c = T_e \, \varepsilon^{\varkappa-1},$$

erhalten wir

$$\frac{q_1 + q_2}{c_v T_e} = \varepsilon^{\varkappa-1}[\lambda - 1 + \varkappa \lambda (\varrho - 1)].$$

Bei konstanter Wärmezufuhr ist die linke Seite der Gleichung konstant. also muß sich mit zunehmendem ε der Ausdruck in Klammern verringern. Da bei schnellaufenden Dieselmotoren die Verbrennung so schnell erfolgt, daß sie dem klassischen Ottozyklus nahekommt, ist die Verringerung von λ wahrscheinlicher. Das hingegen führt zur Verringerung des thermischen Wirkungsgrades. Auch das trägt dazu bei, daß mit zunehmendem Kompressionsverhältnis der thermische Wirkungsgrad nicht proportional wächst.

Der mechanische Wirkungsgrad verringert sich mit dem Kompressionsverhältnis: daher hat das Produkt $\eta_m \cdot \eta_t$ in bezug auf ε ein Maximum.

Bei Steigerung des Kompressionsverhältnisses nimmt der Verbrennungsenddruck zu, deshalb ist die Erhöhung von ε über einen bestimmten Wert nicht zweckmäßig. Im allgemeinen ist es nicht üblich, $\varepsilon = 18$ bis 19 zu überschreiten, und nur selten kommen Werte von $\varepsilon = 20$ bis 21 vor.

Diese Überlegungen wurden von Experimenten bestätigt; es gelang beispielsweise bei einem Verhältnis $\varepsilon = 12$ bis 13 Verbrauchswerte unter 180 g/PSh zu erreichen (Lanz, D-14, MIB-D).

Die Endtemperatur der Kompression hängt auch noch vom Kompressionsverhältnis ab und von diesem wiederum der Zündverzug. Mit zunehmendem ε verringert sich die Zündverzugszeit, wodurch die dynamischen Zykluskennwerte günstig beeinflußt werden, falls die Gemischbildung gut ist.

Im wesentlichen gelten diese Bemerkungen zum Kompressionsverhältnis auch für Dieselmotoren mit unterteiltem Brennraum.

b) Teilungsverhältnis bei Kolbenkammermotoren. Das Kompressionsverhältnis bestimmt das Volumen des Brennraumes. Wenn der Brennstoff im ganzen Brennraum gleichmäßig verteilt ist, so nimmt die ganze Luft am Verbrennungsvorgang teil, im Gegensatz zu Motoren mit unterteiltem Brennraum, wo die Luft, die sich an Stellen befindet, die der Zerstäubung ferner sind, auch ungenutzt bleiben kann.

In Kolbenkammermotoren erfolgt die Einspritzung des Brennstoffes direkt in die Kolbenkammer, deshalb steht für die Gemischbildung nur die Luft in der Kammer zur Verfügung, während die Luftmenge über dem Kolbenboden nur teilweise nach dem Ausblasen ausgenutzt werden kann. Deshalb wird hier der Verbrennungsvorgang von der Luftüberschußzahl α nicht genau charakterisiert. Dann ist es richtiger, mit der auf das Volumen der Kolbenkammer bezogenen Luftüberschußzahl

$$\alpha_k = \frac{V_k}{V_c}\,\alpha$$

zu rechnen, wo

V_k der Rauminhalt der Kolbenkammer,
V_c der Rauminhalt des ganzen Brennraumes ist.

Demnach verringert der Raum über dem Kolben die relative Luftüberschußzahl; deshalb muß er möglichst klein gehalten werden, damit

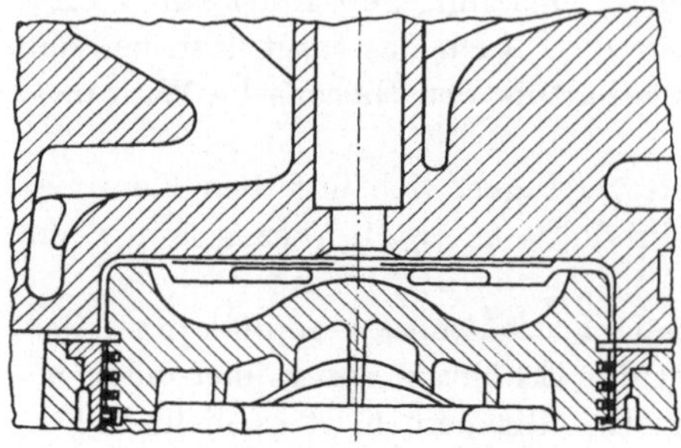

ein um so größerer Teil der in den Zylinder geführten Luft an der Gemischbildung teilnimmt. Bei ausgeführten Typen bewegt sich der Wert des Verhältnisses V_k/V_c zwischen 0,75 und 0,85.

c) Einfluß der Brennraumgestaltung auf die Gemischbildung. Die Brennraumgestaltung hat wesentlichen Einfluß auf die Güte des ganzen

Abb. 129. Brennraum von HESSELMANN.

Arbeitsvorganges. Die Ausgestaltung des Brennraumes bestimmt dessen intensiv gekühlte Oberfläche, die vom Gesichtspunkt der Wärmeverluste von großer Bedeutung ist. Auch die Bewegung der Luft im Brennraum

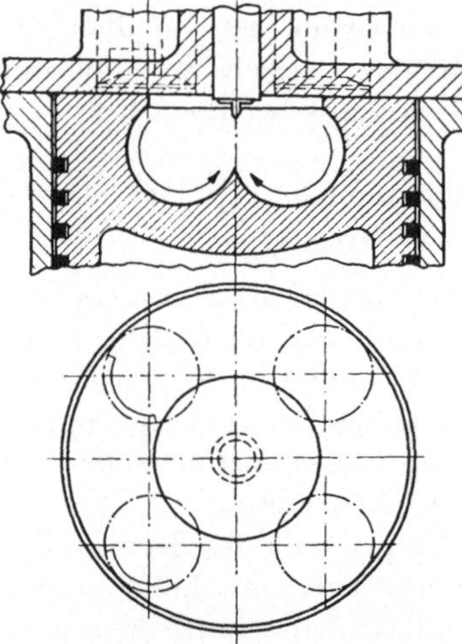

hängt von der Form des Brennraumes ab, was im Hinblick auf eine gute Gemischbildung sehr wichtig ist. Außerdem werden die konstruktive Gestaltung der zu verwendenden Düse, die Zahl der Düsenbohrungen sowie deren Durchmesser und Richtungen von der Form des Brennraumes bestimmt.

In Abb. 129 ist ein Brennraum mit direkter Einspritzung (Hesselmann) zu sehen. Die kalte Zylinderwand wird zur Zeit der Einspritzung durch die Kolbenkante vom Brennraum getrennt. In der Kammer entsteht keine geordnete Luftbewegung, so daß die in der Mitte des Zylinders angebrachte Düse mit sieben Löchern für die Gemischbildung sorgen muß.[1] Der Einspritzdruck beträgt 200 kp/cm².

Abb. 130. Brennraum nach dem Doppelwirbelverfahren (Sauer AG.).

Der Sauersche, toroidale Kolbenkammerbrennraum ist in Abb. 130 dargestellt. Die Kammer und auch die Mehrlochdüse sind zentral angeordnet, und der Motor besitzt zwei Saug- und zwei Auspuffventile.

---

[1] Diese Bemerkung bezieht sich auf die bisher behandelten Typen. Prinzipiell kann auch hier eine geregelte Luftbewegung durch Verwendung eines Schirmventils und durch eine entsprechende Ausgestaltung des Einlaßkanals erzeugt werden.

In der Kammer entsteht eine Doppelbewegung der Luft. Während des Saughubs erfährt die durch die geschirmten Ventile einströmende Luft eine Wirbelbewegung in vertikaler Richtung, der sich eine Radialströmung infolge der Kolbenverdrängung überlagert. Dies sichert eine gute Gemischbildung und einen kleinen spezifischen Verbrauch.

Die an Motoren mit unmittelbarer Einspritzung durchgeführten Messungen zeigen, daß der Gemischbildungs- und Verbrennungsvorgang mit Hilfe einer Luftwirbelung erheblich verbessert werden kann. Eine zur Zylinderachse senkrechte Luftwirbelung kann durch Schirmventile oder durch geeigneten Anschluß der Saugleitung (Drallkanal) erzeugt werden.

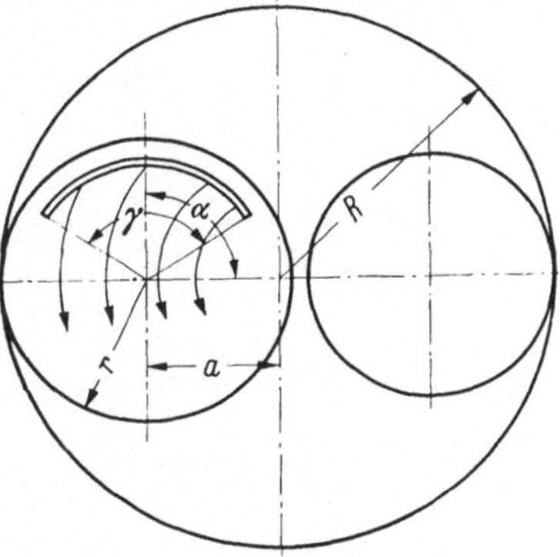

Abb. 131. Zur Berechnung des vom Schirmventil erzeugten Luftwirbels.

Bei beiden Methoden ist wesentlich, daß die Luft tangential in den Zylinderraum gelangt. Da sie der Luft im Zylinder einen Teil ihrer Bewegungsenergie überträgt, verursacht sie eine Kreisbewegung der gesamten Zylinderladung.

Die Winkelgeschwindigkeit der Kreisbewegung ist aus der Bedingung zu berechnen, daß die Bewegungsgröße der in den Zylinder eintretenden Luftmenge gleich der Bewegungsgröße der gesamten Zylinderladung ist. Damit wird (Abb. 131)

$$\omega = c_0 \sqrt{\frac{8\,a\,h\,r}{H\,R^4}} \sqrt{\sin\alpha \sin\frac{\gamma}{r}}, \tag{220}$$

wo

a — die Entfernung zwischen der Zylinder- und Ventilachse,

h — die Erhebung des Ventils,

r — der Ventilradius,

H — die Höhe der kreisenden Luft im Zylinder,

R — der Zylinderradius,

c_0 — die Geschwindigkeit der in den Zylinder eintretenden Luft ist.

Aus Gl. (220) geht hervor, daß die Winkelgeschwindigkeit der Luftgeschwindigkeit proportional ist.

In Abb. 132 ist eine andere Gestaltungsmöglichkeit der Kolbenkammern dargestellt (MAN). Die Kammer ist kugelförmig, und enthält 81% des Kompressionsvolumens. Der Muldenquerschnitt ist so groß, daß in ihm verhältnismäßig geringe Geschwindigkeiten auftreten. Die Flachsitzdüse verteilt den Brennstoff gleichmäßig auf die Kammer, und soll die gute Gemischbildung sichern.

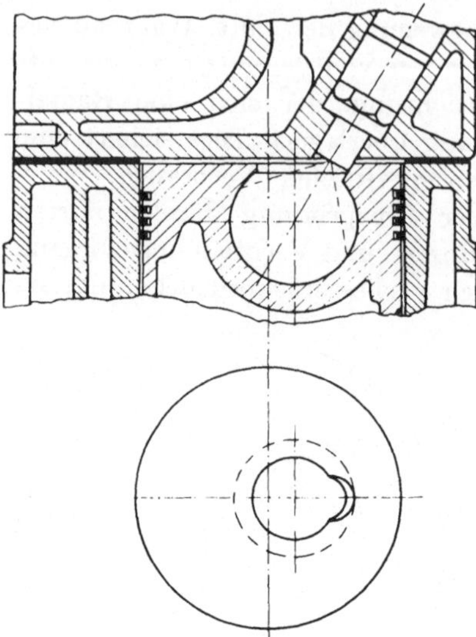

Abb. 132. Kugelförmiger Brennraum im Kolben (MAN AG.).

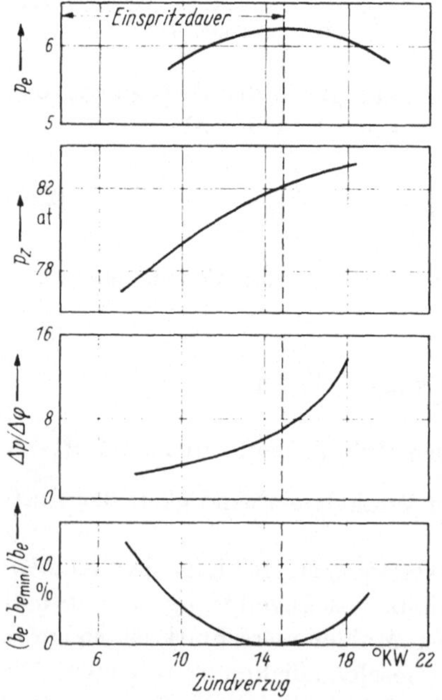

Abb. 133. Kennlinien des Arbeitsprozesses in Abhängigkeit vom Zündverzug.

Experimente bestätigen, daß in Brennräumen mit kleiner Luftbewegung der Verbrennungsvorgang hohe Drucksteigerungsgeschwindigkeit aufweist. In ihnen kann nämlich eine vollkommene Verbrennung und damit ein sparsamer Verbrauch nur erzielt werden, wenn die Zündverzugszeit mit der Einspritzdauer übereinstimmt (Abb. 133). Diese Bedingung hingegen bedeutet, daß sich zur Zeit der Entflammung schon aller Brennstoff im Brennraum befinden muß, damit sich eine große Menge Brennstoff plötzlich entzünden kann. Der Verbrennungsvorgang kann wegen der hohen Drucksteigerungsgeschwindigkeit nicht geregelt werden.

Ist der Zündverzug kürzer als die Einspritzdauer, so ist die Vermischung des nach der Entflammung eintretenden Brennstoffes mit frischer Luft wegen der schwachen Luftbewegung nicht gesichert, $(\Delta p/\Delta \varphi)$ verringert sich, bei gleichzeitiger Zunahme des spezifischen Kraftstoffverbrauches.

Der neue MAN-M-Motor weicht hinsichtlich der Gemischbildung von den üblichen Verfahren ab. Der kugelförmige Brennraum des Motors ist im Kolbenboden untergebracht; der Brennstoff gelangt als dünner Film aus der Zweilochdüse an die Kammerwand (Abb. 134). Für die Vermischung des von der Wand verdampfenden Brennstoffes mit Luft sorgt eine Wirbelbewegung in vertikaler Richtung.

Während des Zündverzuges ist die für die Verdampfung verhältnismäßig geringe Wandtemperatur (250 bis 300 °C) maßgebend; deshalb entflammt nur weniger Brennstoff. Mit der raschen Steigerung der Temperatur wird die physikalisch-chemische Vorbereitung des Brennstoffes beschleunigt, so daß die rechtzeitige Verbrennung gesichert ist.

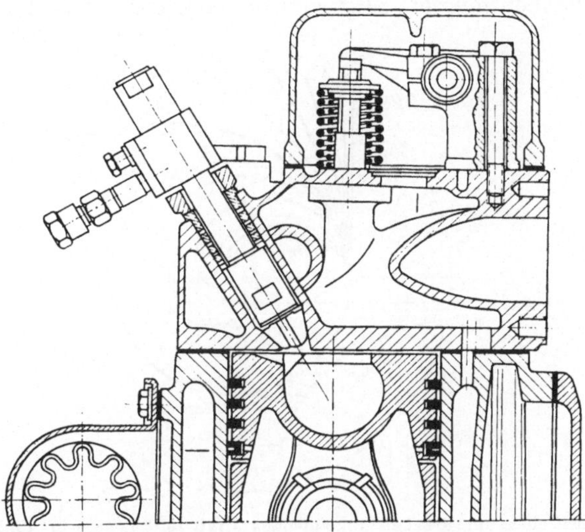

Abb. 134. Brennraum nach dem „M-Verfahren" der Maschinenfabrik Augsburg-Nürnberg (MAN)

Die Dynamik der Gemischbildung in gewöhnlichen Dieselmotoren und im MAN-M-Motor ist schematisch in Abb. 135 dargestellt [52]. Es ist zu sehen, daß bei den üblichen Gemischbildungsverfahren, auch bei

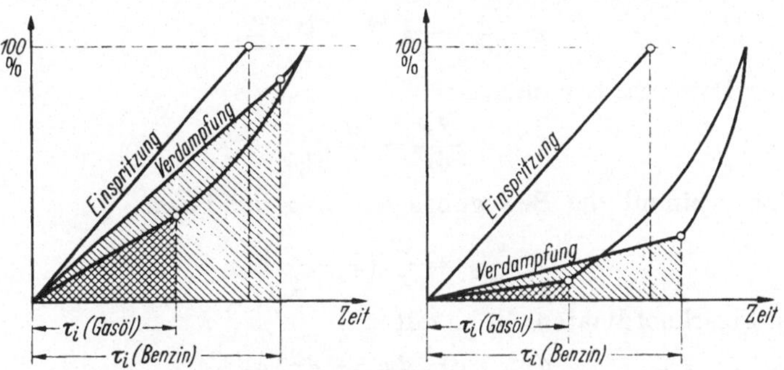

Abb. 135
Gemischbildungsablauf beim herkömmlichen Dieselmotor und beim M-Motor (nach MEURER). a) Dieselmotor, b) MAN-M-Motor.

kurzem Zündverzug, eine bedeutende Menge des eingespritzten Brennstoffes entflammt (schraffierte Fläche).

Die im Brennraum dieser Type aufgenommenen Photographien weisen nach, daß die unmittelbar neben der Wand entstehenden Flammenteile sich auf einer spiraligen Bahn zur Mitte der Kammer befinden [65]. Andererseits muß die kältere frische Luft von der Mitte aus gegen die Wand strömen, um die Verbrennung des sich später entzündenden Brennstoffes sicherzustellen. Daß in der Kammer diese Bewegungen wirklich entstehen müssen, folgt von den folgenden Überlegungen [65].

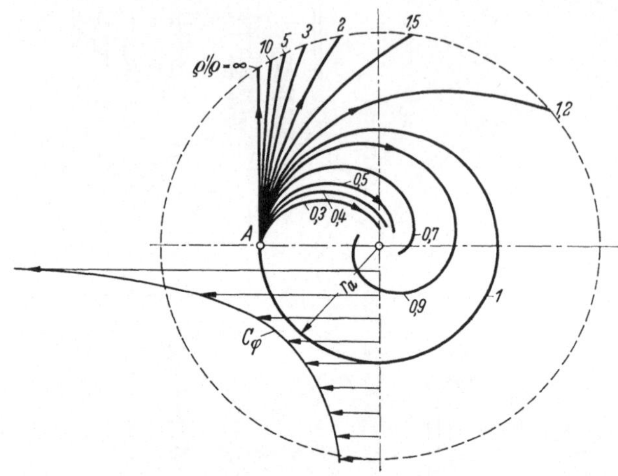

Abb. 136. Bahnen eines mit der Luft umlaufenden Kraftstoffteilchens in Abhängigkeit vom Massendichteverhältnis [65].

Es wird ein Potentialwirbel mit einer Zirkulation $\Gamma = r\,c_\varphi$ angenommen, in der sich ein Teilchen der Dichte ϱ' befindet (Abb. 136). Dann lautet die Bewegungsgleichung des Teilchens in radialer Richtung

$$m\,\frac{d^2 r}{dt^2} = m\,\frac{c_\varphi^2}{r} - V\,\frac{dp}{dr}.$$

In einer Potentialströmung ist

$$\frac{dp}{dr} = \frac{c_\varphi^2}{r}\,\varrho,$$

und daher nimmt die Bewegungsgleichung die Form

$$\frac{d^2 r}{dt^2} = \frac{c_\varphi^2}{r}\left(1 - \frac{\varrho}{\varrho'}\right)$$

an. In Polarkoordinaten, d. h. mit

$$\frac{dr}{dt} = \frac{dr}{d\varphi}\,\frac{d\varphi}{dt} = \frac{dr}{d\varphi}\,\frac{c_\varphi}{r},$$

und

$$\frac{d^2 r}{dt^2} = \frac{d}{dt}\left(\frac{dr}{d\varphi}\,\frac{c_\varphi}{r}\right) = \frac{d^2 r}{d\varphi^2}\,\frac{c_\varphi^2}{r^2} - 2\left(\frac{dr}{d\varphi}\right)^2 \frac{c_\varphi^2}{r^3},$$

erhält man daraus die Differentialgleichung

$$\frac{d^2 r}{d\varphi^2}\,\frac{1}{r} - 2\left(\frac{dr}{d\varphi}\right)^2 \frac{1}{r^2} = 1 - \frac{\varrho}{\varrho'}.$$

Die Lösung der Gleichung lautet für $\varrho' > \varrho$

$$\frac{r_a}{r} = \cos\left(\varphi \sqrt{1 - \frac{\varrho}{\varrho'}}\right), \tag{221}$$

hingegen für $\varrho' < \varrho$

$$\frac{r_a}{r} = \cosh\left(\varphi \sqrt{\frac{\varrho}{\varrho'} - 1}\right). \tag{222}$$

Die möglichen Bahnen des Teilchens als Funktion des Parameters ϱ'/ϱ sind in Abb. 136 dargestellt. Wenn $\varrho' = \varrho$ ist, bewegt sich das Teilchen auf einer Kreisbahn. Ist $\varrho'/\varrho > 1$, so bewegt es sich auf einer spiraligen Bahn nach außen, für $\varrho'/\varrho < 1$ dagegen nach innen.

Da für Brennstofftropfen $\varrho'/\varrho \cong 400$ ist, bewegen sich die mit Geschwindigkeit der Luftzirkulation kreisenden Tropfen nahezu auf einer Geraden gegen die Wand. Für brennende Gasteilchen ist das Verhältnis ϱ'/ϱ kleiner als 1, und kann bis 0,3 heruntergehen. Deshalb bewegen sich die Flammenteile in einem Potentialwirbel auf einer spiralförmigen Bahn rasch nach innen.

Den Gln. (221) und (222) ist zu entnehmen, daß die Form der Bahnen nur vom Radius r_a und dem Dichteverhältnis ϱ'/ϱ, nicht aber von der

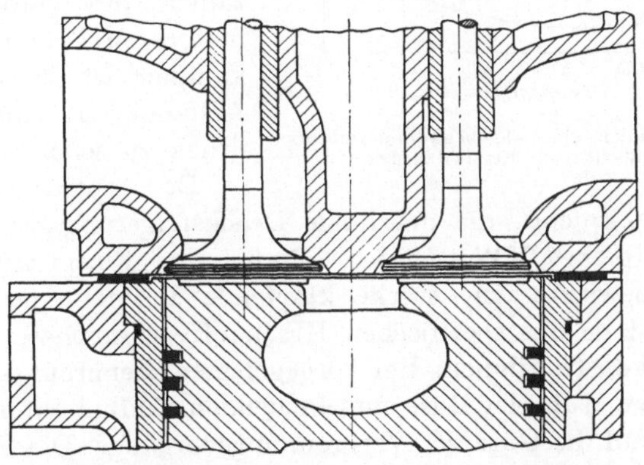

Abb. 137. Ellipsoidförmiger Brennraum im Kolben.

Stärke der Zirkulation abhängen. Also werden bei verschiedenen Drehzahlen die Bahnen identisch sein, d. h., die Intensität der thermischen Mischung ist von der Drehzahl unabhängig.

In Abb. 137 ist ein ellipsoider Kolbenkammerbrennraum zu sehen. Bei diesen Brennräumen ist im allgemeinen der auf das Kammervolumen bezogene Mundöffnungsquerschnitt kleiner als bei den zuvor besprochenen Formen. In der Mundöffnung entsteht eine beachtliche Luftgeschwindigkeit ($w = 30$ bis 50 m/s), was die gute Gemischbildung sehr begünstigt. Der große Vorteil dieses Brennraumes besteht darin, daß er keine Mehrlochdüse erfordert, deren Betriebssicherheit und Lebensdauer kleiner als die einer Zapfendüse ist. Deshalb kann bei landwirtschaftlichen Motoren, bei denen die Betriebssicherheit eine Hauptforderung ist, dieser Brennraum mit Erfolg angewandt werden.

Die Geschwindigkeit der Druckerhöhung kann genügend klein gehalten werden, wenn die Abmessung der Mundöffnung, die Kompaktheit des Brennstoffstrahles und der Einspritzdruck entsprechend gewählt werden. Bei Änderung der Mundöffnungsabmessungen ändert sich die Geschwindigkeit der durchströmenden Luft, und damit auch die Wirkung auf den Brennstoffstrahl. Mit steigendem Einspritzdruck verbessert sich die Qualität der Zerstäubung sowie die Verteilung innerhalb des Strahles, deshalb wird, bei gleicher Luftgeschwindigkeit, die physikalische Vorbereitung des Brennstoffes beschleunigt, wodurch die Geschwindigkeit der Verbrennung wächst.

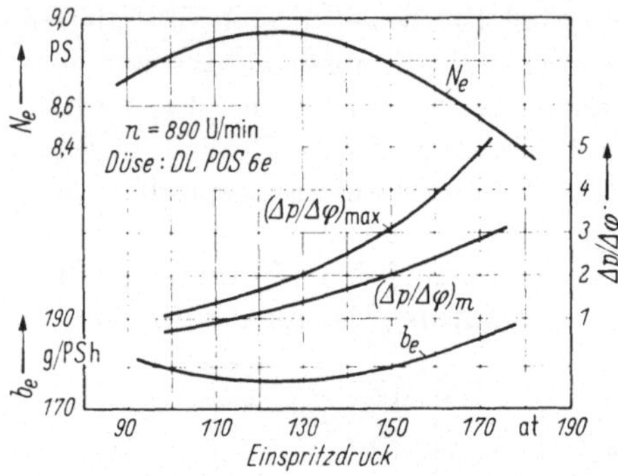

Abb. 138. Kennlinien eines Kolbenkammermotors in Abhängigkeit vom Einspritzdruck.

Der Verlauf einiger Kennzahlen des stabilen Dieselmotors MIB-D mit Kolbenkammer ist in Abb. 138 in Abhängigkeit vom Einspritzdruck zu sehen.

Der optimale Einspritzdruck ist 130 kp/cm², die maximale Drucksteigerungsgeschwindigkeit beträgt 2,1 kp/cm²/°KW. Die Erhöhung des Einspritzdruckes auf 170 kp/cm² bewirkte eine starke klopfende Verbrennung bei gleichzeitiger Zunahme des spezifischen Kraftstoffverbrauches.

d) Düsenkonstruktionen. Bei vorgegebener Brennraumkonstruktion hat die richtige Wahl der Düse entscheidenden Einfluß auf die Gemischbildung und auf die Güte der Verbrennungsvorgänge. Die Feinheit und Gleichmäßigkeit der Zerstäubung, der Zusammenhalt und der Kegelwinkel des Strahles, das Einspritzgesetz (in gewissen Grenzen) und die Verteilung des Brennstoffes im Brennraum, hängen weitgehend von der Düsenkonstruktion ab.

In Brennräumen mit besonders schwacher Luftbewegung, hat die richtige Wahl der Düse eine wesentliche Bedeutung. Die Ausbildung der gewünschten Makro- und Mikrostruktur des Brennstoffes ist hier fast ausschließlich Aufgabe der Düse. Die erforderliche Makrostruktur wird durch eine Mehrlochdüse, die gute Mikrostruktur hingegen durch hohen Einspritzdruck erreicht.

Auf Grund vorliegender Versuchsauswertungen [*16, 17, 18, 23*] kann über die Qualität der Zerstäubung folgendes festgestellt werden:

α) mit zunehmender Ausflußgeschwindigkeit bessert sich die Gleichmäßigkeit der Zerstäubung und verringert sich der mittlere Tropfendurchmesser,

β) mit zunehmendem Gegendruck verbessert sich die Qualität der Zerstäubung,

γ) bei Verringerung des Düsenbohrungsdurchmessers nimmt die Gleichmäßigkeit der Zerstäubung zu und der mittlere Tropfendurchmesser ab.

Häufig angewandte Düsentypen sind in Abb. 139 bis 143 zu sehen.

Die Mehrlochnadeldüse (Abb. 139) besitzt einen konstanten Ausflußquerschnitt. Die Zahl der Bohrungen, die entlang des Umfangs gleichmäßig verteilt sind, bewegt sich zwischen vier und sieben.

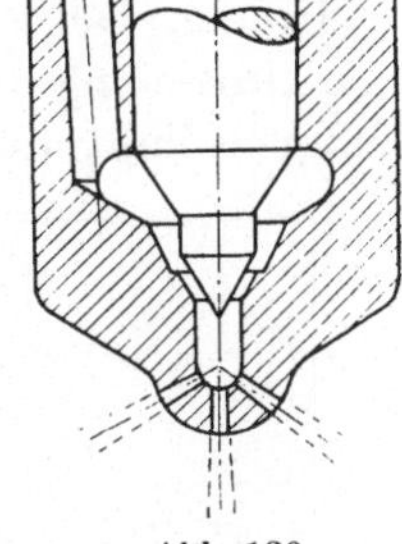

Abb. 139
Mehrloch-Nadeldüse.

Der Brennraum bestimmt die Winkel der Strahlen gegeneinander. Dieser Düsentyp wird meist in Brennräumen mit schwacher Luftbewegung vorgesehen.

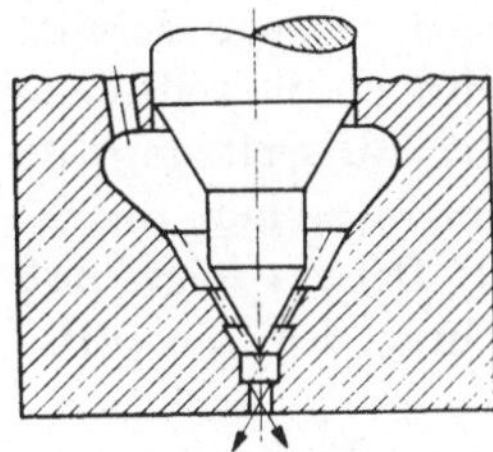

Abb. 140. Einlochdüse.

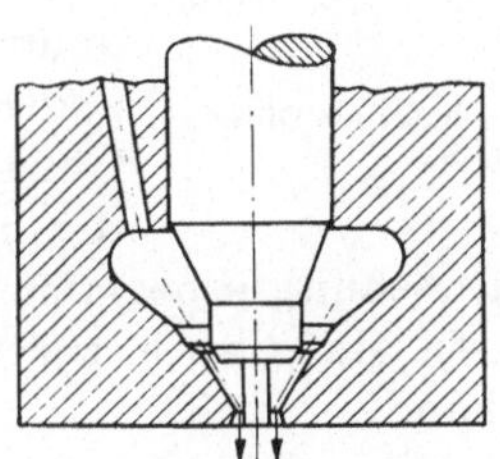

Abb. 141. Zapfendüse mit zylindrischem Zapfen.

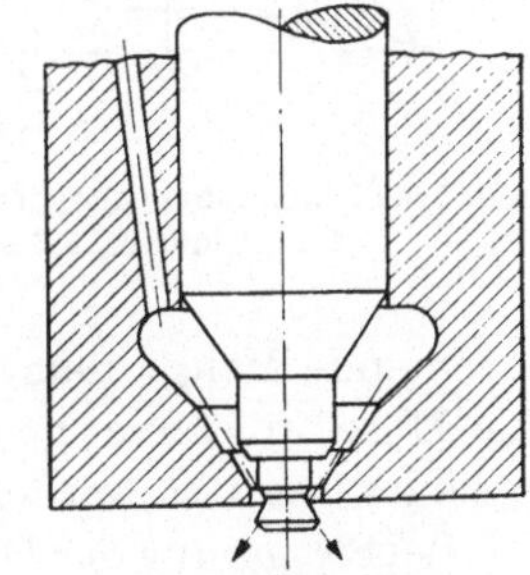

Abb. 142. Zapfendüse mit kegelförmigem Zapfen.

In Abb. 140 ist eine Einlochnadeldüse mit konstantem Ausflußquerschnitt dargestellt. Der Brennstoffstrahl hat einen kleinen Kegelwinkel und einen dichten Kern.

Abb. 141 zeigt eine Zapfendüse, bei der das Nadelende zylindrisch ausgebildet ist. Der Ausflußquerschnitt ist ringförmig und konstant; der Strahl ist kompakt und hat einen kleinen Kegelwinkel.

Abb. 142 zeigt die gebräuchlichste Ausführung der Zapfendüsen, deren Nadelende eine stumpfe Kegelform hat. Der Ausflußquerschnitt ist im Laufe der Nadelbewegung nicht konstant. Der Kegelwinkel des Strahles hängt von dem Zapfenwinkel ab; er kann sich zwischen 0 und 60° ändern.

In Abb. 143 ist eine Flachsitzdüse dargestellt. Der Kegelwinkel des Strahles ist eine Funktion des

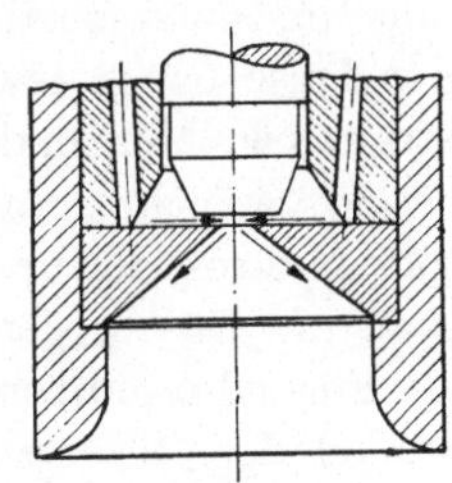

Abb. 143
Flachsitzdüse mit kurzer Düsenbohrung.

Verhältnisses l/d der Bohrung. Für kleine Werte l/d kann auch ein Kegelwinkel von 40 bis 50° erzielt werden, so daß man diese Ausführung für kugel- und ellipsoidförmige Brennräume verwenden kann.

In den Düsenbohrungen und im Düsennadelgehäuse tritt immer eine Drosselung des Brennstoffes ein; deshalb wird der effektive Durchflußquerschnitt durch den äquivalenten Querschnitt $\mu_e\,f_e$ charakterisiert.

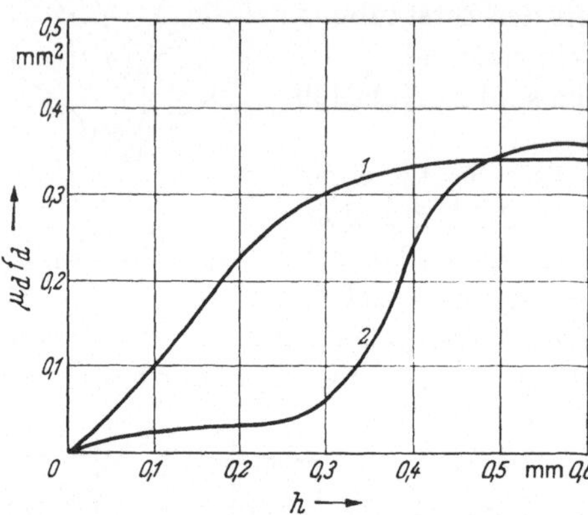

Abb. 144. Durchflußkennlinien verschiedener Düsen.
1 Nadeldüse; *2* Zapfendüse.

Die Änderung des äquivalenten Querschnittes bestimmen die geometrischen Abmessungen des Raumes zwischen der Düsennadel und der Nadelsitz. Die Durchflußkennlinie einer Einloch- und Zapfendüse ist als Funktion der Nadelerhebung in Abb. 144 dargestellt. Die Abbildung zeigt, daß sich die Kurven wesentlich voneinander unterscheiden. Mit dem äquivalenten Querschnitt ändern sich auch die zeitlichen Gesetze der Einspritzung, da die in der Zeiteinheit durchströmende Menge dem Querschnitt proportional ist. Daraus folgt, daß die Düse in einem gewissen Maße auch zur Regelung des Einspritzgesetzes benutzt werden kann.

Bei Steigerung der Drehzahl und der Belastung nimmt die Bewegungsgeschwindigkeit der Nadel zu; deshalb verringert sich der Einfluß der Durchflußkennlinie auf das Einspritzgesetz.

e) Neigungswinkel der Düse. Bei Motoren mit direkter Einspritzung (abgesehen vom Kolbenkammermotor) wird die Düse im allgemeinen zur besseren Verteilung des Brennstoffes vertikal in der Zylinderachse eingebaut.

Bei Kolbenkammermotoren kann die Düse auch in der Zylinderachse oder in einem bestimmten Winkel dazu angebracht werden. Die Lage der Düse hängt jeweils vom Gemischbildungsverfahren und den konstruktiven Merkmalen des Motors ab.

So versucht man beispielsweise in einem MAN-Kugelbrennraum eine gute Makrostruktur des Gemisches ohne Luftbewegung zu erzielen, indem man die Düse gegen die Zylinderachse um einen kleinen Winkel neigt.

Für ellipsoidförmige Kammern ist es zweckmäßig, den Neigungswinkel der Düse größer zu wählen. Der eingespritzte Brennstoffstrahl verschiebt sich — unabhängig von seiner geradlinigen Bewegung — bezogen auf die Kammermundöffnung in radialer Richtung, da sich der

Kolben vertikal bewegt, und die Düse seitlich angeordnet ist. Natürlich verbessert die relative Verschiebung des Brennstoffstrahles gegen den Luftstrom die Gemischbildung. Außerdem wird der Zerfall der äußeren Schale um so intensiver sein, je größer der Winkel ist, unter dem der Brennstoffstrahl auf den Luftstrom trifft; dadurch verringert sich der Zündverzug in gewissen Grenzen.

In Abb. 145 sind der Zündverzug, die Drucksteigerungsgeschwindigkeit und der spezifische Kraftstoffverbrauch als Funktion des Neigungs-

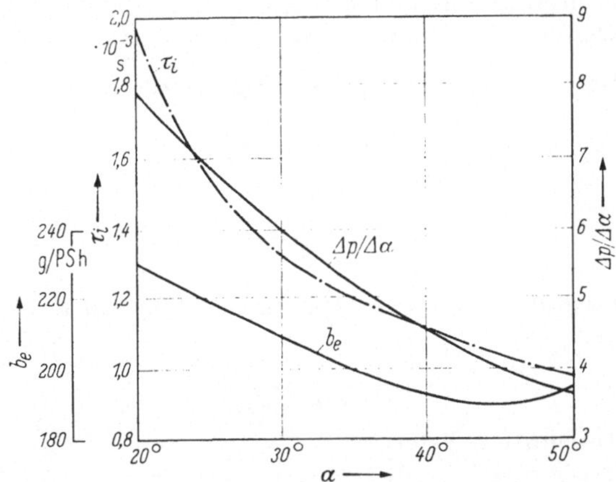

Abb. 145. Zündverzug, Drucksteigerungsgeschwindigkeit und spezifischer Kraftstoffverbrauch eines Kolbenkammermotors als Funktion des Neigungswinkels der Düse.

winkels der Düse angegeben (Kolbenkammermotor T-24). Obwohl bei größeren Düsenneigungswinkeln der Brennstoff überwiegend an eine Seite der Kammer gelangt, hat sich die Gemischbildung infolge der intensiven Luftbewegung nicht verschlechtert; der optimale Verbrauch ergab sich für $\alpha = 40$ bis $43°$.

Es ist wichtiger, daß die Spitze des Strahles durch die Mitte des Verbindungskanals tritt. Das kann durch das Senken oder Heben der Düse erzielt werden.

Wie Versuche nachwiesen, zerfällt in der Schale des Strahles der Brennstoff in kleine Tropfen. Dieser Zerfallsprozeß wird schon von einem mäßigen Luftstrom beschleunigt. Infolge der Neigung der Düse verfügen die Tropfen auch über eine radiale Geschwindigkeitskomponente, die die bessere Verteilung des Brennstoffes gewährleistet (Abb. 146).

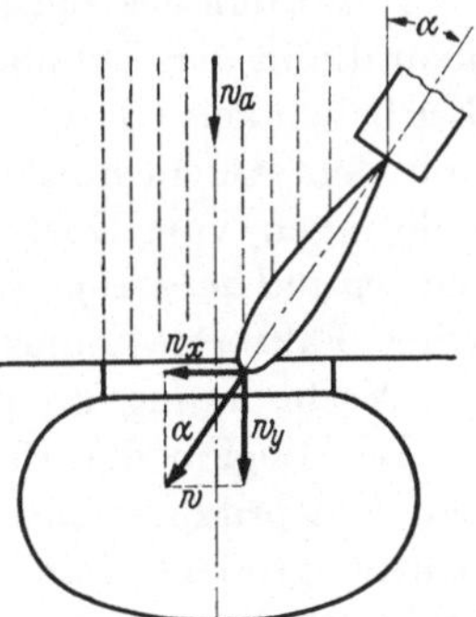

Abb. 146. Zur Berechnung der Tropfenbahn in der Kolbenkammer.

In radialer Richtung ist

$$w_x = w \sin \alpha,$$

und die Bewegung der Tropfen wird durch die Differentialgleichung

$$m \frac{dw_x}{dt} = - \varphi_k \varrho_k \, r^2 \pi \, w_x^2$$

beschrieben, wo

φ_k der Widerstandsbeiwert des Tropfens,

ϱ_k die Dichte des Mediums,

r der Radius des Tropfens ist.

Diese Differentialgleichung lautet abgekürzt

$$\frac{dw_x}{dt} = - K \, w_x^2 , \tag{223}$$

wo

$$K = \frac{3}{4} \, \varphi_k \, \frac{\varrho_k}{\varrho_b} \, \frac{1}{r}$$

ist. Durch Integration mit den Anfangsbedingungen $t = 0$, $w_x = w_{x0}$ ist, ergibt sich

$$w_x = \frac{w_{x0}}{1 + K \, w_{x0} \, t} . \tag{224}$$

Nochmalige Integration liefert

$$S_x = \frac{1}{K} \ln (1 + K \, w_{x0} \, t) . \tag{225}$$

Die radiale Verschiebung der Tropfen hängt von der Anfangsgeschwindigkeit w_{x0} und vom Radius der Tropfen ab, wobei die Geschwindigkeit w_{x0} in erster Linie eine Funktion des Neigungswinkels der Düse ist. Die unterschiedliche Geschwindigkeit und Größe der Tropfen ist im Hinblick auf die Verteilung günstig.

f) Einfluß des Einspritzgesetzes. Unter dem Einspritzgesetz versteht man die in den Zylinder eintretende Brennstoffmenge als Funktion des Kurbelwinkels. Der Charakter der Einspritzung wird hauptsächlich von dem Querschnittsverhältnis des Pumpenkolbens und der Düsenbohrungen, vom Nockenprofil, der Konstruktion der Düse, dem Durchmesser und der Länge der Druckleitung sowie von der Drehzahl bestimmt. Diese Faktoren können das Einspritzgesetz und hiermit die Dynamik der Verbrennung wesentlich beeinflussen.

Der Beginn der Entflammung liegt im allgemeinen vor dem Ende der Einspritzung, deshalb verlaufen die Voroxydationsprozesse bei relativ großem Luftüberschuß. Deswegen übt das Einspritzgesetz praktisch keinen wesentlichen Einfluß auf die Zündverzugszeit aus. Hingegen werden bei einem bestimmten Zündverzug die Merkmale des Arbeitsvorganges bis zu einem gewissen Grad vom Einspritzgesetz bestimmt (Abb. 147). Bei veränderter Einspritzdauer erhält man Indikatordiagramme mit verschiedenen Parametern. So gelangt bei kurzer

Einspritzung während des Zündverzuges eine größere Menge Brennstoff in den Zylinder, was eine hohe Drucksteigerungsgeschwindigkeit und einen hohen Verbrennungsdruck zur Folge hat.

Die Geschwindigkeit des Pumpenkolbens wird — bei ähnlicher Drehzahl — vom Nockenprofil bestimmt. Zur Erzielung einer kurzen Einspritzzeit wird ein tangentiales Nockenprofil verwandt, das eine steile Geschwindigkeitskurve bewirkt. Sie hat den Vorteil, daß infolge der zunehmenden Einspritzgeschwindigkeit die neu ankommenden Teilchen aus dem Strahlenkegel heraustreten und mit frischer Luft in Berührung kommen. Das Maß der Luftausnutzung wächst dadurch.

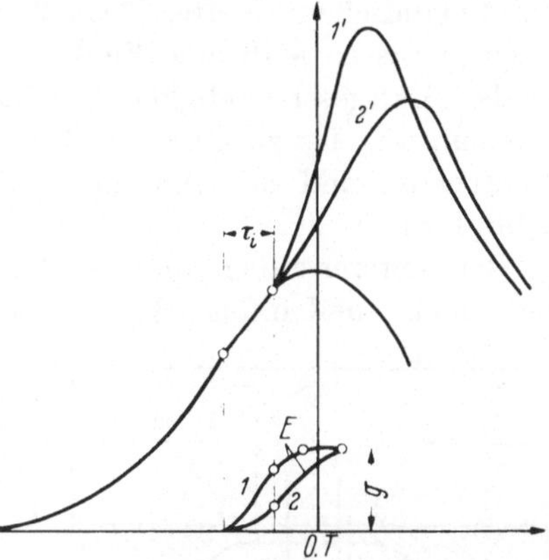

Abb. 147. Einfluß des Einspritzgesetzes auf den Druckverlauf im Zylinder.
1, 2 Einspritzgesetze; *1′, 2′* Druckverläufe zu 1 bzw. 2.

Es muß gesagt werden, daß die Menge des während des Zündverzuges eingespritzten Brennstoffes und der Zündverzug τ_i nicht eindeutig die dynamischen Zykluskennwerte bestimmen. Diese Feststellung bezieht sich besonders auf Brennräume mit intensiver Luftwirbelung, wo die Dynamik der Verbrennung von der Feinheit der Zerstäubung,

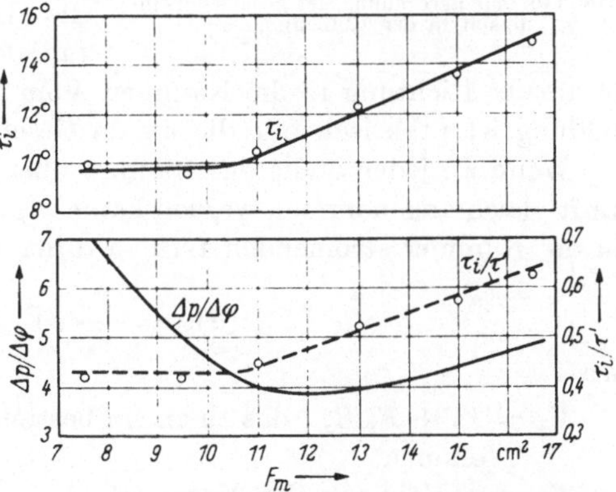

Abb. 148. Zündverzug, Drucksteigerungsgeschwindigkeit und Verhältnis τ_i/τ' als Funktion des Querschnittes der Kolbenmulde.

der Verdampfungsfähigkeit des Brennstoffes und der Intensität der Luftbewegung beeinflußt wird (s. Abb. 148).

g) Querschnitt der Kolbenmulde. Bei Kolbenkammermotoren besteht der Brennraum aus zwei Teilen, die von einem Kanal mit relativ großem Querschnitt verbunden sind. Die Verbrennung beginnt in der Kolbenkammer und setzt sich nach dem Ausblasen im ganzen Volumen fort.

Mit dem Öffnungsquerschnitt ändert sich auch die Überströmgeschwindigkeit und damit die auf den Strahl wirkenden, äußeren aerodynamischen Kräfte. Deshalb ist der Zerfall des Strahles bis zu einem gewissen Maß eine Funktion der Luftgeschwindigkeit. Mit steigender Luftgeschwindigkeit wächst die Anfangsmenge der kleinen Tropfen, und bis zu einem bestimmten Wert $\tau_{i\,min}$ verringert sich der Zündverzug und mit ihm auch die Drucksteigerungsgeschwindigkeit (Abb. 148).

Bei weiterer Steigerung der Luftgeschwindigkeit verringert sich τ_i nicht mehr, und infolge der intensiven Zerstäubung und Vermischung nimmt die Drucksteigerungsgeschwindigkeit rasch zu.

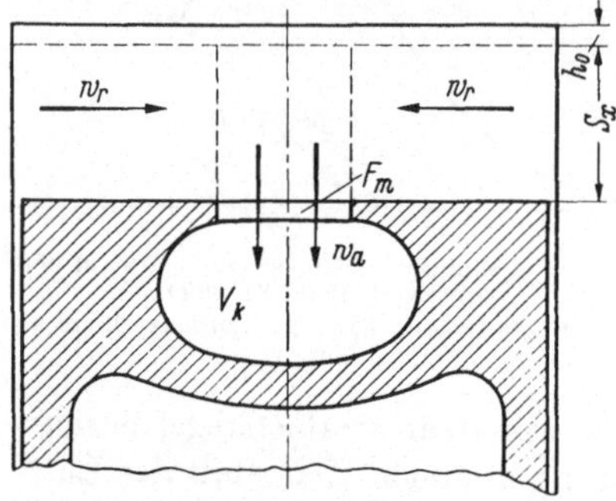

Abb. 149. Zur Berechnung der Axialgeschwindigkeit in der Kolbenmulde.

Diese Betrachtungen zeigen, daß zu einer jeden Kanalabmessung optimale Strahlform und ein optimaler Einspritzdruck gehören.

Im Raum über dem Kolbenboden entsteht eine radial nach innen gerichtete Geschwindigkeit (Abb. 149). Bei der Bewegung des Kolbens nach oben strömt zuerst die Luft vom Zylinderrand in radialer Richtung nach innen, dann in axialer Richtung in die Kammer. Vom Gesichtspunkt der Gemischbildung ist praktisch nur die axiale Geschwindigkeit von Bedeutung.

Wenn an jeder Stelle des Raumes über dem Kolben die Dichte der Luft gleich angenommen werden kann, ergibt sich für das Volumen der in die Kammer strömenden Luft in differentieller Form die Beziehung

$$dV_k' = \frac{V_k}{V_x}\,dV_x,$$

wo

$V_x = V_c + F_k\,S_x$ das zu einem bestimmten Kurbelwinkel gehörige Volumen,

V_k das Volumen der Kammer,

V_c der Verdichtungsraum,

F_k der Kolbenquerschnitt,

S_x der Kolbenweg ist.

Demnach ist die Durchströmungsgeschwindigkeit

$$w_a = \frac{1}{F_m}\,\frac{dV_k}{dt},$$

wo F_m der Muldenquerschnitt ist.

Durch Einsetzen und unter Berücksichtigung, daß

$$F_k = \frac{V_h}{2r}; \qquad V_c = \frac{V_h}{\varepsilon - 1},$$

und

$$S_x = r\left(1 - \cos\varphi + \frac{\lambda}{2}\sin^2\varphi\right)$$

ist, erhält man die Beziehung

$$w_a = \frac{\pi}{60}\,\frac{n\,V_k}{F_m}\,\frac{B}{\left(\dfrac{1}{\varepsilon - 1} + A\right)}, \tag{226}$$

mit

$$A = \frac{1}{2}\left(1 - \cos\varphi + \frac{\lambda}{2}\sin^2\varphi\right),$$

$$B = \sin\varphi + \frac{\lambda}{2}\sin 2\varphi.$$

Man sieht, daß bei ähnlichen Kompressionsverhältnissen die für die Strömung charakteristische Ähnlichkeitszahl in der Form

$$\xi = \frac{n\,V_k}{F_m} \tag{227}$$

angegeben werden kann.

Die Energie der durchströmenden Luft beträgt

$$dE_a = \frac{w_a^2}{2g}\,dG_a,$$

wobei das Gewicht der durchströmenden Luft

$$dG_a = \gamma\,dV_k' = \frac{G}{V_x}\,\frac{V_k}{V_x}\,dV_x$$

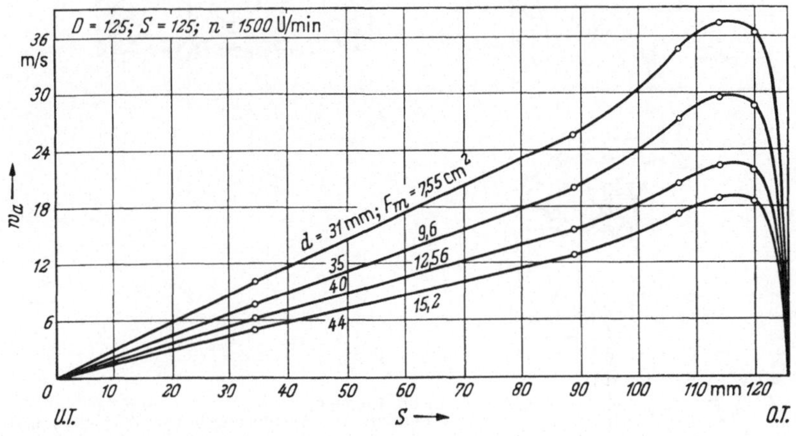

Abb. 150. Änderung der Axialgeschwindigkeit in Abhängigkeit vom Hub für verschiedene Kolbenmulden.

ist. Die gesamte Strömungsenergie erhält man durch Integration:

$$E_a = \frac{G V_k}{2g} \int\limits_{\pi}^{2\pi} \frac{w_a^2}{V_x^2} \left(\frac{dV_x}{d\varphi}\right) d\varphi. \tag{228}$$

Die Auswertung der Gl. (228) erfolgt zweckmäßigerweise graphisch. Die axiale Geschwindigkeit während des Verdichtungshubes für verschiedene Durchströmungsquerschnitte ist in Abb. 150 dargestellt (Versuchsmotor D-14). Die maximale Geschwindigkeit liegt etwa 20 bis 25° vor dem oberen Totpunkt.

§ 39. Wirbelkammermotoren

a) Allgemeine Fragen zur Gemischbildung. Bei Motoren mit unterteilten Brennräumen ist die Anwendung des Wirbelkammerverfahrens sehr verbreitet. Der Brennraum hat entweder die Form einer Kugel oder eines Zylinders, an die sich der Verbindungskanal tangential anschließt. Die tangentiale Einströmung gewährleistet eine eindeutige Wirbelbewegung der Luft.

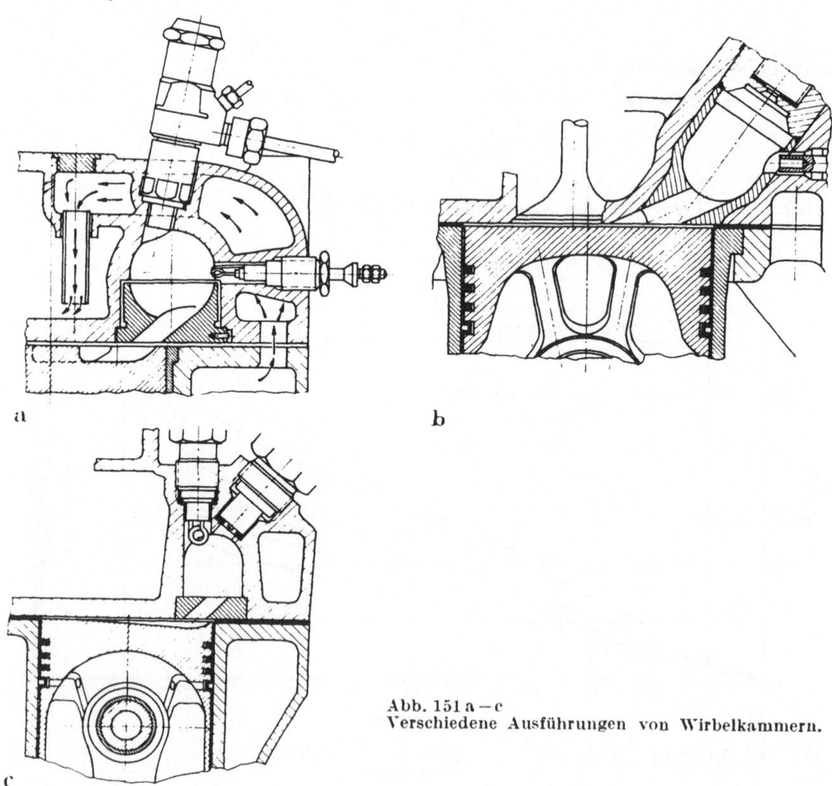

Abb. 151 a—c
Verschiedene Ausführungen von Wirbelkammern.

Typische Ausführungen von Wirbelkammern sind in Abb. 151 dargestellt.

Bei Wirbelkammermotoren werden Zapfendüsen verwandt. Der Kegelwinkel des Strahles beträgt bei kugelförmigen Wirbelkammern 15 bis 40°, bei zylindrischen hingegen 4 bis 8°. Da eine intensive Luftbewegung stattfindet, beträgt der Einspritzdruck 100 bis 120 at, und die Einspritzung erfolgt tangential in Richtung der Luftbewegung.

Die Struktur der Luftbewegung (ihre Geschwindigkeitsverteilung) in der Kammer verändert sich während des Kompressionshubes [71]. Hinsichtlich der Geschwindigkeitsverteilung lassen sich drei Perioden

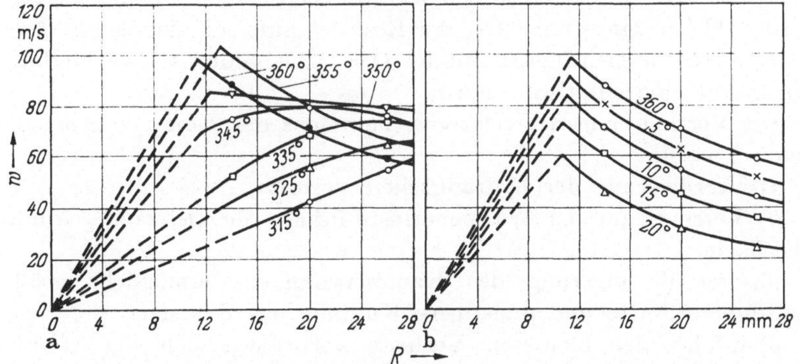

Abb. 152 a u. b. Geschwindigkeitsverteilung in der Wirbelkammer [71].

unterscheiden. In der ersten und gleichzeitig der längsten, die von 180° (unterer Totpunkt) bis 325 bis 330° andauert, bewegt sich die Luft in der Kammer ähnlich wie ein starrer Körper. Das Ende der ersten Periode fällt ungefähr mit dem Inflexionspunkt der in die Kammer tretenden Bewegungsgröße der Luft zusammen (Abb. 152).

In der zweiten Periode von 325 bis 330 °KW bis 345 bis 350 °KW verringert sich die Zunahme der eintretenden Bewegungsgröße, und beginnt dann plötzlich zu sinken. Das Geschwindigkeitsfeld fängt an, sich zu einem Potentialwirbel umzuordnen.

In der kurzen Umwandlungsperiode ist die Geschwindigkeit in der Kammer entlang dem Radius beinahe gleich.

Die Gemischbildung beginnt in der zweiten Periode. Die hier bestehende Geschwindigkeitsverteilung ist günstig, da die kinetische Energie der Strömung über die ganze Kammer gleichmäßig verteilt ist.

Nach der zweiten Periode entspricht die Wirbelbewegung der Luft praktisch einer Potentialströmung, d. h. $w\,r = $ konst. (von der unmittelbaren Umgebung des Mittelpunktes abgesehen). Diese Verhältnisse bleiben auch nach dem oberen Totpunkt (etwa bis 20°) erhalten, jedoch mit ständig abnehmenden Geschwindigkeitswerten.

Wie man sieht, verläuft die Gemischbildung bis zu einem gewissen Grade ähnlich wie beim MAN-M-Motor. Ein Teil des in Richtung der Luftbewegung eingespritzten Kraftstoffes gelangt unter dem Einfluß des zentrifugalen Kraftfeldes an die Kammerwand. Die Verdampfung und Vermischung des an die Wand gelangten Brennstoffes mit frischer Luft erfolgt auf eine ganz ähnliche Art, wie im MAN-M-Motor, und auch hier tritt thermische Mischung auf.

Dies erklärt den verhältnismäßig weichen Gang der Wirbelkammermotoren.

Früher betrug bei Wirbelkammermotoren das Volumen der Wirbelkammer etwa 75 bis 80% des Kompressionsraumes. Beim RICARDO-COMET III beträgt es nur 50%; der Rest der Luft befindet sich in der im Kolbenboden angeordneten Mulde. Der Querschnitt des Verbindungskanals hat eine elliptische Form.

Die Verringerung des relativen Volumens der Kammer bringt folgende Vorteile:

α) Verringerung der hydraulischen Verluste,

β) Verringerung der Wärmeverluste infolge der kleineren gekühlten Oberfläche,

γ) eine Verringerung des Kammervolumens ermöglicht größere Ventilquerschnitte und günstigere Kühlung des Zylinders,

δ) infolge der kleineren Verluste verbessern sich der effektive Wirkungsgrad und die Anlaßbedingungen.

Im allgemeinen sind die Anlaßbedingungen der Wirbelkammermotoren schlecht. insbesondere bei tangentialer Einspritzung.

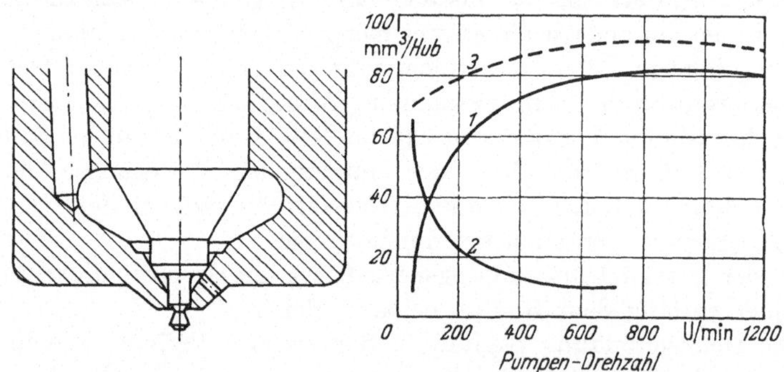

Abb. 153. Die RICARDO-PINTAUX-Düse und ihre Förderkennlinien.
1 Einspritzmenge durch die Hauptdüse; *2* Einspritzmenge durch die Hilfsdüse;
3 Gesamteinspritzmenge.

Deshalb setzte sich RICARDO zum Ziel, in einer Düse die optimalen Verhältnisse für Kaltstart und für Hochleistung zu kombinieren (Abb. 153). Er verwendete eine Drosselzapfendüse mit einer Hilfsbohrung, deren Nadel sich bei kleinen Drehzahlen und dementsprechend langsamer Pumpenförderung nur wenig von ihrem Sitz hebt, wobei dann der Austrittsquerschnitt durch den Drosselzapfen sehr stark verengt wird, so daß der für die Strahlzerstäubung erforderliche Druck im Kraftstoff vor Bohrungsende entsteht. Die Hilfsbohrung liegt zwischen Nadelsitz und Ausflußbohrung; deshalb tritt bei niedrigen Drehzahlen die Hauptmenge des Brennstoffes aus dieser Bohrung aus.

Bei hohen Drehzahlen wird die Düsennadel infolge der größeren Fördermenge in der Zeiteinheit voll angehoben. Dadurch ist ein erheblich größerer Ringquerschnitt um den Nadelzapfen freigegeben, so daß der Kraftstoff jetzt mit hoher Geschwindigkeit zwischen Nadelsitz und Austrittsquerschnitt fließt, und die aus der Hilfsbohrung austretende Menge herabsetzt.

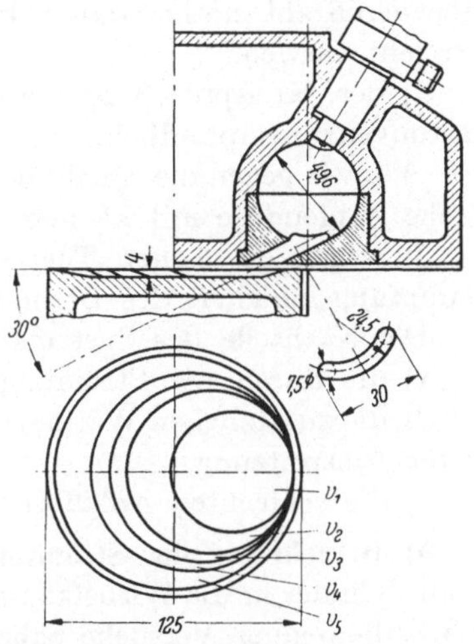

Abb. 154. Verschiedene Formen der Kolbenmulden in einem Versuchsmotor.

Nach Ausblasen aus der Wirbelkammer soll die Mischung mit der Frischladung des Hauptbrennraumes gut vermischt werden. Dies kann durch entsprechende Gestaltung des Kolbenbodens erreicht werden. Ein flacher Kolbenboden liefert infolge der schlechten Strömungsverhältnisse in dünnen Schichten und wegen des Anprallens des Strahles im allgemeinen keine guten Resultate.

Die Vermischung im Hauptbrennraum kann durch eine Mulde im Kolbenboden wesentlich begünstigt werden. Abb. 154 zeigt einen Versuchsmotor, bei dem im Kolbenboden verschiedene Mulden eingearbeitet wurden. Die zu den einzelnen Mulden gehörenden Verbrauchskennlinien sind in Abb. 155 gezeigt. Die günstigeren Verbrauchskurven ergeben sich für größere Mulden, obwohl das Verdichtungsverhältnis hier etwas abnimmt.

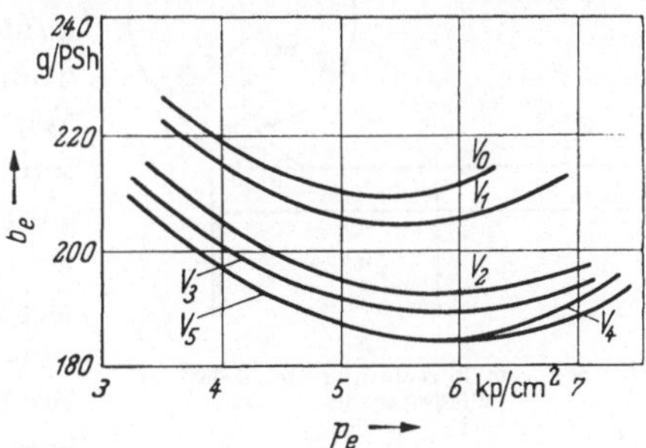

Abb. 155. Spezifischer Kraftstoffverbrauch für verschiedene Kolbenmulden (zur Abb. 154).

Abweichend von anderen Wirbelkammermotoren ist beim RICARDO-COMET (Abb. 151a) im Kolbenboden eine besonders ausgebildete Mulde angeordnet, die auch im Hauptbrennraum eine Wirbelbewegung der Luft erzeugt.

Wir wollen die Vorteile und Nachteile der Wirbelkammermotoren zusammenfassen. Die Vorteile:

α) infolge der intensiven Luftbewegung ist nur eine kleine Luftüberschußzahl nötig; daher kann ein hoher effektiver Mitteldruck erreicht werden,

β) der Kreisprozeß ist gegen veränderliche Drehzahlen und Belastungen unempfindlich,

γ) sowie gegen die Qualität der Zerstäubung, deshalb kann eine einfache Zapfendüse mit kleinem Einspritzdruck verwendet werden,

δ) wegen der hohen Temperatur der Wirbelkammer ist die Verdampfungsfähigkeit des Brennstoffes nicht ausschlaggebend.

Die Nachteile des Systems sind:

α) die durch die Strömung verursachten hydraulischen Verluste,

β) die zusätzlichen Wärmeverluste gegenüber Motoren mit unmittelbarer Einspritzung,

γ) die schlechten Anlaßbedingungen.

b) Berechnung der Strömungsvorgänge in der Wirbelkammer. Die vom Zylinder in die Wirbelkammer strömende Luft verursacht dort eine Wirbelbewegung. Versuche haben gezeigt, daß der Druckabfall zwischen den beiden Räumen 1 at nicht übersteigt, deshalb wird er in den Rechnungen vernachlässigt, so daß man mit gleichen Druck- und Temperaturwerten rechnen kann.

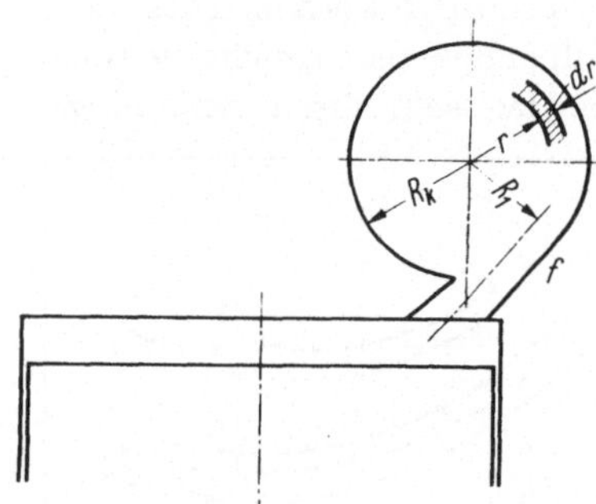

Abb. 156. Zur Berechnung des relativen Wirbelfaktors.

Das Verhältnis der Wirbelzahl — das ist die Drehzahl der in der Wirbelkammer kreisenden Luft — zur Motordrehzahl, ergibt die sog. relative Wirbelzahl. Viele Experimente zeigten, daß der Verlauf des Arbeitsvorganges von der relativen Wirbelzahl wesentlich beeinflußt wird. Sie bewegt sich bei bewährten Motoren zwischen 25 und 40. Die minimale Wirbelzahl kann aus der Bedingung berechnet werden, daß während der Einspritzzeit die Luft in der Kammer eine Umdrehung machen muß. Wird die Dauer der Einspritzung mit 18 °KW angenommen, dann beträgt der Mindestwert der relativen Wirbelzahl 20.

Die Wirbelzahl kann aus der Bedingung bestimmt werden, daß das Moment der Bewegungsgröße der Luft in der Kammer gleich dem Moment der eintretenden Bewegungsgröße ist (Abb. 156), d. h.

$$\int_{r=0}^{r=R_k} r\, w_k\, dm_k = \int_{\pi}^{\varphi_x} R_1\, w\, dm , \tag{229}$$

wo

w_k die Luftgeschwindigkeit in der Kammer,

w die Luftgeschwindigkeit im Kanal,

m , m_k die Masse der strömenden Luft im Kanal bzw. der Luft in der Kammer ist.

Bei linearer Geschwindigkeitsverteilung lautet das Integral auf der linken Seite, da die Geschwindigkeit der vom Mittelpunkt in einer Entfernung r liegenden zylindrischen Schicht $w_k = r\,\omega_k$ ist,

$$\int_{r=0}^{r=R_k} r\,w_k\,dm_k = \int_{r=0}^{r=R_k} \frac{r^2\,\omega_k\,\gamma_k}{g}\,dV_k = \frac{\gamma_k\,\omega_k}{g}\int_{r=0}^{r=R_k} r^2\,dV_k,$$

wo

V_k das Volumen der Kammer,

γ_k das spezifische Gewicht der Luft in der Kammer ist.

Das Integral ist nichts anderes, als das Trägheitsmoment des Kammervolumens. Wenn der Trägheitsradius des Volumens mit R_2 bezeichnet wird, dann ist

$$\int_{r=0}^{r=R_k} r^2\,dV_k = V_k\,R_2^2,$$

und hiermit

$$\int_{r=0}^{r=R_k} r\,w_k\,dm_k = \frac{\omega_k(V_k + V_c)\gamma_0}{V_x\,g}\,V_k\,R_2^2, \tag{230}$$

wo

γ_0 das spezifische Gewicht der Luft am Anfang des Verdichtungshubes,

V_x das Zylindervolumen zu einer beliebigen Zeit ist.

Bei kugelförmigen Kammern ist $R_2 = 0{,}633\,R_k$, während für zylindrische Kammer $R_2 = 0{,}707\,R_k$ ist.

Nach Gl. (226) ist im Integral auf der rechten Seite die Geschwindigkeit w

$$w = \frac{\pi}{60}\,\frac{n\,V_k}{\mu\,f}\,\frac{B(\varphi)}{\dfrac{1}{\varepsilon-1}+A(\varphi)},$$

während die Masse des in der Zeit dt eintretenden Gases

$$dm = \mu\,f\,w\,\frac{(V_h + V_c)\,\gamma_0}{V_x\,g}\,dt$$

ist. Unter Berücksichtigung dieser Zusammenhänge lautet das Integral

$$R_1\int_{\pi}^{\varphi_x} w\,dm = \frac{\pi^2\,n\,V_k^2(V_h + V_c)\gamma_0\,R_1}{6\cdot 60^2\,\mu\,f\,V_h\,g}\int_{\pi}^{\varphi_x}\frac{[B(\varphi)]^2}{\left[\dfrac{1}{\varepsilon-1}+A(\varphi)\right]^3}\,d\varphi. \tag{231}$$

Gleichsetzen von (230) und (231) ergibt die Wirbelzahl

$$\omega_k = \frac{\pi^2 R_1 n V_k}{6 \cdot 60^2 \mu f R_2^2} \left[\frac{1}{\varepsilon - 1} + A(\varphi) \right] \int\limits_{\pi}^{\varphi_x} \frac{[B(\varphi)]^2}{\left[\frac{1}{\varepsilon - 1} + A(\varphi) \right]^3} d\varphi, \qquad (232)$$

und die relative Wirbelzahl

$$\frac{\omega_k}{\omega} = \Omega = \frac{\pi V_k R_1}{720 \mu f R_2^2} \left[\frac{1}{\varepsilon - 1} + A(\varphi) \right] \int\limits_{\pi}^{\varphi_x} \frac{[B(\varphi)]^2}{\left[\frac{1}{\varepsilon - 1} + A(\varphi) \right]^3} d\varphi. \qquad (233)$$

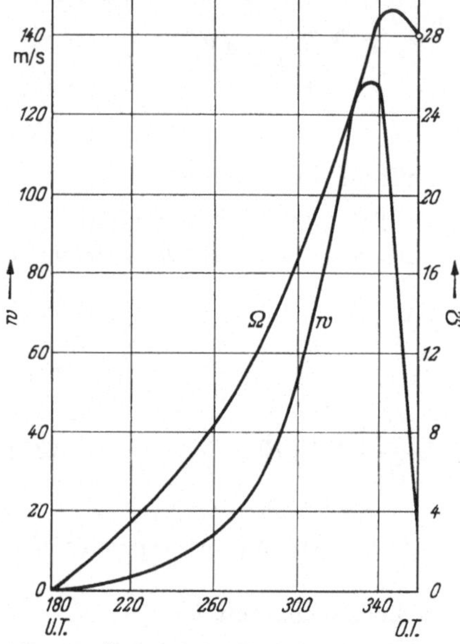

Abb. 157. Änderung der Wirbelgeschwindigkeit
und des relativen Wirbelfaktors in Abhängigkeit
von der Kurbelstellung.

In Abb. 157 sind die Strömungsgeschwindigkeit w und die relative Wirbelzahl Ω als Funktion der Winkelstellung zu sehen.

Begnügen wir uns mit der Bestimmung der zum oberen Totpunkt gehörenden relativen Wirbelzahl, so vereinfacht sich Gl. (233) wesentlich. Der Wert des eingeklammerten Ausdruckes vor dem Integral wird $1/(\varepsilon - 1)$, während das Integral — in den Fehlergrenzen der graphischen Integration — durch den Ausdruck

$$K = \frac{180}{\pi} \int\limits_{\pi}^{2\pi} \frac{[B(\varphi)]^2}{\left[\frac{1}{\varepsilon - 1} + A(\varphi) \right]^3} d\varphi$$

$$= 580\varepsilon - 4000 \qquad (234)$$

angenähert werden, der graphisch in Abb. 158 dargestellt ist. Damit ist Ω im oberen Totpunkt:

$$\Omega = \frac{\pi}{720} \frac{V_k}{\mu f (\varepsilon - 1)} \frac{R_1}{R_2^2} (10{,}1\,\varepsilon - 69{,}8). \qquad (235)$$

Für einen vorgegebenen Wert Ω kann der erforderliche Kanalquerschnitt f bestimmt werden.

Wie früher erwähnt, ordnet sich die Strömung in der Nähe des oberen Totpunktes zu einem Potentialwirbel. Die Zirkulation kann ähnlich wie die Wirbelzahl bestimmt werden.

Bei einer Potentialströmung ist das Moment der Bewegungsgröße des Volumens

$$M = \int\limits_{r=0}^{r=R_k} r\,w\,dm_k = \Gamma \int\limits_{r=0}^{r=R_k} dm_k = \Gamma V_k \varrho. \qquad (236)$$

Gleichsetzen von (231) und (236) ergibt

$$\Gamma = \frac{\pi\, n\, V_k}{6 \cdot 60^2\, \mu\, f}\, R_1 \left[\frac{1}{\varepsilon - 1} + A(\varphi)\right] \int\limits_{\pi}^{\varphi_x} \frac{[B(\varphi)]^2}{\left[\dfrac{1}{\varepsilon - 1} + A(\varphi)\right]^3}\, d\varphi. \qquad (237)$$

Bei Kenntnis der Zirkulation kann das Geschwindigkeitsfeld leicht konstruiert werden.

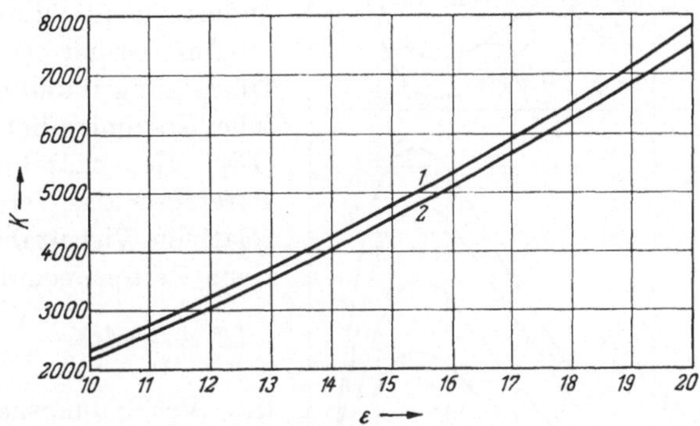

Abb. 158. Integralwert der Gl. (234) in Abhängigkeit vom Kompressionsverhältnis:
1 $r/l = 1/3,0$;   2 $r/l = 1/5,0$.

Durch Division der Gl. (232) durch die Gl. (237) erhält man das Verhältnis der Wirbelzahl zur Zirkulation:

$$\frac{\omega_k}{\Gamma} = \frac{1}{R_2^2}. \qquad (238)$$

Die potentiale und die lineare Geschwindigkeitsverteilung sind in Abb. 159 dargestellt.

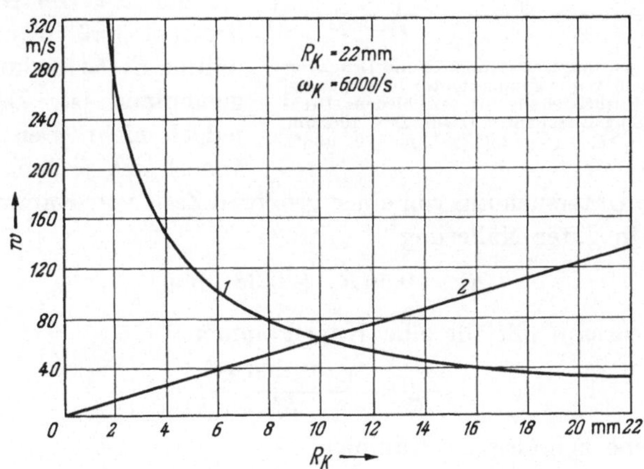

Abb. 159. Geschwindigkeitsverteilung in der Wirbelkammer.
1 Potentialwirbel;   2 die Luft rotiert wie ein starrer Körper.

Als charakteristischer Parameter der Wirbelkammern dient die relative Wirbelzahl Ω, deren optimaler Wert sich zwischen 30 und 40 bewegt. Ein Mangel dieses Ausdruckes besteht darin, daß er die Wirkung der Drehzahl, mit der sich der Druckabfall zwischen den beiden Räumen ändert, nicht berücksichtigt.

Auf Grund theoretischer Überlegungen und experimenteller Ergebnisse hat LIBROVITS [73] als charakteristischen Parameter das Verhältnis der relativen Wirbelzahl zum relativen Zeitquerschnitt

$$\left(Z = \int f \, dt = \frac{1}{6n} \int f \, d\varphi\right)$$

des Verbindungskanals vorgeschlagen:

$$X = \frac{V_k V_h n}{(\varepsilon - 1) f^2} K , \quad (239)$$

hier ist K durch Gl. (234) gegeben, V_k und V_h sind in Liter, f hingegen in mm² einzusetzen. Der optimale Wert von X bewegt sich zwischen 1,8 und 2,2. Zu Gl. (239) sei bemerkt, daß in ihr das Verhältnis R_1/R_2^2 als konstant angenommen ist. Das stimmt jedoch nicht. Der Radius R_1 ändert sich je nach Kammertypen; die Untersuchung von einer größeren Zahl von Kammern zeigte [72], daß in guter Näherung

$$R_1 = 0{,}56 R_k + 0{,}38 \quad [\text{cm}]$$

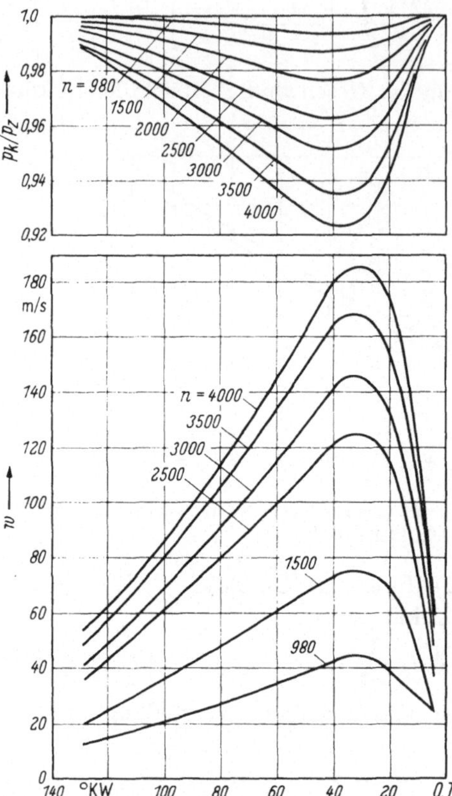

Abb. 160. Überströmgeschwindigkeit und Druckverhältnis in einem Wirbelkammermotor in Abhängigkeit von der Kurbelstellung für verschiedene Drehzahlen (Fahrzeug-Dieselmotor OD-6, $D = 108$ mm, $S = 92$ m, $\varepsilon = 17$, $V_k = 21{,}65$ cm³, $f = 106$ mm²).

ist; infolgedessen gilt für eine Kugelkammer

$$\frac{R_1}{R_2^2} = \frac{1{,}4 R_k + 0{,}95}{R_k^2},$$

und für eine zylindrische Kammer

$$\frac{R_1}{R_2^2} = \frac{1{,}12 R_k + 0{,}76}{R^2}.$$

Mit diesen Zusammenhängen ist es zweckmäßig, den Parameter X in der Form

$$X_1 = \frac{R_1 V_k V_h n}{R_2^2 (\varepsilon - 1) f^2} K \qquad (240)$$

zu benutzen.

Bei höheren Drehzahlen ist es zweckmäßig, die unterschiedliche Dichte der Luft in der Kammer und im Hauptbrennraum in Betracht zu ziehen. Die Rechnungen für einen kurzhubigen Schnelläufer sind in Abb. 160 dargestellt. Mit steigender Drehzahl wird der Druckunterschied immer größer, und die Überströmgeschwindigkeit ist kleiner als ohne Berücksichtigung des Druckunterschiedes.

Die Luftströmung durch den Verbindungskanal wird von hydraulischen Verlusten begleitet. Bei ähnlichen relativen Kammervolumen sind die Verluste um so größer, je kleiner der Querschnitt der Kammer im Verhältnis zum Zylinderquerschnitt ist.

In Abb. 161 sind die hydraulischen Verluste als Funktion des relativen Überströmquerschnittes dargestellt. Die Kurve gilt für das Drehzahlintervall 1500 bis 3000 U/min, wo auf Grund von BRILLINGS

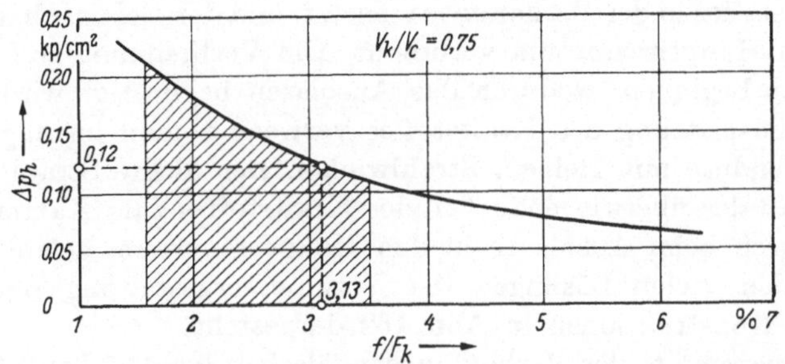

Abb. 161. Hydraulische Verluste von Wirbelkammermotoren als Funktion des relativen Überströmquerschnittes.

Messungen der Verlust nicht von der Drehzahl abhängt [70]. Bei Verringerung des Verhältnisses V_k/V_c nimmt die durchströmende Luft und damit auch der Verlust ab.

Im allgemeinen betragen die Strömungsverluste 4 bis 8% der gesamten Reibungsverluste.

Zu diesem hydraulischen Verlust trägt auch noch der Wärmeverlust der Kammer bei, den man getrennt bisher noch nicht genau bestimmen konnte.

§ 40. Vorkammermotoren

a) Kennzeichen des Vorkammerverfahrens. Das Vorkammerverfahren wird bei Motoren mit unterteilten Brennräumen sehr häufig angewandt. Das Vorkammervolumen nimmt im allgemeinen etwa 30 bis 40% des

Verdichtungsraumes ein, und die Vorkammer ist mit dem Hauptbrennraum durch ein oder mehrere Löcher verbunden.

Bei kleineren Zylinderdurchmessern wird die Vorkammer aus konstruktiven Gründen an der Seite unter einer gewissen Neigung zur Zylinderachse vorgesehen. Bei größeren Zylinderdurchmessern ist die zentrale Anordnung gebräuchlich, wegen der besseren Verteilungsmöglichkeiten des ausgeblasenen Kraftstoffes im Hauptbrennraum.

In der Vorkammer entsteht, im Gegensatz zur Wirbelkammer, während des Verdichtungshubes eine ungeordnete, pulsierende Luftströmung. Deshalb wird hier der zur Gemischbildung verfügbare Energiegehalt der Kammer von der kinetischen Energie des strömenden Gases nicht eindeutig gekennzeichnet. Für die Gemischbildung wird auch die Energie des in der Vorkammer teilweise verbrannten Kraftstoffes verwandt, wenn die Verbrennung unter rascher Druckerhöhung beginnt und infolgedessen ein Ausblasen der Vorkammer erfolgt. Dieses Ausblasen sichert eine gute Vermischung und Verbrennung im Hauptbrennraum.

Das Ausblasen der Vorkammer wird wirksam, wenn sich 30 bis 35% des Kraftstoffes in der Vorkammer umsetzt, und der Rest nach dem Ausblasen im Hauptbrennraum verbrennt. Die Verbrennung soll von der Düsenseite beginnen, wodurch das Ausblasen begünstigt wird.

Zur Einspritzung des Kraftstoffes verwendet man im allgemeinen eine Zapfendüse mit kleinem Strahlwinkel. Der dichte Strahl gewährleistet, daß der überwiegende Teil des Kraftstoffes zum Kammergrund und dadurch beim Ausblasen in den Hauptbrennraum gelangt.

Von den vielen Lösungen der Vorkammergestaltung sind einige bewährte Konstruktionen in Abb. 162 dargestellt.

Der Querschnitt der Verbindungskanäle beträgt 0,25 bis 0,40% der Kolbenfläche, es gibt jedoch auch gute Ausführungen mit einem Querschnittsverhältnis von 1,0 bis 1,5%. Die Vergrößerung des Querschnittsverhältnisses setzen die hydraulischen Verluste herab, während die nötige Wirbelbewegung der Luft trotzdem durch spezielle Wirbelabsätze gesichert werden kann (Mercedes, MWM usw.).

Wenn die Vorkammer ihren stationären Wärmezustand erreicht hat, wird der Zündverzug gegen die Belastung und Drehzahlschwankung unempfindlich. Die physikalischen und chemischen Eigenschaften des Brennstoffes üben keinen wesentlichen Einfluß auf den Kreisprozeß, d. h. auf die Wirtschaftlichkeit des Motors, aus.

Versuche [69, 70] zeigen, daß das relative Kammervolumen bei in der Mitte des Kolbens liegender Vorkammer kleiner sein kann, als bei seitlicher Anordnung. Die Vermischung und Verbrennung im Hauptbrennraum wird begünstigt von einer in den Kolbenboden eingearbeiteten Mulde.

Wir wollen die Vorteile des Verfahrens zusammenfassen:

α) verhältnismäßig kleiner Verbrennungsdruck und kleine Drucksteigerungsgeschwindigkeit,

β) Unempfindlichkeit gegenüber der Zerstäubungsqualität, weshalb Zapfendüsen mit kleinem Öffnungsdruck angewandt werden können,

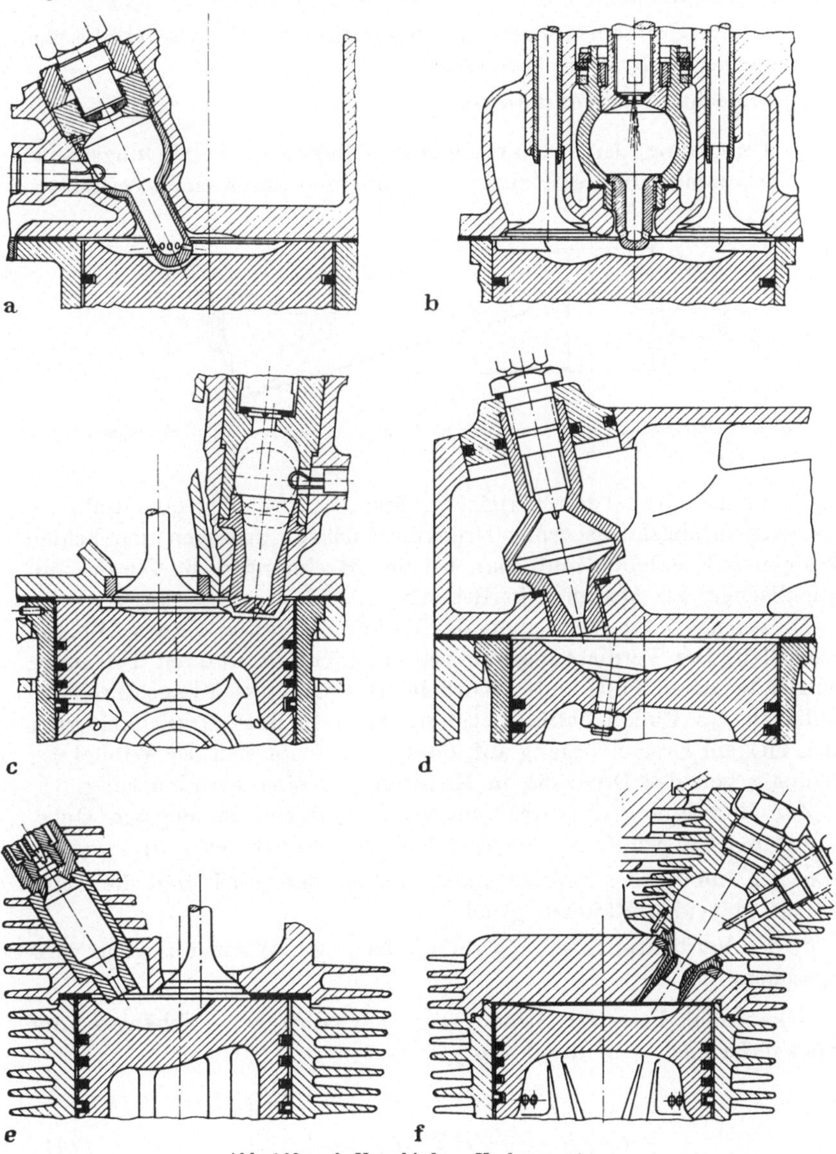

Abb. 162 a — f. Verschiedene Vorkammertypen.

γ) Unempfindlichkeit gegenüber den physikalisch-chemischen Eigenschaften des Kraftstoffes,

δ) infolge der intensiven Luftbewegung eignet sich dieses Verfahren auch für hohe Drehzahlen.

Und die Nachteile:

α) infolge der thermischen und hydraulischen Verluste ergibt sich ein schlechterer Kraftstoffverbrauch,

β) schlechte Startverhältnisse.

b) Berechnung der Strömungsgeschwindigkeit im Verbindungskanal.
Die Vorkammer und der Hauptbrennraum sind durch einen verhältnis-

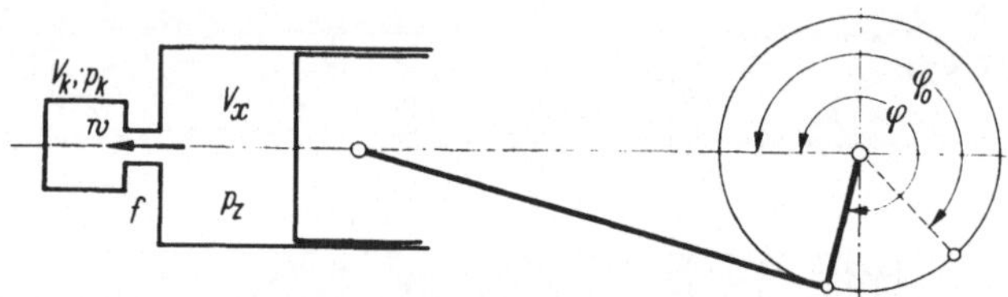

Abb. 163. Zur Berechnung der Strömungsgeschwindigkeit in Motoren mit stark eingeschnürten Brennräumen.

mäßig kleinen Kanal miteinander verbunden; deshalb treten während des Verdichtungshubes große Druckunterschiede zwischen den beiden Räumen auf. Folglich muß man bei den Rechnungen die Zusammendrückbarkeit des Mediums in Betracht ziehen.

Die schematische Darstellung des Vorkammermotors ist aus Abb. 163 ersichtlich. Der Verdichtungshub beginnt nicht im unteren Totpunkt, sondern bei einem bestimmten Kurbelwinkel (φ_0), dessen Lage durch das Schließen des Einlaßventils bestimmt wird. In der Wirklichkeit tritt auch hier ein Drosselvorgang auf, daher verschiebt sich der Winkel φ_0, abhängig von der Drehzahl, in Richtung auf eine Verminderung.

Zur Berechnung der Strömungsgeschwindigkeit im engsten Querschnitt machen wir folgende vereinfachende Annahmen [*69*]:

α) am Anfang des Verdichtungshubes ist der Druck und die Temperatur in beiden Räumen gleich,

β) der Verdichtungsvorgang sei adiabat, vom Wärmeübergang wird abgesehen.

Bekanntlich kann die Strömungsgeschwindigkeit — abhängig vom Druckverhältnis — in der Form

$$w = \sqrt{\frac{2g\varkappa}{\varkappa-1} R\, T_z \left[1 - \left(\frac{p_k}{p_z}\right)^{\frac{\varkappa-1}{\varkappa}}\right]} \qquad (241)$$

angegeben werden. Für T_z besteht die Beziehung

$$T_z = T_0 \left(\frac{p_z}{p_0}\right)^{\frac{\varkappa-1}{\varkappa}},$$

und nach Einführung der gebräuchlichen Abkürzung

$$\psi = \sqrt{\frac{2g\varkappa}{\varkappa-1} R T_0 \left[1 - \left(\frac{p_k}{p_z}\right)^{\frac{\varkappa-1}{\varkappa}}\right]},$$

lautet unsere Gleichung kurz

$$w = \psi \left(\frac{p_z}{p_0}\right)^{\frac{\varkappa-1}{\varkappa}}. \tag{242}$$

wobei die Zustandsgrößen mit dem Index 0 sich auf den Anfangs-
zustand der Verdichtung beziehen.

Die Gl. (242) gilt, solange das Druckverhältnis p_k/p_z den kritischen
Wert

$$\left(\frac{p_k}{p_z}\right)_{kr} = \left(\frac{2}{\varkappa+1}\right)^{\frac{\varkappa}{\varkappa-1}} = 0{,}528$$

nicht überschreitet. Im überkritischen Bereich erfolgt die Strömung
mit der Schallgeschwindigkeit, die nur von der Temperatur abhängt:

$$w_{kr} = \sqrt{\frac{2g\varkappa}{\varkappa+1} R T_0 \left(\frac{p_z}{p_0}\right)^{\frac{\varkappa-1}{2\varkappa}}} = \psi_{kr} \left(\frac{p_z}{p_0}\right)^{\frac{\varkappa-1}{2\varkappa}}. \tag{243}$$

Wenn das Druckverhältnis zwischen den beiden Räumen bekannt
ist, kann die Strömungsgeschwindigkeit errechnet werden. Zur Bestimmung des Druckverhältnisses sind noch weitere Gleichungen nötig.

Eine dieser Gleichungen ist die Bedingung, daß während des Verdichtungshubes die Zylinderladung konstant bleibt, d. h. es ist

$$\frac{V_x}{v_x} + \frac{V_k}{v_k} = \frac{V_0 + V_c}{v_0},$$

wo

V_0 das Hubvolumen des Zylinders vom Winkel φ_0 bis zum
        oberen Totpunkt ist und

v_x, v_k, v_0 die entsprechenden spezifischen Volumen sind.

Für adiabate Zustandsänderungen gilt

$$\frac{v_0}{v_x} = \left(\frac{p_z}{p_0}\right)^{1/\varkappa}; \qquad \frac{v_0}{v_k} = \left(\frac{p_k}{p_0}\right)^{1/\varkappa}.$$

Ferner ist

$$V_x = V_h A(\varphi) + V_c - V_k.$$

Insgesamt erhält man dann die Beziehung

$$\frac{p_k}{p_0} = \left\{\frac{1}{\varepsilon_k}\left[\frac{V_0}{V_h} + \varepsilon_c - \left(\frac{p_z}{p_0}\right)^{1/\varkappa}\left(A(\varphi) + \varepsilon_c - \varepsilon_k\right)\right]\right\}^{\varkappa}, \tag{244}$$

mit

$$\varepsilon_c = \frac{V_c}{V_h}; \qquad \varepsilon_k = \frac{V_k}{V_h},$$

d. h. einen Zusammenhang zwischen den Druckverhältnissen p_z/p_0 und p_k/p_0.

Eine weitere Gleichung ergibt sich aus der Bedingung, daß das Gewicht des durch den Verbindungskanal strömenden Gases der Zunahme des Vorkammerinhaltes gleich ist. Im unterkritischen Bereich, in dem der Druck im engsten Querschnitt und in der Kammer identisch ist, beträgt das Gewicht des in der Zeiteinheit durchströmenden Gases

$$dG = \frac{w \mu f}{v_k} \, dt. \tag{245}$$

Das Gewicht des Gases in der Kammer ist

$$G_k = \frac{V_k}{v_k},$$

und seine Vergrößerung

$$dG_k = - \frac{V_k}{v_k^2} \, dv_k. \tag{246}$$

Aus Gln. (245) und (246), unter Berücksichtigung, daß

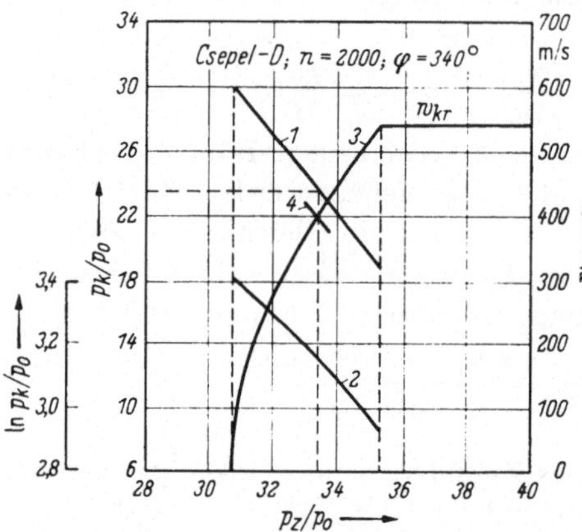

$$\frac{dv_k}{v_k} = - \frac{1}{\varkappa} \frac{dp_k}{p_k},$$

ergibt sich die Beziehung

$$w \, d\varphi = \frac{6 n V_k}{\mu f} \frac{1}{\varkappa} \frac{dp_k}{p_k}.$$

Durch Integration wird daraus

$$\int_{\varphi_0}^{\varphi} w \, d\varphi = \frac{6 n V_k}{\mu f \varkappa} \ln \frac{p_k}{p_0}. \tag{247}$$

Mit Hilfe der Gln. (242), (244) und (247) können die drei Unbekannten w, p_k/p_0 und p_z/p_0 bestimmt werden.

Die Lösung dieser drei Gleichungen erfolgt entweder durch Iteration oder graphisch.

Abb. 164. Hilfskurven zur Berechnung der Strömungsgeschwindigkeit im Verbindungskanal.

Sollen die Geschwindigkeits- und Druckverläufe für mehrere Drehzahlen ermittelt werden, so empfiehlt es sich, nach dem unten beschriebenen graphischen Verfahren (nach SCHLAEFKE) zu arbeiten (Abb. 164).

Für einen bestimmten Kurbelwinkel φ kann nach Gl. (244) der Zusammenhang $p_k/p_0 = f(p_z/p_0)$ dargestellt werden (Kurve *1*). Weiters können die Kurven $\ln(p_z/p_0)$ (Kurve *2*) und die w-Werte nach Gl. (242)

(Kurve *3*) über p_z/p_0 aufgetragen werden. Wenn jetzt einige *w*-Werte angenommen werden, kann man die zugehörigen $\ln(p_k/p_0)$-Werte nach Formel (247) berechnen, und die Geschwindigkeiten über den zu den errechneten $\ln(p_k/p_0)$-Werten nach Kurve *2* gehörigen p_z/p_0-Werten im Diagramm auftragen. Der Schnittpunkt des so konstruierten *w*-Kurvenstückes *4* mit Kurve *3* ergibt den gesuchten *w*-Wert. Durch Projektion des Schnittpunktes auf die Achsen, erhält man die beiden anderen Lösungen p_k/p_0 und p_z/p_0. Das hier beschriebene Diagramm muß für alle Intervallendpunkte gezeichnet werden.

Die Gl. (247) gilt nur für unterkritische Verhältnisse, wo $p = p_k$ ist. Bei überkritischer Strömung ist der Zustand im engsten Querschnitt des Verbindungskanals vom Kammerdruck unabhängig. Die Geschwindigkeit und der Druck hängt nur von den Zustandsgrößen im Hauptbrennraum ab.

Für das spezifische Volumen im engsten Querschnitt gilt dann die Beziehung

$$v = v_z \left(\frac{\varkappa + 1}{2}\right)^{\frac{1}{\varkappa - 1}},$$

und damit ergibt sich das strömende Gewicht

$$dG = \frac{1}{v_z} \left(\frac{2}{\varkappa + 1}\right)^{\frac{1}{\varkappa - 1}} w \mu f \, dt. \tag{248}$$

Das Luftgewicht im Hauptbrennraum beträgt

$$G_z = \frac{V_x}{v_z} = \frac{V_h A(\varphi) + V_c - V_k}{v_z}.$$

Durch Differentiation erhält man

$$dG_z = -\frac{1}{v_z}\left(V_h A(\varphi) + V_c - V_k\right) dv_z + \frac{V_h}{v_z} \frac{dA(\varphi)}{d\varphi} d\varphi. \tag{249}$$

Gleichsetzen der Ausdrücke (248) und (249) $(-dG = dG_z)$ liefert nach einigen Umformungen

$$-w \, d\varphi = \frac{6n V_h}{\mu f} \left(\frac{\varkappa + 1}{2}\right)^{\frac{1}{\varkappa - 1}} \left[\left(A(\varphi) + \varepsilon_c - \varepsilon_k\right)\frac{1}{\varkappa} \frac{dp_z}{p_z} + \frac{dA(\varphi)}{d\varphi} d\varphi\right]. \tag{250}$$

Ersetzt man in Gl. (250) $\dfrac{dp_z}{p_z}$ durch $\dfrac{d\left(\dfrac{p_z}{p_0}\right)}{\dfrac{p_z}{p_0}}$ und *w* nach Gl. (243) so erhält man:

$$-\Psi_{kr} \left(\frac{p_z}{p_0}\right)^{\frac{\varkappa - 1}{2\varkappa}} d\varphi$$

$$= \frac{6n V_n}{\mu f} \left(\frac{\varkappa + 1}{2}\right)^{\frac{1}{\varkappa - 1}} \left[\frac{1}{\varkappa} \frac{d(p_z/p_0)}{p_z/p_0}\left(A(\varphi) + \varepsilon_c - \varepsilon_k\right) + \frac{dA(\varphi)}{d\varphi} d\varphi\right].$$

Die allgemeine Lösung dieser Differentialgleichung lautet

$$\left(\frac{p_z}{p_0}\right)^{-\frac{\varkappa-1}{2\varkappa}} = \left[\frac{(x-1)\,\mu\,f}{12\,V_h\,n}\,H\int\limits_{\varphi_0}^{q}\frac{d\varphi}{\left(A\,(\varphi)+\varepsilon_c-\varepsilon_k\right)^{\frac{\varkappa+1}{2}}} + C\right] \times$$

$$\times\,\left(A\,(\varphi)+\varepsilon_c-\varepsilon_k\right)^{\frac{\varkappa-1}{2}}, \quad \text{mit} \quad H = \Psi_{k\,r}\left(\frac{2}{\varkappa+1}\right)^{\frac{1}{\varkappa-1}} \qquad (251)$$

wo C eine Integrationskonstante ist.

Mit dem Kurbelwinkel φ^* und dem zugehörigen Druck p_z^*, bei dem das Druckverhältnis überkritisch zu werden beginnt, erhält man die Integrationskonstante C in der Form

$$C = \frac{1}{\left(A\,(\varphi^*)+\varepsilon_c-\varepsilon_k\right)^{\frac{\varkappa-1}{2}}\left(\frac{p_z}{p_0}\right)^{\frac{\varkappa-1}{2\varkappa}}} -$$

$$-\,\frac{(\varkappa-1)\,\mu\,f}{12\,V_h\,n}\,H\int\limits_{\varphi_0}^{q^*}\frac{d\varphi}{\left(A\,(\varphi^*)+\varepsilon_c-\varepsilon_k\right)^{\frac{\varkappa+1}{2}}}. \qquad (252)$$

Bei Kenntnis von p_z/p_0 kann die Geschwindigkeit und der Kammerdruck mit Hilfe der Gln. (243) und (244) berechnet werden. Die Rechnungen gelten nur so lange, wie das Druckverhältnis p_k/p_z kleiner als das kritische ist.

Die für den Csepel-Steyr-Fahrzeugmotor berechneten Druck- und Geschwindigkeitskurven sind in Abb. 165 dargestellt. Mit steigender

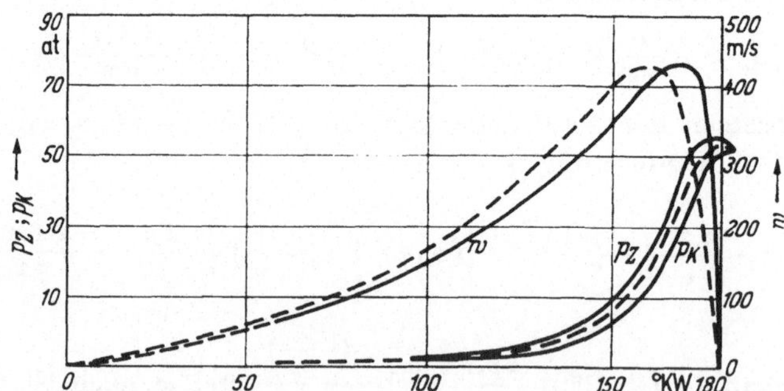

Abb. 165. Geschwindigkeit im Verbindungskanal und Druckverhältnisse in einer Vorkammermaschine (Steyr-Csepel, $D = 110$ mm, $S = 140$ mm, $\varepsilon = 21$, $f = 48$ mm²).

Drehzahl nimmt der Druckunterschied zwischen der Kammer und dem Hauptbrennraum rasch zu. Der Maximalwert des Druckes im Hauptbrennraum liegt immer vor dem oberen Totpunkt.

Von Librowits [73] wurde ein Z-Parameter eingeführt, der mit der Strömungsenergie in einem bestimmten Verhältnis steht. Der Librowitssche Parameter lautet

$$Z = \frac{30 f (\varepsilon - 1)^2}{V_h\, n\, \varepsilon \left(\dfrac{V_k}{V_c}\right)^2}\,, \tag{253}$$

wo f in mm² und V_h in Liter einzusetzen sind.

Die Energie des strömenden Gases ist in Abb. 166 zu sehen. Bei Kenntnis der Strömungsenergie kann man den Mitteldruck der Strömungsverluste berechnen

$$\Delta p_h = \frac{E}{10\, V_h}\,.$$

Zum Beispiel ist für einen Csepel-Steyr-Diesel bei 2000 U/min $Z = 48$, dazu erhält man aus Abb. 166

$E = 60$ mkp/Zyklus,

und daraus

$\Delta p_h = 0{,}45$ kp/cm².

Wie man an diesem Zahlenbeispiel sieht, machen die Strömungsverluste 20 bis 30 % der Gesamtverluste aus.

Die Strömungsverluste sind, abhängig vom relativen Kanalquerschnitt, für $V_k / V_c = 0{,}3$ in Abb. 167 dargestellt. Die schraffierte Fläche zeigt die gebräuchlichen Werte f/F_k.

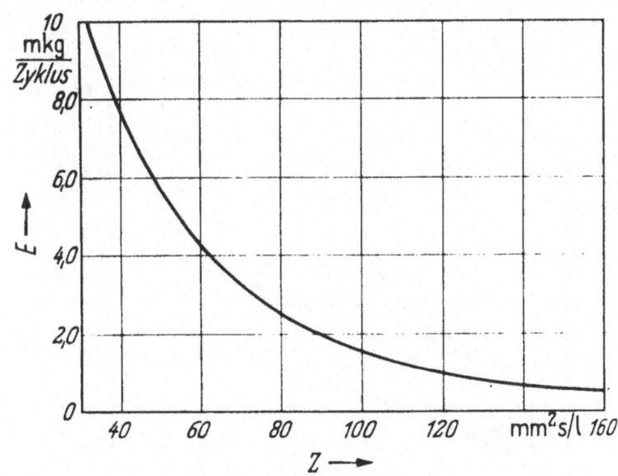

Abb. 166
Wirbelenergie in Abhängigkeit vom Parameter Z [73].

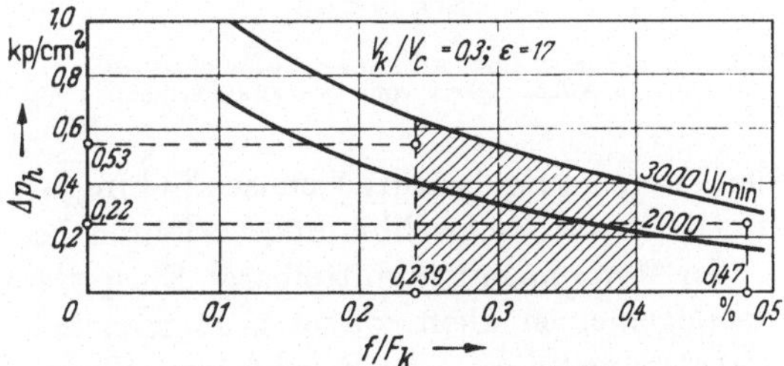

Abb. 167. Hydraulische Verluste in Vorkammermotoren als Funktion des relativen Überströmquerschnittes.

§ 41. Energiebedarf und Wirtschaftlichkeit der einzelnen Gemischbildungsverfahren

Unter Gemischbildungsarbeit versteht man jene Arbeit, die der in den Zylinder eingeführte Kraftstoff zur Erzielung der gewünschten Mischung benötigt. Die gesamte Gemischbildungsarbeit setzt sich aus drei Teilen zusammen: in die

α) dem Strahl mitgeteilte Bewegungsenergie,

β) Strömungsarbeit bis zum oberen Totpunkt, wofür der mittlere Strömungsdruck Δp_h als Maß eingeführt wurde,

γ) Strömungsarbeit während der Expansion (Ausblasen).

a) Bewegungsenergie des Strahles. Bei Dieselmotoren werden zur Sicherung einer guten Gemischbildung und Verbrennung verhältnismäßig hohe Einspritzdrücke verwendet. Aus diesen Gründen kann die Bewegungsenergie des Strahles bei der Aufstellung der Gemischbildungsarbeit nicht vernachlässigt werden.

Die mit 1 g Brennstoff mitgeteilte Bewegungsenergie beträgt

$$E = \frac{w^2}{2g} = \frac{(\varphi\, w_0)^2}{2g}$$

$$= \frac{\varphi^2\,(p_d - p_z)}{2g} \,,$$

wo w_0, w die theoretische bzw. tatsächliche Ausflußgeschwindigkeit ist.

Die Ausflußgeschwindigkeit und die Bewegungsenergie des Strahles sind in Abhängigkeit vom Druckunterschied $(p_d - p_z)$ in Abb. 168 dargestellt. Wie man erkennt, hängt die von

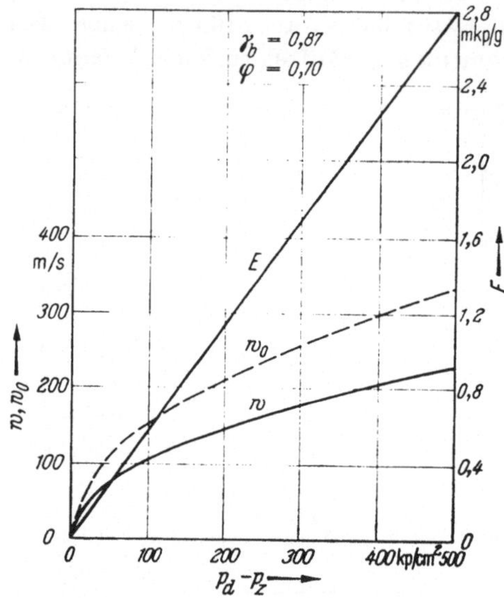

Abb. 168. Energie und Ausflußgeschwindigkeit des Strahles in Abhängigkeit vom Druckunterschied.

der Pumpe aufgebrachte Gemischbildungsarbeit vom Druckunterschied ab, der vom Gemischbildungsverfahren bestimmt wird.

In Motoren mit unmittelbarer Einspritzung ist die Strömungsarbeit im allgemeinen klein; daher muß man hohe Einspritzdrücke (250 bis 450 at) anwenden. Die zugehörigen Werte der Bewegungsenergie betragen 1,4 bis 2,6 mkp/g. Die untere Grenze betrifft Kolbenkammermotoren.

In Motoren mit unterteilten Brennräumen kann die Strömungsenergie des Gases zur Gemischbildung nutzbar gemacht werden; daher kann der Einspritzdruck kleiner sein. Der Einspritzdruck bewegt sich meist zwischen 120 und 200 at, wofür die Bewegungsenergie 0,75 bis 1,2 mkp/g beträgt.

Die Verminderung des Einspritzdruckes ist im Hinblick auf die Pumpe vorteilhaft; dafür muß aber mehr Strömungsenergie zur Verfügung gestellt werden, was die Wirtschaftlichkeit senkt.

b) Gemischbildungsarbeit während des Kompressionshubes. In Motoren mit unterteilten Brennräumen wird die Gemischbildung von dem in die Kammer strömenden Luftstrahl wesentlich begünstigt. Von der ganzen Strömungsenergie wird jedoch nur ein Teil mit schlechtem Wirkungsgrad zurückgewonnen, so daß sie fast ganz als Verlust zu bewerten ist, durch den die vom Motor abgegebene Leistung vermindert und der spezifische Kraftstoffverbrauch erhöht wird.

Es seien w die Strömungsgeschwindigkeit und p, ϱ und T die Zustandsgrößen im engsten Querschnitt, p_z, ϱ_z und T_z im Zylinder. Für die strömende Gasmenge gilt die Energiegleichung

$$\int\limits_0^t \left(\frac{w^2}{2} + u + \frac{p}{\varrho}\right) \mu\,f\,w\,p\,dt = \int\limits_0^t \mu\,f\,w\left(\frac{p}{p_z}\right)^{1/\varkappa} c_p\,T_z\,p\,dt,$$

wo die Zeit t vom Beginn des Kompressionshubes bis zur Entflammung reicht.

Nach einigen Umformungen kann man diese Gleichung wie folgt geschrieben werden:

$$E = \int\limits_0^t \mu\,f\,w\,\varrho\,\frac{w^2}{2}\,dt = \frac{\varkappa}{\varkappa - 1} \int\limits_0^t \mu\,f\,w\,p\left[\left(\frac{p_z}{p}\right)^{\frac{\varkappa-1}{\varkappa}} - 1\right]dt.$$

Durch Integration erhält man

$$E = \frac{\varkappa}{\varkappa - 1} \int \left(\frac{p_z}{p}\right)^{\frac{\varkappa-1}{\varkappa}} dp_k = \frac{V_k}{\varkappa - 1}\,(p_k - p_0). \tag{254}$$

Wenn p_z, p_z/p_0 und p_k bekannt sind, ist die Strömungsenergie leicht zu errechnen.

Stellt man p_k in Abhängigkeit von

$V_k\left(\dfrac{p_z}{p}\right)^{\frac{\varkappa-1}{\varkappa}}$ dar, so ist aus Abb. 169 ersichtlich, daß der Wert E die $1/(\varkappa - 1)$-malige Differenz der von *12ab341* und *12341* begrenzten Fläche (schraffiert) ist. Da das Gemisch vor dem oberen Totpunkt entflammt, darf man die Rechnungen nur bis zu diesem Punkt (in der Abbildung mit t bezeichnet) durchführen.

Der Maximalwert von $(p_z/p)^{\varkappa-1/\varkappa}$ tritt beim kritischen Druckverhältnis auf und sein Wert entspricht 1,2. In der Abbildung

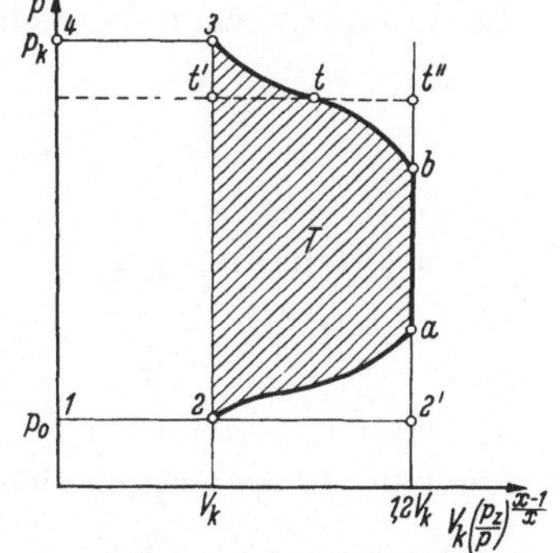

Abb. 169. Zur Berechnung der Gemischbildungsarbeit in Motoren mit unterteilten Brennräumen.

beginnt die kritische Überströmung im Punkt a und endet im Punkt b.

Die Strömungsenergie des Csepel-Steyr-Motors ist in Abb. 170 dargestellt. Die Fläche des Diagramms beträgt 1200 mm² und mit

$V_k = 33 \ \text{cm}^3$ ist

$$E = \frac{0{,}1 \cdot 1200 \cdot 33}{20 \cdot 0{,}4 \cdot 100} = 4{,}95 \,\text{mkp}\,,$$

damit wird $\Delta p_h = 0{,}372 \ \text{kp/cm}^2$.

Zum Vergleich der Strömungsenergie verschiedener Gemischbildungsverfahren schreibt man sie in der Form

$$E = \eta \frac{V_k p_0}{\varkappa - 1} \left[\left(\frac{p_z}{p} \right)^{\frac{\varkappa - 1}{\varkappa}} - 1 \right] \left(\frac{p}{p_0} - 1 \right),$$

wo η das Verhältnis der Flächen $2\,abtt'2$ und $22'abt''t'2$ bedeutet.

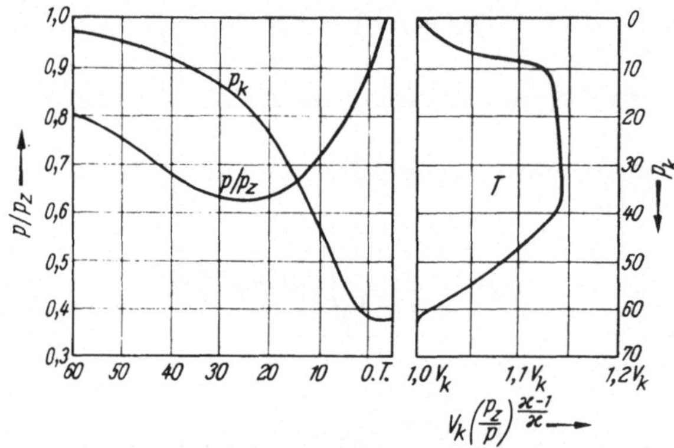

Abb. 170. Während des Verdichtungshubes geleistete Gemischbildungsarbeit in einem Vorkammermotor (Steyr-Csepel).

Im unterkritischen Bereich, wo $p_k = p$ ist, gilt die Beziehung

$$\frac{p}{p_0} = \left[\frac{V_h + V_c}{\left(1 - \dfrac{V_k}{V_c}\right)\left(\dfrac{p_z}{p}\right)^{1/\varkappa} + \dfrac{V_k}{V_c}} \right]^\varkappa .$$

Das Druckverhältnis p/p_z kann man durch die MACHsche Zahl

$$M^2 = \frac{2}{\varkappa - 1} \left[\left(\frac{p_z}{p} \right)^{\frac{\varkappa - 1}{\varkappa}} - 1 \right].$$

ausdrücken. Damit ergibt sich

$$E = \eta \, \frac{V_k p_0}{2} \, M^2 \left(\frac{p}{p_0} - 1 \right). \tag{255}$$

Nehmen wir jetzt drei Motoren nach dem Vorkammer-, Wirbelkammer- und Kolbenkammerverfahren, in denen die MACHsche Zahl die Werte $M_v = 0{,}8$; $M_w = 0{,}5$ und $M_k = 0{,}2$ annimmt. Das Unterteilungsverhältnis sei bei allen Motoren $V_k/V = 0{,}5$. Mit diesen Werten erhält man für die einzelnen Gemischbildungsverfahren die Zusammenhänge

$$E_v = 36\eta_1 \frac{V_k\,p_0}{2}\,,$$

$$E_w = 16{,}5\eta_2 \frac{V_k\,p_0}{2}\,,$$

$$E_k = 2{,}8\eta_3 \frac{V_k\,p_0}{2}\,,$$

oder, bezogen auf den Vorkammermotor

$$E_w = 0{,}46 \cdot \frac{\eta_2}{\eta_1}\,E_v\,; \qquad E_k = 0{,}078 \cdot \frac{\eta_3}{\eta_1}\,E_v\,.$$

Unter Berücksichtigung der Werte, die η_1, η_2 und η_3 annehmen können,
und bei Festsetzung der Strömungsenergie des Vorkammermotors als
100%, beträgt diese im Wirbelkammermotor nur 30 bis 40% und beim
Kolbenkammermotor 4 bis 7%.

c) Gemischbildungsarbeit während des Ausblasens. Der dritte Anteil
der Gemischbildungsarbeit wird beim Ausblasen aus der Vor- oder
Wirbelkammer geleistet. Ein Teil des Energiegehaltes der Kammer
wird in Geschwindigkeitsenergie umgewandelt, die zur guten Vermischung des ausgeblasenen Kraftstoffes beiträgt.

Auf die Gewichtseinheit des strömenden Gases bezogen besteht der
Zusammenhang

$$c_p\,(T_k - T) = \frac{w^2}{A\,2g}\,.$$

Da der Energiegehalt des Gases in der Kammer pro Gewichtseinheit $c_p\,T_k$ ist, wird der Wirkungsgrad des strömenden Gases im
Hinblick auf die Gemischbildung

$$\eta' = \frac{c_p\,(T_k - T)}{c_p\,T_k} = 1 - \frac{T}{T_k}\,.$$

Für eine adiabate Strömung gilt

$$\frac{T}{T_k} = \frac{1}{1 + \dfrac{\varkappa - 1}{2}\,M^2}\,,$$

und damit wird

$$\eta' = \frac{1}{1 + \dfrac{2}{\varkappa - 1}\,\dfrac{1}{M^2}}\,. \tag{256}$$

Die MACHsche Zahl kann höchstens 1 werden, dann ist $\eta' = 0{,}17$
bei $(\varkappa = 1{,}4)$. Bei Vorkammermotoren tritt während des Ausblasens
ein Wert $M \cong 0{,}4$ auf, der dazugehörige η'-Wert ist $0{,}031$. Das bedeutet,
daß nur 3,1% der Gesamtenergie der Kammer zur Gemischbildung
genutzt werden.

Der Energiegehalt der Kammer setzt sich aus zwei Teilen zusammen: aus der Energievergrößerung infolge der Verdichtung, und aus der durch die Verbrennung entstehenden Energie. Bei der Aufstellung einer Energiebilanz muß man nur letztere in Betracht ziehen; mit dieser Annahme wird der Wirkungsgrad der Nachzerstäubung

$$\eta_1' = \frac{\eta'}{1 - \dfrac{a\,G\,R\,T_0\left(\dfrac{V}{V_0}\right)^{\varkappa-1}}{p_k(V + a\,V_k)}}\,, \tag{257}$$

wo

a das Dichteverhältnis der Kammer zum Hauptbrennraum,
G das Gewicht der Zylinderladung,
V_0 das Gesamtvolumen des Zylinders,
V das Zylindervolumen zur Zeit des Verbrennungsbeginns ist.

Nach der Rechnung ist in guter Näherung

$$\eta_1' = (1{,}25 - 1{,}30)\eta'.$$

Bei Kenntnis von η_1' und der in der Kammer frei werdenden Energie, kann die zur Gemischbildung aufgewandte Energie berechnet werden. Zum Beispiel ist für den Csepel-Steyr-Fahrzeugmotor $q = 700$ cal, $\eta_1' = 0{,}041$, und unter der Annahme, daß in der Vorkammer 25% der Gesamtenergie frei wird, ergibt sich

$$\frac{700 \cdot 0{,}427 \cdot 0{,}041}{4} = 3{,}06 \text{ mkg};$$

der dazugehörende Verlustmitteldruck ist

$$\Delta p_h = \frac{3{,}06}{10 \cdot 1{,}33} = 0{,}23 \text{ kp/cm}^2.$$

d) Wirtschaftlichkeit der Gemischbildungsverfahren. Zum Vergleich von verschiedenen Gemischbildungsverfahren betrachten wir Motoren mit gleicher Verbrennungsgüte und gleichem thermischem Wirkungsgrad. Wir untersuchen jetzt die Änderung der einzelnen Kenngrößen des Motors, wenn eine Mehrarbeit zur Gemischbildung verbraucht wird.

Der mittlere Kolbendruck p_{we} ist ein Maß für die gesamte Gemischbildungsarbeit; mit ihm beträgt der mittlere effektive Druck des Motors

$$p_e' = p_e - p_{we} = p_e\left(1 - \frac{p_{we}}{p_e}\right) = p_e\,W.$$

Damit wird die effektive Leistung

$$N_e' = N_e\,W,$$

der spezifische Kraftstoffverbrauch

$$b_e' = \frac{b_e}{W}\,,$$

und der wirtschaftliche Wirkungsgrad

$$\eta_e' = W\,\eta_e \; .$$

Die graphische Darstellung der Funktion W für verschiedene Werte p_e' ist in Abb. 171 gezeigt. Man sieht, daß die Zahl W um so kleiner als 1 ist, je größer die Gemischbildungsarbeit gegenüber der Leistung des Motors wird.

p_{we} kann mit den früheren beschriebenen Berechnungsmethoden bestimmt werden. So ist z. B. für den untersuchten Csepel-Steyr-Motor

$$p_{we} = 0{,}372 + 0{,}23 \cong 0{,}6\,\mathrm{kp/cm^2}$$

(er stimmt mit dem geschätzten Wert von PISCHINGER [69] gut überein); dann erhält man für $p_e' = 6{,}0$ kp/cm² $W = 0{,}91$. Das bedeutet, daß der Verbrauch dieser Maschine um ungefähr 9% höher liegt als bei Motoren mit unmittelbarer Einspritzung. Daraus folgt, daß die notwendige Wirbelarbeit auf ein Minimum beschränkt werden sollte.

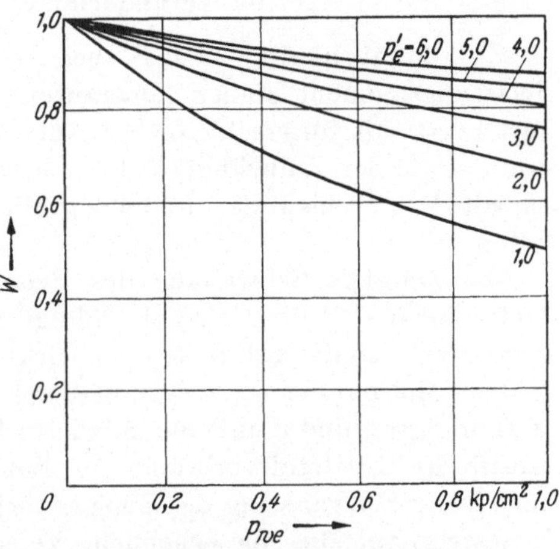

Abb. 171. Graphische Darstellung der Funktion W für verschiedene Werte p_e' [69].

Beispielsweise ist der tatsächliche und reduzierte Verbrauch einer Vorkammermaschine (Deutz) in Abhängigkeit vom mittleren effektiven Druck für zwei verschiedene Drehzahlen in Abb. 172 dargestellt [69]. Die Gemischbildungsarbeit wurde mit $p_{we} = 0{,}6$ kp/cm² bzw. 0,26kp/cm²

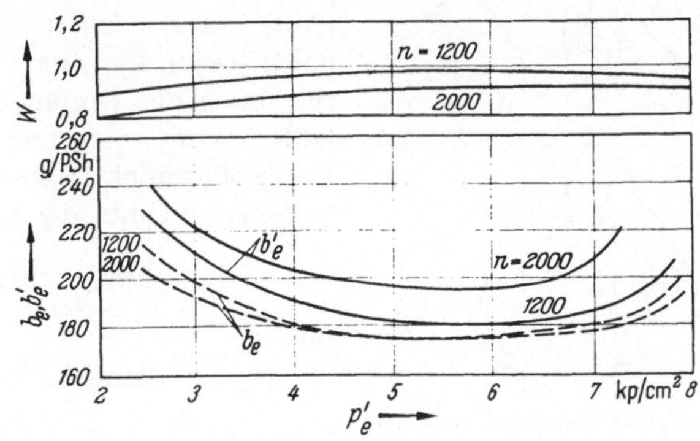

Abb. 172. Tatsächlicher Verbrauch b_e' und reduzierter Verbrauch b_e einer Vorkammermaschine in Abhängigkeit vom mittleren effektiven Druck [69].

berücksichtigt. Die gestrichelt gezeichneten Verbrauchskennlinien ergeben einen Anhaltspunkt zur Beurteilung der Wirtschaftlichkeit des
Motors ohne Wirbelarbeit.

§ 42. Charakteristische Eigenarten der Gemischbildung bei veränderlicher Belastung

Es kommt häufig — z. B. bei Ackerschleppern — vor, daß das
Belastungsmoment keinen konstanten Wert hat, aber stets um einen
Mittelwert mit unterschiedlicher Amplitude pendelt. Der Bodenwider-
stand sowie der Rollwiderstand der einzelnen Räder ändert sich unterschiedlich und bisweilen können große Belastungsschwankungen auftreten.

Das ständige Schwanken des Belastungsmoments verursacht eine
Änderung der Motordrehzahl. Infolge der Winkelbeschleunigung verschlechtert sich der volumetrische Wirkungsgrad und die Luftüberschußzahl des Motors. Bei Verringerung dieser Kennwerte nimmt der indizierte
Wirkungsgrad und damit die indizierte Leistung des Motors ab, und der
spezifische Kraftstoffverbrauch zu. Bei veränderlicher Belastung tritt
häufig eine Schwankung des Einspritzbeginns ($\pm$ 2 bis 5 °KW um seinen
Nennwert) auf, die eine erhebliche Verschlechterung des Kreisprozesses
verursacht.

Wenn die Drehzahlschwankung die Empfindlichkeitsgrenze des
Reglers überschreitet, wird er die Einspritzmenge ständig ändern. Die
Regulierung ist immer mit einer Phasenverschiebung verbunden, die
die indizierten Kennwerte des Motors weiter verschlechtert.

a) Kennzahlen der veränderlichen Belastung. Der einfachste Be-
lastungsfall liegt vor, wenn das Moment mit der Amplitude ΔM um
seinen Mittelwert schwankt (Abb. 173a); der Mittelwert bleibt dabei
jedoch konstant. Zur Kennzeichnung des Drehmomentenverlaufs dient
in erster Linie der Ungleichförmigkeitsgrad des Belastungsmoments, der
in der Form

$$\delta = \frac{M_{b\,\mathrm{max}} - M_{b\,\mathrm{min}}}{M_{b\,m}},$$

mit

$$M_{b\,m} = \frac{M_{b\,\mathrm{max}} + M_{b\,\mathrm{min}}}{2}$$

geschrieben werden kann. Die Amplitude der Drehmomentenände-

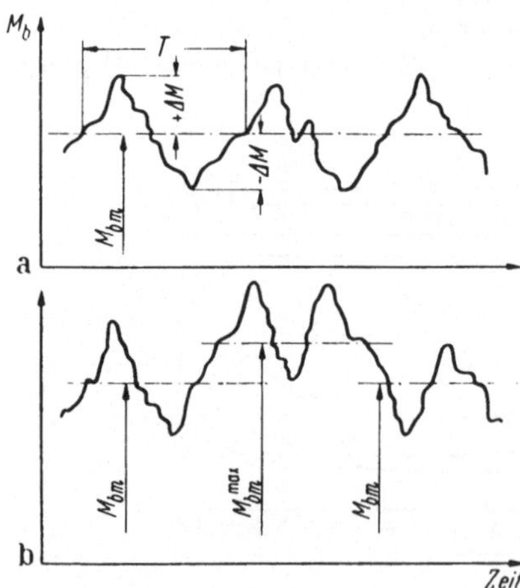

Abb. 173a u. b. Zeitlicher Verlauf des Be-
lastungsmomentes am Ackerboden.

rung lautet mit diesen Bezeichnungen

$$\Delta M = \frac{\delta}{2}\, M_{bm}. \tag{258}$$

Der Wert von δ bewegt sich bei Pflugarbeiten zwischen 0,15 bis 0,40.

Der Einfluß der periodischen Änderung des Belastungsmoments hängt ferner von einem weiteren Faktor, und zwar von der Zeitdauer der Periode T ab. Es ist leicht verständlich, daß der Einfluß der Momentenänderung um so größer sein wird, je länger die Zeitdauer T der Periode ist. T ändert sich bei Pflugarbeiten zwischen 0,5 und 2,0 s.

Bisher wurde das mittlere Belastungsmoment als konstant betrachtet. Außer der periodischen Schwankung des Moments kann jedoch auch eine zeitliche Änderung des mittleren Moments auftreten. Diese Änderung wird durch den Überlastungskoeffizient gekennzeichnet (Abb. 173 b):

$$\nu = \frac{M_{bm}^{max}}{M_{bm}}. \tag{259}$$

Die üblichen Werte von ν bewegen sich zwischen 1,1 und 1,3.

b) Berechnung der Drehzahlschwankungen und der Leistungsverminderung bei veränderlicher Belastung. Wie schon erwähnt, verursacht die Belastungsänderung eine Drehzahlschwankung. Sie hat die Amplitude

$$\Delta n = \pm\, \frac{9{,}55\, M_{bm}\, \delta m}{2\Theta_{\Sigma}(B^2 + m^2)}, \tag{260}$$

wo
$$B = \frac{M_e}{\Theta_{\Sigma}}\, \frac{9{,}55\,(k-1)}{n_e\,(1 - a_1)}\; ; \qquad a_1 = \frac{n_M}{n_e}\; ; \qquad m = \frac{2\pi}{T}\, ,$$

Θ_{Σ} Gesamtträgheitsmoment reduziert auf die Kurbelwelle,
k Faktor der Überlastungsfähigkeit,
M_e Nenndrehmoment,
n_e Nenndrehzahl,
n_M Motordrehzahl bei dem maximalen Drehmoment ist.

Versuchsergebnisse zeigten, daß die Leistungsverminderung bei veränderlicher Belastung von der Drehzahlschwankung abhängt, das Verhältnis $N_{ev}/N_e = f(\Delta n)$ jedoch von der Belastung nicht. Abb. 174

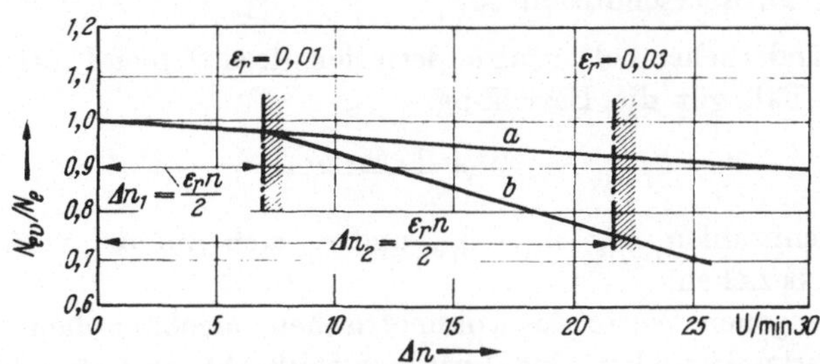

Abb. 174. Leistungsminderung infolge veränderlicher Motorbelastung in Abhängigkeit von der Drehzahlschwankung.

zeigt die Leistungsverminderung in Abhängigkeit von der Drehzahlschwankung. Die Kurve a gilt, wenn die Drehzahlschwankung unter der Ansprechempfindlichkeit des Reglers bleibt, d. h. wenn der Regler keine Bewegung macht. Wenn die Drehzahlschwankung die Empfindlichkeitsgrenze des Reglers überschreitet, so ist — infolge der ständigen Regulierung — die Leistungsverminderung wesentlich höher (Kurve b).

Die Gleichung der Kurve a lautet auf Grund von Versuchsergebnissen

$$N_{ev} = N_e(1 - 0{,}0033 \varDelta n)\,,$$

und die der Kurve b

$$N_{ev} = N_e(1 + 0{,}00584 \varepsilon_r\, n - 0{,}015 \varDelta n)\,,$$

wo ε_r der Empfindlichkeitsgrad des Reglers ist.

Wie unsere Betrachtungen zeigen, kann die Leistungsverminderung, wenn die Drehzahlschwankung aus dem Unempfindlichkeitsbereich des Reglers heraustritt, sehr bedeutend sein (15 bis 20%). Wenn die Kennzahlen der veränderlichen Belastung bekannt sind, kann man das nötige Gesamtträgheitsmoment bestimmen [77]:

$$\Theta_\Sigma = \frac{9{,}55}{2m\, n_e}\left[\frac{M_{bm}\,\delta}{\varepsilon_r} + \sqrt{\left(\frac{M_{bm}\,\delta}{\varepsilon_r}\right)^2 - \left(\frac{2M_e(k-1)}{1-a_1}\right)^2}\right]\,, \qquad (261)$$

wobei dann die Drehzahlschwankungen unter Empfindlichkeitsgrenze des Reglers bleibt.

c) Änderung der indizierten Kennwerte des Kreisprozesses bei veränderlicher Belastung. Für die Leistung von Verbrennungsmotoren unter stationärer Belastung gilt die allgemeine Beziehung

$$N_e = A\,\frac{\eta_v\,\eta_m\,\eta_i\, n}{\alpha}\,,$$

wo

A eine Konstante,
η_v der volumetrische Wirkungsgrad,
η_m der mechanische Wirkungsgrad,
η_i der indizierte Wirkungsgrad,
α die Luftüberschußzahl ist.

Bei veränderlicher Belastung ändern sich die einzelnen Einflußgrößen; für diesen Fall gilt die Beziehung

$$N_{ev} = A\,\frac{\eta_{vv}\,\eta_{mv}\,\eta_{iv}}{\alpha_v}\, n\,,$$

wo die Kennzahlen η_{vv}, η_{mv}, η_{iv} und α_v sich auf die veränderliche Belastung beziehen.

Die bezogenen Werte des volumetrischen, mechanischen und indizierten Wirkungsgrades, der Luftüberschußzahl und der Leistungsverminderung sind in Abhängigkeit von der Drehzahlschwankung in

Abb. 175a und b dargestellt. Der stündliche Kraftstoffverbrauch nimmt mit steigender Drehzahlschwankung ein wenig zu, der Wert η_{vv} dagegen ab. Infolgedessen verringern sich auch α_v und η_{iv}. Die aus diesen Werten

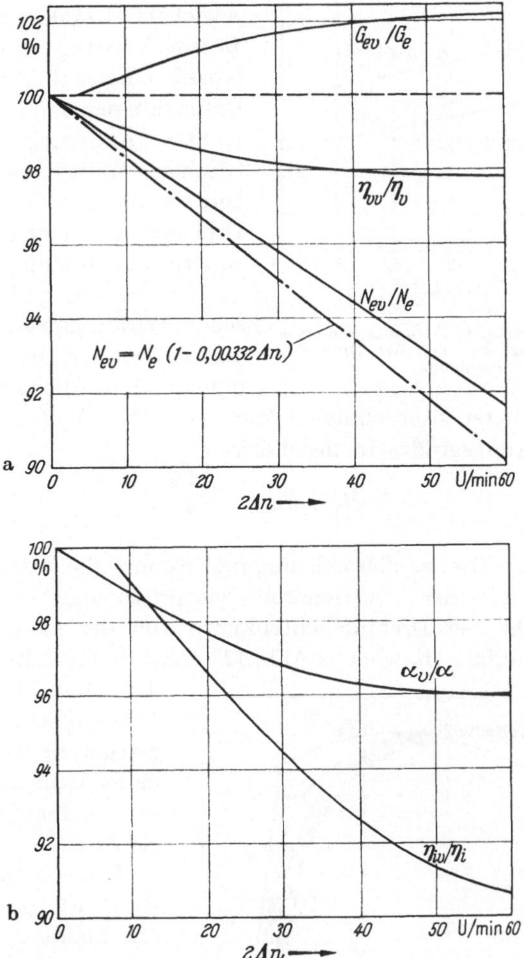

Abb. 175a u. b. Relative Werte des stündlichen Kraftstoffverbrauches, volumetrischer Wirkungsgrad, Luftüberschußzahl, indizierter Wirkungsgrad und effektive Leistung in Abhängigkeit von der Drehzahlschwankung [77].

berechneten Leistungen stimmen mit den Werten aus Messungen gut überein.

Es ist noch zu bemerken, daß sich der mechanische Wirkungsgrad infolge der veränderlichen Belastung nicht wesentlich ändert.

d) Anfahrvorgang von Schleppern und Fahrzeugen. Ein Sonderfall der veränderlichen Belastung ist der Anfahrvorgang von Schleppern und Fahrzeugen. Die Motordrehzahl sinkt zuerst auf einen Mindest-

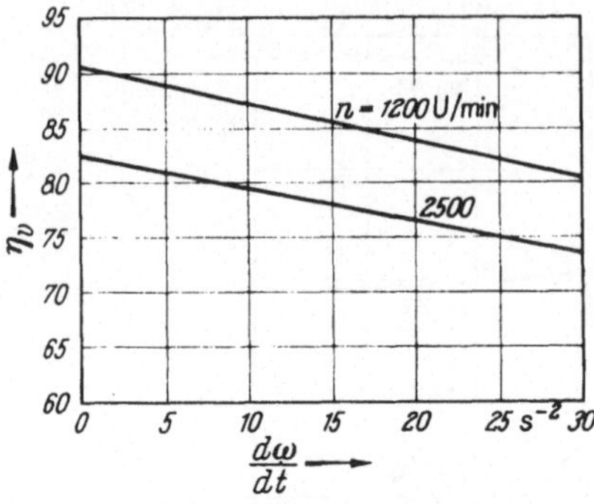

Abb. 176. Volumetrischer Wirkungsgrad eines Motors in Abhängigkeit von der Drehzahlbeschleunigung.

wert, um dann wieder die Gleichgewichtsdrehzahl zu erreichen. Bei diesem Vorgang wird der Kreisprozeß einerseits durch die von Drehzahlbeschleunigung der verursachten Änderung des volumetrischen Wirkungsgrades, und andererseits der der momentanen Drehzahl nicht angepaßten Einspritzmenge beeinflußt.

Die Änderung des volumetrischen Wirkungsgrades in Abhängigkeit von der Drehzahlbeschleunigung ist in Abb. 176 dargestellt. Nach diesen Versuchsergebnissen kann man den Verlauf des volumetrischen Wirkungsgrades in der Form

$$\eta_v = \eta_{v\,0} - \beta\,\frac{d\omega}{dt}$$

ausdrücken.

Infolge der Drehzahlbeschleunigung stimmt die tatsächliche Einspritzmenge mit der „stationären Einspritzmenge" nicht überein, deshalb weicht die Drehmomentenkurve von der stationären Drehmomentenkennlinie ab, wie aus Abb. 177 ersichtlich ist. Beim Verzögern

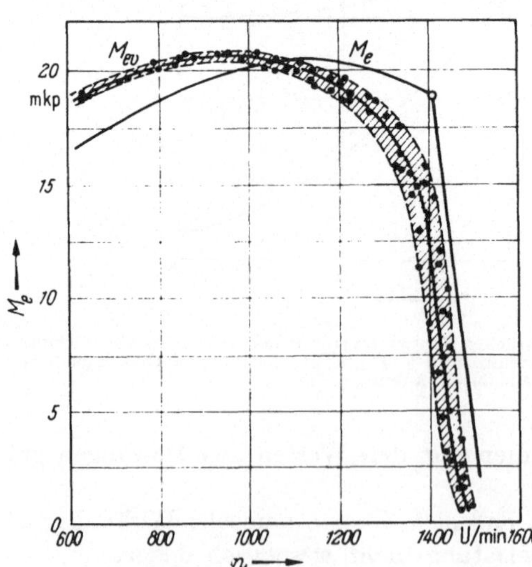

der Drehzahl nimmt das Drehmoment an dem nicht geregelten Teil der .Drehmomentenkennlinie infolge einer Trägheitsaufladung etwas zu.

Diese charakteristischen Erscheinungen der Gemischbildung muß man beim Schlepperbetrieb mit veränderlicher Belastung berücksichtigen.

Abb. 177. Drehmomentenkennlinien eines Schleppermotors unter stationären Verhältnissen und bei dem Anfahrvorgang [78].

Anhang

Wärmephysikalische Eigenschaften
von verschiedenen Kraftstoffen in Abhängigkeit von der Temperatur

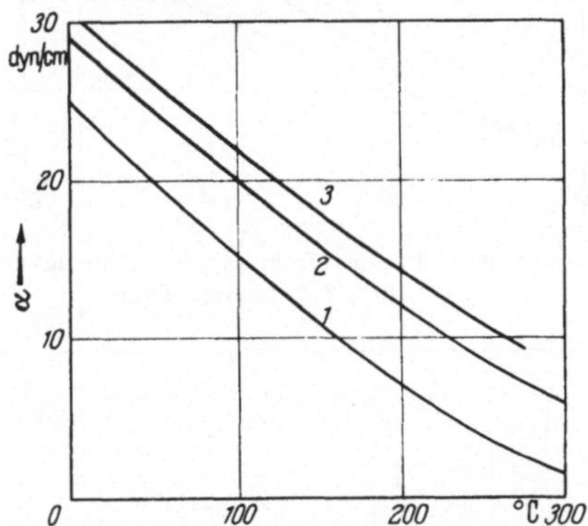

Abb. I. Oberflächenspannung in Abhängigkeit von der Temperatur für verschiedene Brennstoffe.
1 Benzin; *2* Kerosen; *3* Gasöl.

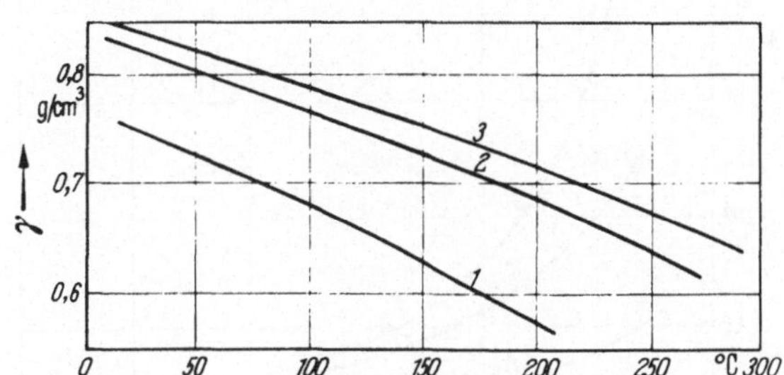

Abb. II. Spezifisches Gewicht in Abhängigkeit von der Temperatur.
1 Benzin; *2* Kerosen; *3* Gasöl.

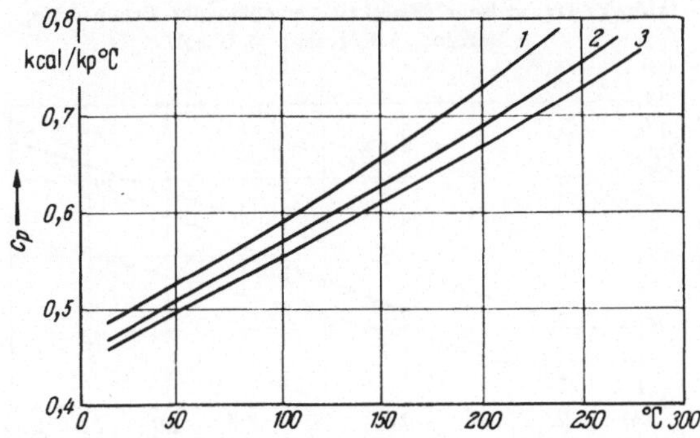

Abb. III. Die spezifische Wärme verschiedener Brennstoffe in Abhängigkeit von der Temperatur.
1 Benzin; *2* Kerosen; *3* Gasöl.

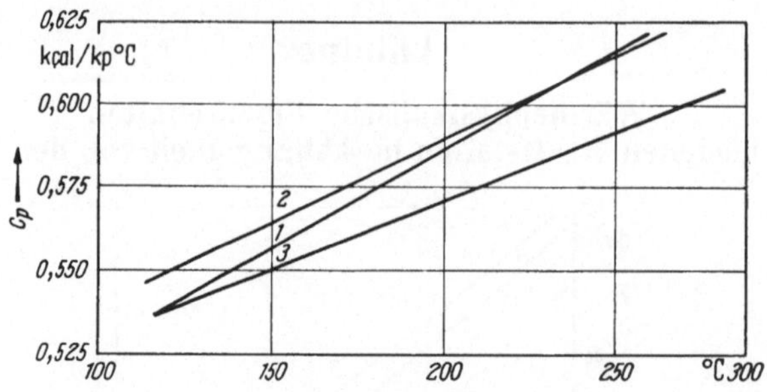

Abb. IV
Spezifische Wärme verschiedener Brennstoffdämpfe in Abhängigkeit von der Temperatur.
1 Benzin;　*2* Kerosen;　*3* Gasöl.

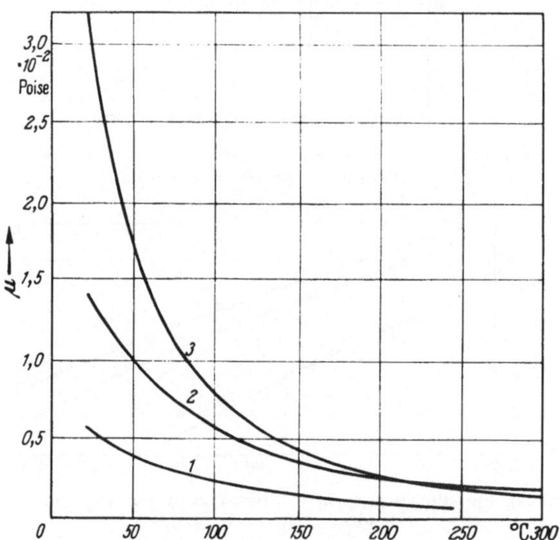

Abb. V. Dynamische Zähigkeit verschiedener Brennstoffe.
1 Benzin;　*2* Kerosen;　*3* Gasöl.

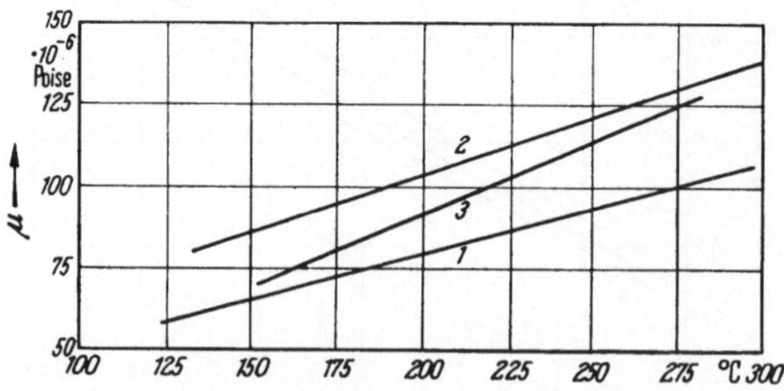

Abb. VI. Dynamische Zähigkeit verschiedener Brennstoffdämpfe.
1 Benzin;　*2* Kerosen;　*3* Gasöl.

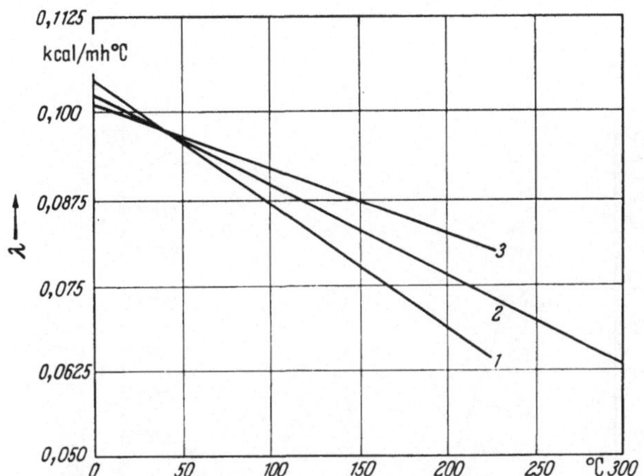

Abb. VII. Wärmeleitfähigkeit verschiedener Brennstoffe.
1 Benzin; *2* Kerosen; *3* Gasöl.

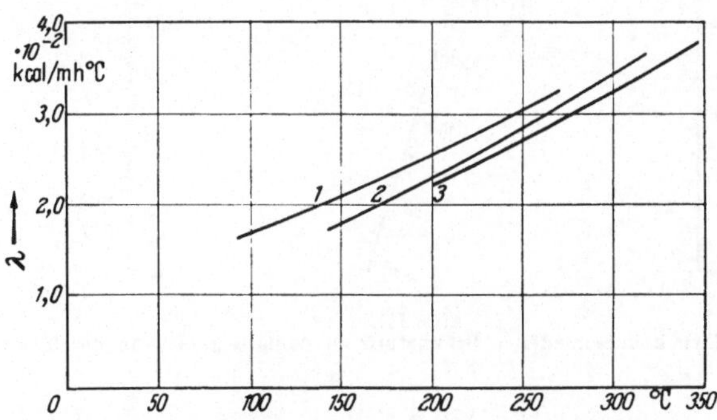

Abb. VIII. Wärmeleitfähigkeit verschiedener Brennstoffdämpfe.
1 Benzin; *2* Kerosen; *3* Gasöl.

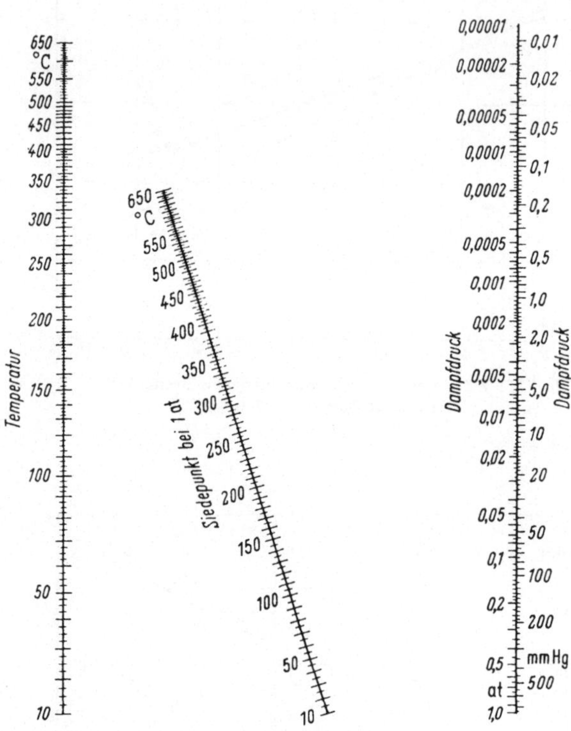

Abb. IX
Gesättigter Dampfdruck verschiedener Brennstoffe in Abhängigkeit von der Temperatur.

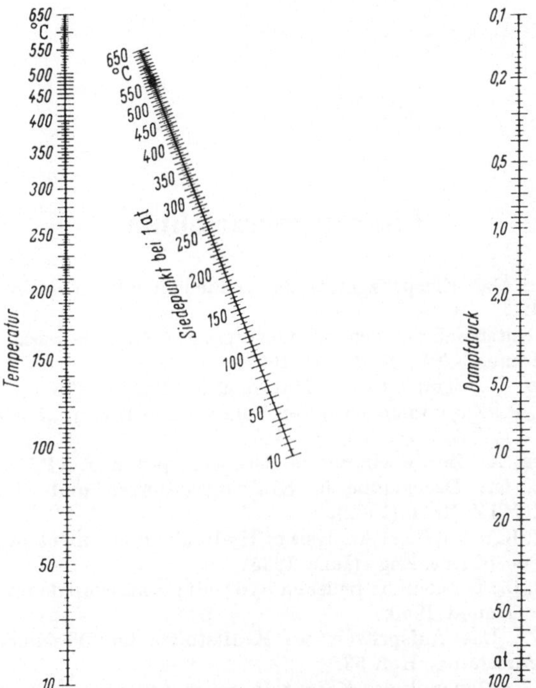

Abb. X. Gesättigter Dampfdruck verschiedener Brennstoffe in Abhängigkeit von der Temperatur.

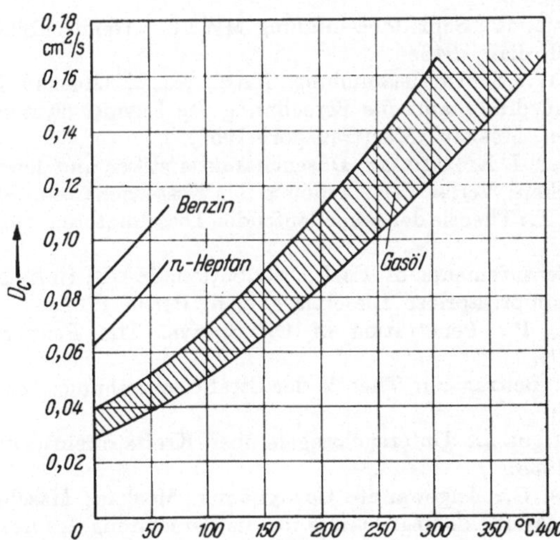

Abb. XI. Diffusionskoeffizient verschiedener Brennstoffe in Abhängigkeit von der Temperatur.

Literaturverzeichnis

[1] BLAUM, E.: Das Einspritzgesetz der schnellaufenden Dieselmaschine. VDI-Verlag 1942.

[2] GÖSI, S.: Untersuchung des Arbeitsvorganges der Jendrassik-Pumpe. Acta Technica Tomus XXV. Budapest 1959.

[3] MANSFIELD, W.: Trans. Inst. of Marine Eng., No. 12 (1954).

[4] L'ORANGE, P.: Zusammenarbeit von Pumpen und Düsen. „Dieselmaschinen", V.

[5] PISCHINGER, A.: Zur Mechanik der Druckeinspritzung. ATZ-Beihefte (1935).

[6] KLÜSENER, O.: Druckstöße in Kraftstoffleitungen und Charakteristiken-Verfahren. MTZ Nr. 1 (1962).

[7] DE JUHÁSZ, K.: Graphical Analysis of Hydraulic Phenomena in Fuel Injection Systems. Soc. of Aut. Eng. (Iune 1935).

[8] BERGERON, L.: Du coup de bélier en hydraulique au coup de foudre en electricité. Paris: Dunod 1950.

[9] BLUME, K.: Das Aufspritzen des Kraftstoffes im Dieselmotor. Deutsche Kraftfahrtforschung, Heft 53.

[10] ASTAHOW, I.: Dynamik der Kraftstoffeinspritzung in schnellaufenden Dieselmotoren. Schriftensammlung MAP, Nr. 154. Moskau 1948.

[11] ASTAHOW, I.: Hydraulische Berechnungsmethode und Bemessung der grundsätzlichen Parameter von Einspritzsystemen. Schriftensammlung NILD. Moskau 1955.

[12] GORBOWITZKIJ, R.: Schriftensammlung MWTU, „Gemischbildung in Dieselmotoren". Moskau 1946.

[13] NATANSON, W.: Schriftensammlung CIAM, No. 20. Moskau 1936.

[14] FOMIN, J.: Hydrodynamische Berechnung des Einspritzsystems von Schiffsdieselmotoren. Moskau: Meertransport 1959.

[15] KALISCH, G., u. I. EDSCHIBIJA: Düsencharakteristiken und deren Ähnlichkeitsgesetze. Moskau: Verlag der Akademie der Wissenschaften der UdSSR 1960.

[16] MELKUMOW, T.: Theorie der schnellaufenden Dieselmotoren. Moskau: Maschgis 1953.

[17] LEE, D.: Measurements of Fuel Distribution. NACA Bull. No. 565 (1936).

[18] SASS, F.: Kompressorlose Dieselmaschinen. Berlin 1929.

[19] SCHWEITZER, P.: Penetration of Oil Sprays. The Penn. State Coll. Bull. No. 46 (1937).

[20] SITKEI, GY.: Beitrag zur Theorie der Strahlzerstäubung. Acta Techn. Hung. XXV (1959).

[21] TOLSTOW, A., u. a.: Untersuchungen über Kraftstoffeinspritzung. Moskau: Oborongis 1938.

[22] ABRAMOWITS, G.: Angewandte Gasdynamik. Moskau: Maschgis 1954.

[23] SITKEI, GY.: Ähnlichkeitsgleichung für die Berechnung des mittleren Tropfendurchmessers und der Eindringtiefe von Kraftstoffstrahlen. Acta Techn. Hung. XLV (1963).

[24] PROBERT, R.: Phil. Mag. No. 265 (1946) 94—105.

[25] ACKERMANN, G.: Wärmeübergang und molekulare Stoffübertragung. VDI-Forsch.-Heft 328 (1937).

[26] ULSAMER, J.: Die Wärmeabgabe eines Drahtes. Forsch. Ing.-Wes. H. 2 (1932).

[27] HILPERT, R.: Wärmeabgabe von geheizten Drähten im Luftstrom. Forsch. Ing.-Wes. H. 5 (1933).

[28] ROTHROCK, A., u. C. WALDRON: Fuel Vaporisation and its Effect on Combustion. NACA Rep. No. 435 (1932).

[29] WENTZEL, W.: Zum Zündvorgang im Dieselmotor. Forsch. Ing.-Wes. H. 3 (1935).

[30] WYRUBOW, D.: Gemischbildung in Dieselmotoren. Schriftensammlung MWTU. Moskau 1946.

[31] WYRUBOW, D.: Über die Berechnungsmethoden des Verdampfungsvorganges von Tropfen. Schriftensammlung MWTU. Moskau 1954.

[32] FRÖSSLING, N.: Über die Verdunstung fallender Tropfen. Gerlands Beitr. Geophys. No. 170 (1938).

[33] LEONOW, O.: Verbrennungsmotoren. Schriftensammlung MWTU. Moskau 1954.

[34] LEONOW, O., u. H. KOSTIGOW: Verbrennungsmotoren. Schriftensammlung MWTU. Moskau 1954.

[35] IRISOW, A.: Verdampfungsfähigkeit von Brennstoffen für Verbrennungsmotoren. Moskau: Maschgis 1955.

[36] SOKOLIK, A.: Über die Entflammung von Kohlenwasserstoff-Luft-Gemischen. Moskau: Verlag der Akademie der Wissenschaften der UdSSR 1956.

[37] SOKOLIK, A., u. W. BASEWITS: Physikalisch-chemische Natur der Entflammung im Dieselmotor. Moskau: Verlag der Akademie der Wissenschaften der UdSSR 1956.

[38] TODES, O.: Theorie der thermischen Entflammung. Z. Phys. Chem. 7. Moskau (1939).

[39] SEMJONOV, N.: Kettenreaktionen. Leningrad 1934.

[40] WOJNOW, A.: Über die Detonations- und Entflammungsvorgänge in Ottomotoren. Moskau: Verlag der Akademie der Wissenschaften der UdSSR 1956.

[41] NEJMAN, N.: Fortschritt in Chemie. 7. Moskau 1938.

[42] SOKOLIK, A.: Temperaturkoeffizient von Vorreaktionen. Nachrichten der Akademie der Wissenschaften der UdSSR, Technik 4 (1940).

[43] BECK, G.: Zur Umsetzung in technischen Flammen. VDI-Forsch.-Heft 377 (1936).

[44] ERICHSEN, CH.: Verbrennung im Dieselmotor. VDI-Forsch.-Heft 377 (1936).

[45] HOLFELDER, O.: Zündung und Flammenbildung bei der Diesel-Brennstoffeinspritzung. VDI-Forsch.-Heft 374 (1935).

[46] SWIRIDOW, JU.: Über die Entflammung und Verbrennung im Dieselmotor. Moskau: Verlag der Akademie der Wissenschaften der UdSSR 1956.

[47] SERBINOW, A.: Entflammung von zerstäubten, flüssigen Brennstoffen. Moskau: Verlag der Akademie der Wissenschaften der UdSSR 1951.

[48] TOLSTOW, A.: Schriftensammlung NILD, No. 1. Moskau 1955.

[49] NEJMAN, M., u. Z. JEGOROW: Z. Phys. Chem., Moskau 3 (1932).

[50] LYSHEWSKIJ, A.: Automobil- und Traktoren-Industrie H. 6 (1958).

[51] MEURER, S.: Evaluation of reaction kinetics eliminates Diesel knock. SAE Trans. 64 (1956).

[52] MÜHLBERG, E.: Über die Entwicklung des geräuscharmen MAN-M-Motors. MTZ H. 10 (1958).

[53] STURGIS, B.: Chain reactions of H-O radicals may be knock cause. SAE-J. (Dec. 1954).

[54] RÖGENER, H.: Z. Elektrochem. 53 (1949) 389.

[55] Garner, F., u. a.: Pre-Flame reactions in Diesel engines. J. Inst. Petroleum 42 (1956) 69.

[56] Lyn, W.: Diesel combustion study by infra-red emission spectroscopy. J. Inst. Petroleum 43 (1957).

[57] Wolfer, H.: Der Zündverzug im Dieselmotor. VDI-Forsch-Heft 392 (1938).

[58] Schmidt, F.: VDI-Forsch.-Heft 392 (1938).

[59] Sitkei, G.: Über den dieselmotorischen Zündverzug. MTZ H. 6 (1963).

[60] Sitkei, G.: Kinetic Interpretation of the new MAN-M-Procedure. Periodica Politechnica No. 1 (1961) Budapest.

[61] Neumann, K.: Kinetische Analyse des Verbrennungsvorganges in der Dieselmaschine. Forsch. Ing.-Wes. H. 2 (1936).

[62] Inosemzew, N.: Thermodynamik und Kinetik der chemischen Reaktionen. Moskau: Maschgis 1950.

[63] Wiebe, I.: Halbempirische Formel für die Verbrennungsgeschwindigkeit. Moskau: Verlag der Akademie der Wissenschaften der UdSSR 1956.

[64] Zhursin, M.: Schriftensammlung MWTU, No. 83. Moskau 1958.

[65] Pischinger, A., u. F.: Einfluß der Wand bei Verbrennung in einem Luftwirbel. MTZ H. 1 (1959).

[66] Nagao, F., u. H. Kakimoto: Kraftstoffeinspritzung und Verbrennung in der Wirbelkammer des Dieselmotors. MTZ H. 6 u. 8 (1959).

[67] Böttger, J.: Neue Erkenntnisse auf dem Gebiete geräuscharmer Dieselverbrennung. Kraftfahrzeugtechnik H. 9 (1955).

[68] Csóka, J.: Berechnung des Wärmeentwicklungsgesetzes in unterteilten Brennräumen. Nachrichten der Ung. AdW, Technik, XXVIII (1961).

[69] Pischinger, A.: Gemischbildung und Verbrennung im Dieselmotor. Wien: Springer 1957.

[70] Briling, N.: Schnellaufende Dieselmotoren. Moskau: Maschgis 1951.

[71] Bondarenko, G.: Wirbelbewegung in der Wirbelkammer. Traktoren und landwirtschaftliche Maschinen H. 5 (1958).

[72] Mironow, A.: Schriftensammlung MWTU, No. 83. Moskau 1958.

[73] Librowits, G.: Die Parameter der Wirbelkammer. Schriftensammlung NATI, No. 39 (1941).

[74] Sitkei, G.: Gemischbildung und Verbrennung im Dieselmotor. Budapest: Akademie-Verlag 1960.

[75] Howah, M.: Über die Berechnung des Gemischbildungsprozesses in Wirbelkammern. Schriftensammlung MADI, No. 25. Moskau 1960.

[76] Boltinskij, W.: Arbeitsverhältnisse von Schleppermotoren bei veränderlicher Belastung. Moskau: Selhosgis 1949.

[77] Boltinskij, W.: Arbeitsverhältnisse von Schleppermotoren bei veränderlicher Belastung. Schriftensammlung MIMESH. Moskau 1959.

[78] Boltinskij, W.: Arbeitsverhältnisse von Schleppermotoren beim Anfahrvorgang. Mech. u. Elektr. der soz. Landwirtschaft, H. 3. Moskau 1961.

[79] Rázsó, I., u. G. Sitkei: Betriebsverhältnisse von Schleppermotoren bei veränderlicher Belastung. Periodica Politechnica No. 4, Budapest 1960.

Sachverzeichnis